Technik   Einblicke in die Wissenschaft

Friedrich Klemm

Geschichte der Technik

In der populärwissenschaftlichen Sammlung
Einblicke in die Wissenschaft
mit den Schwerpunkten Mathematik – Naturwissenschaften – Technik werden in allgemeinverständlicher Form

- elementare Fragestellungen zu interessanten Problemen aufgegriffen,
- Themen aus der aktuellen Forschung behandelt,
- historische Zusammenhänge aufgehellt,
- Leben und Werk bedeutender Forscher und Erfinder vorgestellt.

Diese Reihe ermöglicht interessierten Laien einen einfachen Einstieg, bietet aber auch Fachleuten anregende, unterhaltsame und zugleich fundierte Einblicke in die Wissenschaft. Jeder Band ist in sich abgeschlossen und leicht lesbar.

Friedrich Klemm

Geschichte der Technik

Der Mensch und seine Erfindungen
im Bereich des Abendlandes

4. Auflage

Deutsches Museum

B. G. Teubner Stuttgart · Leipzig 1999

Das vorliegende Werk, das bisher im Rowohlt Taschenbuch Verlag GmbH erschien, ist eine vom Autor Friedrich Klemm (22. 1. 1904 – 16. 3. 1983) selbst noch überarbeitete Fassung seines Bandes „Kurze Geschichte der Technik", erschienen in der Herder-Bücherei, 1961.

Dieses Buch entstand im Rahmen zweier Projekte am Deutschen Museum, München, die vom Bundesminister für Bildung und Wissenschaft und der Stiftung Volkswagenwerk finanziell unterstützt wurden.
Redaktion im Deutschen Museum: Bert Heinrich
Bildredaktion: Ludvik Vesely
Bildrechte: Albrecht Hoffmann
Redaktionsassistentin: Edeltraud Hörndl
Redaktion: Jürgen Volbeding
Layout: Susanne Jarchow

Umschlagbild: Der Schmied (Holzschnitt aus Rodericus Zamorensis: Spiegel des menschlichen Lebens. Augsburg, um 1477)

Gedruckt auf chlorfrei gebleichtem Papier.

Die Deutsche Bibliothek – CIP-Einheitsaufnahme
Klemm, Friedrich:
Geschichte der Technik : der Mensch und seine Erfindungen im
Bereich des Abendlandes / Friedrich Klemm. Deutsches Museum. -
4. Aufl. - Stuttgart ; Leipzig : Teubner, 1999
  (Einblicke in die Wissenschaft : Technik)
ISBN 3-519-00282-5

Das Werk einschließlich aller seiner Teile ist urheberrechtlich geschützt. Jede Verwertung außerhalb der engen Grenzen des Urheberrechtsgesetzes ist ohne Zustimmung des Verlages unzulässig und strafbar. Das gilt besonders für Vervielfältigungen, Übersetzungen, Mikroverfilmungen und die Einspeicherung und Verarbeitung in elektronischen Systemen.
© 1999 B. G. Teubner Stuttgart · Leipzig

Printed in Germany
Druck: Winkler-Druck GmbH Gräfenhainichen
Bindung: Buchbinderei Bettina Mönch, Leipzig
Umschlaggestaltung: E. Kretschmer, Leipzig

Inhalt

Vorwort	6
Zeittafel	7
Einleitung: Die vorgriechische Zeit	15
Erster Teil: Die griechisch-römische Antike	21
Zweiter Teil: Das Mittelalter	41
Dritter Teil: Die Renaissancezeit	71
Vierter Teil: Die Barockzeit	96
Fünfter Teil: Das Zeitalter der Aufklärung	122
Sechster Teil: Die Zeit der Industrialisierung	141
Siebenter Teil: Die Technik wird Weltmacht	163
Anhang	190
Literatur	190
Personen- und Sachregister	197
Bildquellen	202
Ergänzungsbibliographie	205

Vorwort

Die vorliegende «Geschichte der Technik» beschränkt sich im wesentlichen auf das Abendland. Das Augenmerk wird weniger auf die Entwicklung einzelner technischer Gebilde als auf die allgemeine Problematik gerichtet. Es soll insbesondere gezeigt werden, wie sich die eine Epoche bestimmenden geistigen Kräfte auch auf die Technik auswirken und wie umgekehrt die Technik die Gesamtkultur beeinflußt. Mancher Leser wird vielleicht meinen, daß man den späteren Epochen der technikgeschichtlichen Entwicklung, etwa der Zeit der Industrialisierung, entsprechend dem immens steigenden technischen Potential, viel mehr, der Antike oder dem Mittelalter aber weniger Platz hätte einräumen sollen. Aber es ging dem Verfasser eben darum, weniger die Einzelleistungen als vielmehr die allgemeine Rolle der Technik in den verschiedenen Zeitaltern darzustellen. Dieser Gesichtspunkt bestimmte die vorliegende Aufteilung des zur Verfügung stehenden Gesamtraumes auf die einzelnen Epochen.

Die Darstellung gründet sich zu einem guten Teil auf dem vom Verfasser 1954 veröffentlichten Werk «Technik, Eine Geschichte ihrer Probleme» (Verlag Karl Alber, Freiburg i. Br. und München). Es wurde indes die Wiedergabe von Quellentexten stark eingeschränkt; dafür wurde der berichtende Teil ausgebaut. Viele technische Einzelleistungen, die im Textteil nicht behandelt werden konnten, findet man wenigstens in einer Zeittafel angeführt. Das Verzeichnis der Sekundärliteratur wurde gegenüber der Ausgabe von 1961 wesentlich erweitert. Ausführliche Listen der Quellenschriften bringt das obengenannte Buch des Verfassers von 1954.

Hauptziel des vorliegenden Taschenbuches ist, in einer Zeit, deren Gesicht so stark von der Technik geprägt wird, mitzuhelfen, das Verständnis für das vielgestaltige Phänomen der Technik zu fördern, indem man sie auch aus ihrer geschichtlichen Entwicklung heraus zu begreifen sucht.

Seit der Veröffentlichung von Friedrich Klemms „Geschichte der Technik" sind viele Werke erschienen, die unter anderem die Bezüge zur Sozial- und Wirtschaftsgeschichte stärker betonen (Johannes Abele hat diese und andere neuere Literatur in Auswahl zusammengestellt – siehe Ergänzungsbibliographie am Buchende).

Klemms Arbeit ist immer noch vorbildlich als geistesgeschichtlicher Überblick, der insbesondere die Spuren individueller Leistungen in der Technik sowie der grundlegenden Ideen untersucht. Besonders lebendig wird Klemms Schilderung durch den gekonnten Wechselbezug zwischen Text, Bildern und eindrucksvollen Quellenbeispielen.

München, Juni 1997   Jürgen Teichmann

Zeittafel

Chronologisches Verzeichnis technischer Leistungen von der Vorzeit bis in unsere Tage

Vor 600000 v. Chr. (vielleicht schon um 1750000 v. Chr.) Hominiden in Afrika stellen Geräte aus Stein her
um 350000 v. Chr. Sinanthropus in China gebrauchte Feuer
um 14000 v. Chr. Höhlenmalereien (z. B. Lascaux-Höhle in Frankreich)
4. Jahrtausend v. Chr. Pflug in Vorderasien
4. Jahrtausend v. Chr. (Ende) Wagenrad in Sumer (Scheibenrad)
4./3. Jahrtausend v. Chr. Papyrus in Ägypten bekannt
um 3250 v. Chr. Töpferscheibe in Mesopotamien
um 3000 v. Chr. Segelschiff in Ägypten
um 2600 v. Chr. Die großen Pyramiden in Ägypten
3. Jahrtausend v. Chr. Ältester Bergbau in Europa (auf Feuerstein)
um 2300 v. Chr. Schöpfwerk mit Hebelwirkung in Mesopotamien
um 2000 v. Chr. Speichenrad in Kleinasien und Persien
um 1600 v. Chr. Blasebälge zum Metall- und Glasschmelzen in Ägypten
um 1400 v. Chr. Schriftrollen aus Pergament in Ägypten
– Schnellwaage mit Laufgewicht in Ägypten
um 1250 v. Chr. Kanal Nil – Timsähsee – Rotes Meer
um 1200 v. Chr. Chinesen gießen Glocken aus Bronze
um 600 v. Chr. Bahn mit Räderfahrzeugen zum Schiffstransport über Landenge von Korinth (7,4 km)
um 522 v. Chr. Wasserleitung durch Berg Kastro auf Samos (1,5 km): *Eupalinos von Megara*
um 425 v. Chr. Griechische Fackeltelegraphie
um 350 v. Chr. Torsionsgeschütze
312 v. Chr. Römerstraße Via Appia (Rom–Capua)
– Erste Wasserleitung Roms, die 16 km lange Aqua Appia
um 300 v. Chr. Konvexe Glaslinsen in Karthago
4./3. Jh. v. Chr. Eisenguß in China
3. Jh. v. Chr. Fußtöpferscheibe im hellenistischen Ägypten
um 275 v. Chr. Kolbenpumpe, Wasserorgel, Wasseruhr, Preßluftgeschütz: *Ktesibios*
um 240 v. Chr. Flaschenzug, Schraube zum Wasserheben, Kriegsmaschinen: *Archimedes*
um 225 v. Chr. Pneumatische Versuche, Wurfgeschütze, Ringgehänge: *Philon von Byzanz*
187 v. Chr. Römerstraße Via Aemilia (Rimini–Piacenza)
um 180 v. Chr. Druckwasserleitung von Pergamon (Druck etwa 18 at)
144 v. Chr. Römische Wasserleitung Marcia (92 km, davon 10 km auf Arkaden)
um 100 v. Chr. Schraubenpresse in Griechenland
um 89 v. Chr. Hypokausten-Heizung in Rom
1. Jh. v. Chr. Glasblasen in Syrien
um Christi Geburt Wassermühlen im Rom
1. Hälfte des 1. Jh. n. Chr. Glasfenster in Rom

1. Jh. n. Chr. Pneumatische Apparate und Automatentheater von *Heron*
- Sattel im Westen
- Armbrust bei den Römern (in China schon im 3. Jh. v. Chr.)
- Papier in China: *Ts'ai Lun*
105 n. Chr. Donaubrücke in Dacien: *Apollodoros von Damaskus*
um 130 n. Chr. Kuppel des Pantheon in Rom (Spannweite 43 m)
5. Jh. n. Chr. Oberschlächtiges Wasserrad in Athen
- Kummetgeschirr in China
532–537 Hagia Sophia in Byzanz (Kuppeldurchmesser 31 m): *Isidoros von Milet* und *Anthemios von Tralleis*
7. Jh. Porzellan in China
- Windmühle in Persien
673 Byzantinisches Feuer: *Kallinikos von Heliopolis*
8. Jh. Papier bei den Arabern
- Hinteres drehbares Steuerruder in China
um 800 Kummetgeschirr im Westen
8./9. Jh. Steigbügel im Westen
9. Jh. Verbesserung der Takelung von Segelschiffen
9./10. Jh. Neues Pferdegeschirr (Kummet), durch Nägel befestigtes Hufeisen in Europa
10. Jh. Silber- und Kupferbergbau im Harz
- Armbrust im christlichen Mittelalter bekannt
- Daumenwelle bei Wasserrädern
10./11. Jh. Ausbreitung des Wasserrades in Europa
um 1041 Druck mit beweglichen Lettern in China: *Pi Shêng*
um 1050 Alkohol aus Wein destilliert
11. Jh. Vierseitiger schwerer Pflug mit Radvorgestell, Messer, Pflugschar und Streichbrett
11./12. Jh. Hinteres drehbares Steuerruder in Europa
12. Jh. Silberbergbau im Erzgebirge
- Steinschleuder-Maschine (Archuchert), die das antike Torsionsgeschütz ablöst
- Reines Segelschiff (ohne Ruderer)
- Windmühle in Europa
- Gotisches Strebesystem
- Ziegelbau in Deutschland
- Entdeckung der starken Säuren (Schwefelsäure, Salpetersäure). Erste Beschreibung im 13. Jh.
1146 Steinbrücke über die Donau in Regensburg
13. Jh. Schubkarren
- Kompaß in Europa
1231 Mit Schießpulver gefüllte eiserne Bomben in China
1269 Projekt eines magnetischen Perpetuum mobile: *Pierre de Maricourt*
1298 Handspinnrad in Europa bekannt
13. Jh. (Ende) Brille
- Gewichtsräderuhr
- Trittwebstuhl
14. Jh. Eisenguß im Abendland (in China schon 200 v. Chr.)
- Beginn der Hochofenentwicklung
um 1320 Schießpulvergeschütz in Europa
14. Jh. (2. Hälfte) Stangenbüchsen in China
1389 Papiermühle bei Nürnberg
1420–1436 Domkuppel zu Florenz (Spannweite 42 m): *F. Brunelleschi*
um 1445 Druck mit beweglichen Lettern in Europa: *J. Gutenberg*
um 1450 Karavellbauart der Schiffe
- Kupferseigern zur Silbergewinnung in Nürnberg
um 1480 Spinnrad mit Flügel (zum Aufwickeln des Garns) bekannt
um 1500 Maschinenentwürfe von *Leonardo da Vinci*
- Schraubstock in Nürnberg erwähnt
1510 Taschenuhr von *P. Henlein*
1524 Spinnrad mit Tretantrieb
um 1555 Erfindung der Stangenkünste im erzgebirgischen Bergbau
1561 Verbesserung der Supportdrehbank: *H. Spaichel*
1586 *D. Fontana* versetzt den 327 t

schweren Vatikanischen Obelisken 1588–1590 Kuppel von St. Peter in Rom (Spannweite 42,5 m): *Michelangelo, Giacomo della Porta, D. Fontana*
1589 Strumpfwirkstuhl von *W. Lee*
1597 Proportionalzirkel *G. Galileis*
1611/12 Thermoskop *S. Santorios*
1623 Rechenmaschine von *W. Schickard*
1637 «Sovereign of the Seas», erster Dreidecker der englischen Kriegsmarine
1640–1663 Entwicklung der Luftpumpe: *O. von Guericke*
1642 Rechenmaschine zum Addieren von *B. Pascal*
1655 Feuerspritze mit Windkessel: *H. Hautsch*
1657 Pendeluhr mit Spindelhemmung von *Chr. Huygens*
1666–1681 Chanal du midi (240 km): *P. P. Riquet* und *F. Andréossy*
1671–1694 Rechenmaschine zum Multiplizieren von *G. W. von Leibniz*
1673 Atmosphärische Schießpulvermaschine von *Chr. Huygens*
um 1677 Goldrubinglas von *Joh. Kunckel*
1681–1685 Wasserhebewerk bei Marly erbaut
1690 Einfache atmosphärische Dampfmaschine von *D. Papin*
1693/94 Europäisches Hartporzellan: *E. W. von Tschirnhaus*
1698 Dampfpumpe *Th. Saverys*
– Direktwirkende Dampfpumpe von *D. Papin*
1708 Hartporzellan in Europa: *E. W. von Tschirnhaus* und *J. F. Böttger*
1711 Atmosphärische Dampfmaschine *Th. Newcomens*
1711 ff Dreifarbendruck von *J. Chr. Le Blond*
1718 Quecksilberthermometer von *D. G. Fahrenheit*
1720 Verbesserter Zylindergang für Taschenuhren: *G. Graham*
1729/33 Achromatische Objektive: *Chester Moor Hall*
1733 Schnellschütze am Webstuhl: *J. Kay*
1735 Erzeugung von Roheisen aus dem Erz allein mit Hilfe von Steinkohlenkoks (statt Holzkohle): *A. Darby der Jüngere.* Erste Anfänge *A. Darby der Ältere* 1709
– Brauchbare Seeuhr von *J. Harrison*
1742 Gußstahl *B. Huntsmans*
1745 Selbsttätiger Musterwebstuhl *J. de Vaucansons*, an den *J. M. Jacquard* 1805 anknüpft
– Leidener Flasche: *P. van Musschenbroek*
1752 Blitzableiter *B. Franklins*
1765 Direktwirkende Niederdruckdampfmaschine mit getrenntem Kondensator: *J. Watt*
1767 Jenny-Spinnmaschine von *J. Hargreaves*
1769 Straßendampfwagen *N. J. Cugnots*
– Flügelspinnmaschine von *R. Arkwright*
1774–1779 Mule-Spinnmaschine von *S. Crompton*
1775 Zylinderbohrwerk *J. Wilkinsons*
1775–1779 Bau der ersten gußeisernen Bogenbrücke bei Coalbrookdale (Spannweite 32 m)
1776 In *J. Wilkinsons* Eisenwerk läuft die erste Wattsche Dampfmaschine
1782–1784 Doppeltwirkende Niederdruckdampfmaschine mit Drehbewegung: *J. Watt*
1783 Warmluftballon der Brüder *J. E.* und *J. M. Montgolfier*
1784 Puddelverfahren *H. Corts*
1785 *J. P. Minckelers* beleuchtet einen Hörsaal mit Steinkohlengas
– Mechanischer Webstuhl von *E. Cartwright*
1786 Dampfschiff von *J. Fitch*
– *Watt*s Dampfmaschine zieht in die Baumwollspinnerei ein
1791 Soda aus Kochsalz, Schwefelsäure, Kohle, Kalk: *N. Leblanc*
1792 *W. Murdock* beleuchtet sein Haus mit Steinkohlengas
1793 Baumwollentkernmaschine von *E. Whitney*

1794 Luftballon im Dienste des Kriegswesens
- Optischer Telegraph (Linie Paris–Lille) von *Cl. Chappe*
1796 Steindruck *A. Senefelders*
- Hydraulische Presse: *J. Bramah*
1798 Hochdruckdampfmaschine von *R. Trevithick*
1798/99 Papiermaschine von *L. Robert*
um 1800 Verbesserte Supportdrehbank *H. Maudslays*
1801 Hochdruckdampfmaschine von *O. Evans*
1802 Rübenzuckerfabrik von *F. C. Achard*
1803/04 *R. Trevithick* baut die erste Schienendampflokomotive
1804 Kriegsraketen in der englischen Armee: *W. Congreve*
1805 Selbsttätiger Musterwebstuhl *J. M. Jacquards*
1807 Erstes praktisch brauchbares Dampfschiff: *R. Fulton*
1808–1816 Verbesserte Wassersäulenmaschinen: *G. von Reichenbach*
1812 Zylinderdruckmaschine (Schnellpresse) von *F. König*
1814 Zum erstenmal wird ein ganzer Stadtteil Londons mit Hilfe von Steinkohlengas beleuchtet
1816 Achsschenkel-Lenkung für Kutschen (heute beim Kraftwagen verwandt): *G. Lankensperger*
1817 Laufrad von *C. Freiherr Drais von Sauerbronn*
1823 Atmosphärische Gasmaschine mit Flammenzündung von *S. Brown*
1824 *S. Carnots* Kreisprozeß
1825–1830 *R. Roberts* entwickelt die automatische Mule-Spinnmaschine
1826 Schiffsschraube *J. Ressels*
1826–1839 Photographie: *N. Niepce, L. J. M. Daguerre*
1827 Brauchbare Überdruck-Wasserturbine *B. Fourneyrons*
1828 In Dresden gründet *R. S. Blochmann* die erste vom Ausland unabhängige Gasanstalt Deutschlands
- Ringspinnmaschine: *J. Thorp*
1829 Dampflokomotive «Rocket»: *G.* und *R. Stephenson*
1830 Erste Personendampfeisenbahn der Erde Liverpool–Manchester: *G. Stephenson*
1831 Mähmaschine: *C. H. McCormick*
1832 Erster rotierender Stromerzeuger (von Hand angetrieben): *H. Pixii*
- Elektromagnetischer Nadeltelegraph von *P. L. Schilling von Canstadt*
- Dampfpflug von *J. Heathcoat*
1833 Elektromagnetischer Nadeltelegraph von *C. F. Gauß* und *W. Weber*
1834 Erster Elektromotor größerer Leistung; von einer Batterie gespeist: *M. H. von Jacobi*
1835 Erste deutsche Eisenbahn Nürnberg–Fürth
- Revolver von *S. Colt*
1836 Zündnadelgewehr: *J. N. Dreyse*
1837–1839 Galvanoplastik von *M. H. von Jacobi*
1837–1843 wird der erste brauchbare Schreibtelegraph entwickelt: *S. F. B. Morse*
1839 Karusselldrehbank von *J. G. Bodmer*
- Dampfhammer: *J. Nasmyth*
- Kautschuk-Vulkanisation: *Ch. Goodyear*
1841 Einheitliches Gewindesystem für Schrauben: *J. Whitworth*
- Atmosphärische Benzinmaschine mit Benzinvergaser von *L. De Christoforis*
1843 Schraubendampfer «Great Britain» ganz aus Eisen erbaut: *I. K. Brunel*
1844 Papierstoff aus Holzschliff: *F. G. Keller*
1845 Revolverdrehbank des Amerikaners *St. Fitch*. Revolverkopf für 8 Werkzeuge
- Doppelsteppstich-Nähmaschine von *E. Howe*
1845 Luftbereifung für Kutschen: *R. W. Thomson*
1847 Gußstahlgeschütze: *A. Krupp*
1848 Erste brauchbare elektrische Bo-

genlampe von *J. B. L. Foucault*
- Sicherheitszündhölzer (Phosphor nur noch in der Reibfläche): *R. Chr. Boettger*

1848–1854 Der Semmeringtunnel, der erste Alpentunnel, wird gebaut (1430 m lang): *K. von Ghega*
1849 Überdruck-Wasserturbine von *J. B. Francis*
1850 Corliss-Dampfmaschine mit Rundschiebern: *G. H. Corliss*
1850/51 Tauchboot *W. Bauers*
1851 Stahlformguß von *Jacob Mayer*
1852 Halbstarres, von einer Dampfmaschine angetriebenes Luftschiff: *H. Giffard*
- Wärmepumpe: *W. Thomson* (Lord Kelvin)
1853 Tretkurbel als Fahrradantrieb: *P. M. Fischer*
1854 Aluminiumerzeugung aus Kryolith: *H. E. Sainte-Claire Deville*
- Rohrpost von *J. L. Clark*
1855 Typendrucktelegraph: *D. E. Hughes*
1855 Stahlherstellung in der Bessemerbirne: *H. Bessemer*
1856 Doppel-T-Anker von *W. Siemens*
- Die Teerfarbenindustrie beginnt mit der Herstellung von Anilinviolett: *W. H. Perkin*
- Atmosphärische Flugkolbengasmaschine von *E. Barsanti* und *F. Matteucci*
1856ff Werkzeugstahl mit Zusätzen von Wolfram usw.: *R. Mushet*
1859 Beginn von Petroleumbohrungen in Amerika: *G. L. Drake*
1859 Bleiakkumulator: *G. Planté*
1859–1869 Bau des Suezkanals: *A. Negrelli* und *F. von Lesseps*
1860 Direktwirkender Gasmotor mit elektrischer Zündung von *E. Lenoir*
1861 Fernsprecher von *Ph. Reis*
1862 Zahnradbahn von *N. Riggenbach*
1863 Ammoniak-Soda-Prozeß: *E. Solvay*
- Rotationspresse für Buchdruck: *W. Bullock*

1864 Siemens-Martin-Stahlverfahren: *F. u. Wi. Siemens* und *E. u. P. Martin*
1864–1869 Schreibmaschinenmodelle von *P. Mitterhofer*
1866 Dynamomaschinen von *W. Siemens, Ch. Wheatstone, C. F. Varley* u. a.
- Erstes brauchbares Atlantikkabel von *C. W. Field*
1867 Atmosphärischer Gasmotor von *N. A. Otto* und *E. Langen*
- Entwicklungsfähige Schreibmaschine von *Chr. L. Sholes, S. W. Soule* und *C. S. Glidden*
- Eisenbeton von *J. Monier*
- Dynamit *A. Nobels*
1868 Margarine: *H. Mège-Mouriès*
1869 Ringankermaschine von *Z. Th. Gramme*
1870 Tangentialspeichen beim Fahrrad: *E. A. Cowper*
1872 Selbsttätige Luftdruckbremse von *G. Westinghouse*
1873 Automatische Revolverdrehbank von *Ch. M. Spencer*
1876 Viertaktgasmotor mit Verdichtung: *N. A. Otto*
- Fernsprecher von *G. Bell*
- Ammoniakkältemaschine mit Kompression: *C. von Linde*
1877 Straßenbeleuchtung mit elektrischen Bogenlampen in Paris
- Kohlekontaktmikrophon: *Th. A. Edison*
1879 Verfahren zur Herstellung von Stahl aus phosphorhaltigem Roheisen: *S. G. Thomas* und *P. C. Gilchrist*
- Elektrische Lokomotive von 3 PS: *W. Siemens*
- *Th. A. Edison* führt die elektrische Kohlefadenglühlampe ein
1880 Elektrischer Aufzug von *W. Siemens*
- Lochkartenmaschine: *H. Hollerith*
1881 Direkte Kupplung von Dampfmaschine und Stromerzeuger: *W. Siemens*
- Autotypie von *G. Meisenbach*

1882 Erstes elektrisches Kraftwerk der Welt in New York: *Th. A. Edison*
- Übertragung elektrischer Energie während der Internationalen Elektrizitätsausstellung in München auf 57 km: *M. Deprez*

1883 Maschinengewehr von *H. Maxim*

1883 ff Entwicklungsfähiger leichter und schnellaufender Benzinmotor von *G. Daimler* und *W. Maybach*

1884 Überdruckdampfturbine von *Ch. A. Parsons*
- Setzmaschine von *O. Mergenthaler* (Linotype)
- Kunstseide aus Nitrozellulose: *St. H. de Chardonnet* (fabrikmäßig hergestellt seit 1890)

1885 Motorzweirad von *G. Daimler* und dreirädriger Kraftwagen von *C. Benz*
- Magnetisches Drehfeld wird von *G. Ferraris* entdeckt
- Erste Elektrizitätszentrale in Berlin
- Glühkörper für Gaslicht von *K. Auer von Welsbach*

1885 ff Entwicklungsfähiges Unterseeboot von *T. Nordenfelt*
- Nahtlose Stahlrohre der Brüder *R.* und *M. Mannesmann*

1886 Aluminium-Herstellung durch Elektrolyse: *P.-L.-T. Héroult*

1887 *R. Bosch* führt die Abreißzündung für Explosionsmotoren ein
- Schnellseher zum Durchsehen von *O. Anschütz*
- Drehstromschaltung mit drei Leitern: *F. A. Haselwander*
- Schallplatte: *E. Berliner*

1888 Spannbeton von *W. Doehring*

1888 oder später Kraftwagen mit Viertaktmotor: *S. Marcus*

1889 Praktisch brauchbarer Drehstrommotor und Drehstromtransformator von *M. von Dolivo-Dobrowolski*
- Einstufige schnellaufende Gleichdruck-Dampfturbine: *G. de Laval*

1890 Isolierrohr für elektrische Leitungen: *S. Bergmann*

- Erste elektrische Untergrundbahn (London)

1890–1896 Gleitflüge *O. Lilienthal*s

1891 Drehwähler für Fernsprecher: *A. B. Strowger*

1892 Heißdampfmaschine von *W. Schmidt*
- Erfindung des T-förmigen Plattenbalkens (Eisenbeton): *F. Hennebique*

1893 Photozelle von *J. Elster* und *H. Geitel*

1893–1897 Entwicklung des Dieselmotors: *R. Diesel*

1894 Aluminothermie: *H. Goldschmidt*

1895 Gasverflüssigung nach dem Gegenstromprinzip: *C. von Linde*
- Antenne von *A. Popow*
- Kinematograph der Brüder *A.* und *L. Lumière*

1896 Unbemanntes Modellflugzeug mit Dampfmaschinenantrieb, von *P. S. Langley* gebaut, fliegt 1200 m weit

1896 ff *Ch. G. Curtis* entwickelt seine nach dem Gleichdruckverfahren mit Geschwindigkeitsabstufung arbeitende Dampfturbine

1897 Funkentelegraphie von *G. Marconi*
- Kathodenstrahlröhre: *F. Braun*
- Technische Indigosynthese: *K. Heumann*

1898 Gekoppelter Sender: *F. Braun*

1899 Automatische Flaschenblasmaschine von *M. J. Owens*

1900 Knorr-Einkammerschnellbremse: *G. Knorr*
- Erstes Starrluftschiff des *Grafen F. von Zeppelin*

1901 Erste Flüge mit einem Motorflugzeug: *G. Whitehead (Weißkopf)*

1902 Die Bosch-Hochspannungs-Magnetzündung wird von *G. Honold* erfunden
- Metallfadenlampe (Osmiumlampe) wird fabrikmäßig hergestellt

1903 Elektrische Vollbahnlokomotive: *Siemens* und *AEG*

- Motorflug der Brüder O. und W. Wright
- Technische Gewinnung von Salpetersäure im elektrischen Flammenbogen: K. Birkeland und S. Eyde
- Viskose-Kunstseide wird fabrikmäßig hergestellt: C. H. Stearn und Ch. F. Topham

1904 Elektronenröhre (Diode) von J. A. Fleming
- Bildtelegraphie von A. Korn
- Offsetdruck in Amerika: W. Rubel

1905 Rotierende Quecksilberluftpumpe von W. Gaede
- H. Föttinger erfindet den Turbotransformator, ein Übersetzungsgetriebe für unbeschränkt hohe Leistungen und Tourenzahlen
- «Cellophan»: J. E. Brandenburger

1906 Erste Gasturbine H. Holzwarths
- Diesellokomotive: A. Klose
- Kunstharz: Phenol u. Formaldehyd: L. H. Baekeland

1906 ff Verstärkerröhre von R. von Lieben und Lee de Forest

1907 Erste brauchbare Hochfrequenzmaschine von R. A. Fessenden und E. F. W. Alexanderson

1908 Kreiselkompaß von H. Anschütz-Kaempfe
- Leichtmetall-Legierung Duralumin: A. Wilm

1909 L. Blériot überfliegt den Ärmelkanal in 27 ⅓ Min.

1913 Gasgefüllte elektrische Glühlampe mit Wolframdrahtwendel: I. Langemuir
- Röhrensender: A. Meißner
- Technische Hochdrucksynthese von Ammoniak: F. Haber und C. Bosch
- Azetat-Kunstseide wird fabrikmäßig hergestellt

1913 ff Kohleverflüssigung durch Druckhydrierung: F. Bergius

1914 Technische Essigsäuresynthese: P. Duden und J. Heß

1915 Ganzmetallflugzeug von H. Junkers

1919 Erste Kaplan-Turbine in Betrieb

- Tonfilm: H. Vogt, J. Engl, J. Massolle

1920 Vista-Zellwolle

1922/23 Drehflächenflugzeug (Autogiro) von J. de LaCierva

1923 Kraftwagen-Dieselmotor
- Erster Flüssigkeitsraketen-Motor: R. H. Goddard
- Unterhaltungsrundfunk in Berlin eröffnet

1924 Kleinbildkamera «Leica» wird serienmäßig hergestellt. Urform 1913: O. Barnack
- Bildtelegraphie mit Kerrzelle: A. Karolus

1925 Kohleverflüssigung im Niederdruckverfahren: F. Fischer und H. Tropsch
- Ikonoskop (elektronischer Bildzerleger): W. K. Zworykin

1926 Fernsehvorführung von J. L. Baird
- Rakete mit Druckgasförderung R. H. Goddard

1927 Synthetischer Kautschuk (Buna)

1928 Plexiglas: W. Bauer
- Elektronen-Zählrohr: H. Geiger und W. Müller

1928/29 Raketenversuche M. Valiers

1930 Schwerölflugmotor von H. Junkers
- Strahltriebwerk von P. Schmidt (Schmidt-Rohr)

1930 ff Cyclotron von E. O. Lawrence

1933 ff Elektronenmikroskop: E. Ruska, B. von Borries, E. Brüche, M. Knoll u. a.

1934 Fabrikation verbesserter Zellwolle

1935 ff Entwicklung der Geräte für Radioortung (Radar)

1937 Erstes Langsamflugzeug der Welt, der «Storch» von G. Fieseler
- Erster gebrauchsfähiger Hubschrauber: H. Focke

1938 Vollsynthetische Perlonfaser: P. Schlack
- Vollsynthetische Nylonfaser: W. Carothers
- Hochfrequenz-Magnetophon: H. v. Braunmühl und W. Weber

1939 Ein *Messerschmitt*-Flugzeug (Me 209) erringt mit 755,11 km/Std. den Geschwindigkeitsweltrekord. Der absolute Geschwindigkeitsrekord für Flugzeuge mit Kolbenmotor liegt seit 1979 bei 803 km/Std. (Amerika)
- Erster Flug eines Flugzeugs mit Düsenantriebwerk, einer *Heinkel*-Maschine (He 178)
- Helikopter von *I. Sikorsky*

1940 Erstes brauchbares Betatron: *D. W. Kerst*

1941 Erster Flug eines schwanzlosen *Messerschmitt*-Raketenflugzeugs (Me 163)
- Programmgesteuerter Relaisrechner mit 3000 Relais: *K. Zuse*
- Flugzeug mit Strahlantrieb: *F. G. Whittle*

1942 Fernrakete V2: *W. v. Braun*
- Uranbrenner (Reaktor): *E. Fermi*

1945 Atombombe USA

1946 Elektronengesteuerte Großrechenanlage ENIAC (= Electronic Numerical Integrator and Computer) mit 18000 Röhren: *J. W. Mauchly* und *J. P. Eckert* (Geschwindigkeit 5000 Additionen pro Sekunde)

1947 Raketenflugzeug Bell XS-1 fliegt mit Überschallgeschwindigkeit

1948 Transistor: *J. Bardeen, W. Brattain* und *W. Shockley*

1949 Zweistufen-Rakete steigt bis zu 412 km
- Holographie: *G. Gábor*

1951 Feldionenmikroskop von *E. W. Müller*

1951/52 Wasserstoffbombe in den USA

1952 Blasenkammer von *G. A. Glaser*

1953 Englisches Düsenflugzeug erreicht 19410 m Höhe
- Versuchs-Atommotor, der einen Turbogenerator von 250 kW Leistung antreibt, in den USA in Betrieb genommen
- Erster serienreifer Überschall-Turbojäger der Welt (North American F-100 A-1 NA Super-Sabre)

1954 U-Boot mit Kernenergie-Antrieb in den USA

1955 MASER (Mikrowellen-Verstärker): *C. H. Townes*

1956 Erstes Kernenergie-Kraftwerk der Welt auf kommerzieller Basis (Calder Hall, England)

1957 Der erste künstliche Erdsatellit (Sputnik 1) wird von der Sowjetunion gestartet

1960 Lichtverstärker (LASER): *H. Maiman*

1961 (12. April) Erster bemannter Raumflug (sowjetrussisches Raumschiff mit einem Menschen an Bord, das aber von der Erde gesteuert wird, steigt bis 327 km Höhe auf und umkreist die Erde)

1961 (Oktober) amerikanisches Raketenflugzeug erreicht 65,9 km Höhe

1962 Nachrichtensatellit Telstar der USA

1963 Farbfernsehsystem PAL von *W. Bruch*

1964/68 Computer-Tomographie: *A. M. Cormack, G. N. Hounsfield*

1966 Sowjetische Raumsonde schlägt hart auf der Venus auf

1969 Amerikanische Mondlandung (Apollo 11): *N. Armstrong* und *E. Aldrin*

1970 Bild-Ton-Platte *AEG-Telefunken*
- Jumbo-Jet Boeing 747 (Großraum-Passagier-Flugzeug) in den USA

1971 Marssonde Mariner 9 der USA

1972 Mikroprozessor in den USA

1973 Skylab 1 und 2 (Himmelslabor) der USA

1977 Neutronenbombe in den USA

1978 Magnetschwebebahn (337 km/Std.) in Japan

1980 Telefonverkehr über Glasfaserkabel in Berlin (West)

Einleitung

Die vorgriechische Zeit

Die Technik ist so alt wie der Mensch. Da, wo das zweckdienlich zugerichtete, wiederholt gebrauchte Gerät sich zeigt, muß man schließen, daß Menschen am Werke waren. Der Gebrauch einfacher Werkzeuge kommt auch im Tierreiche vor, wobei wir unter Werkzeug, im Gegensatz zum Gerät, nur ein aufgelesenes Stück irgendwelchen Naturstoffes, etwa Holz oder Stein, verstehen, das für einen einmaligen Zweck verwendet wird. Als Material für die frühesten Geräte wurden Stein, Knochen, Horn und Holz verwandt. Die ältesten Menschen, für welche die Herstellung von einfachen Geräten in Knochen und Stein gesichert ist, sind dem unteren Pleistozän Ostafrikas, und zwar einer Zeit von weit mehr als einer Million Jahren v. Chr. zuzurechnen (Prae-Zinjanthropus, Zinjanthropus).

Der erste Gebrauch des Feuers ist für die Zeit um 350 000 v. Chr. im Umkreis des Sinanthropus pekinensis in China gesichert. Wann der so wesentliche Schritt, Feuer künstlich mit einem Schlagfeuerzeug zu erzeugen, zuerst getan worden ist, wissen wir nicht. Vielleicht mag dies schon dem Neandertaler Menschen in der späten älteren Altsteinzeit gelungen sein. Von der ersten Geräteherstellung an durch viele Hunderttausende von Jahren hindurch diente neben Knochen, Horn und Holz vor allem der Feuerstein (Flint) als Material für Geräte.

In der älteren Altsteinzeit (älteres Paläolithikum), die bis etwa 80 000 v. Chr. reichte, einer Zeit des Sammler- und Jägertums, wurden besonders in Waldgebieten der aus dem Feuersteinstück herausgearbeitete Faustkeil und in Steppenlandschaften die als Abschlag vom Feuersteinstück erhaltene Klinge vielfältig benutzt. Solche Feuersteingeräte dienten zum Schlagen, Schneiden, Schaben, Bohren usw.

In der jüngeren Altsteinzeit (jüngeres Paläolithikum: etwa 80 000 bis 8000 v. Chr.), der Epoche der letzten Eiszeit, bevorzugte der Mensch – es ist bereits der Homo sapiens – die Jagd in Trupps. Aus Höhlenmalereien und Plastiken, namentlich der zweiten Hälfte des jüngeren Paläolithikums, erfahren wir von den Jagdtieren jener Zeit, dem Bison, Mammut, Rentier. Zuweilen wurden in den kultischen Zwecken dienenden Höhlen Geschosse und wohl auch Tierfallen zusammen mit dem Jagdtier dargestellt (Abb. 1). Im jüngeren Paläolithikum herrschten die Klingenkulturen vor. Eine Vielfalt auch zusammengesetzter Geräte aus Stein, Horn, Knochen trat auf. Die Holzschäftung wurde angewandt. Als Waffen wurden der Speer mit Flintspitze,

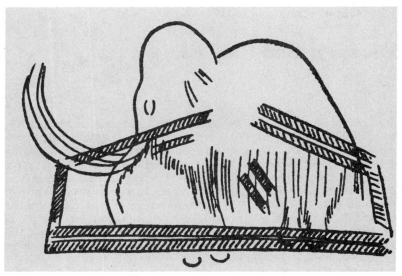

1: Mammut und Schwerkraftfalle (?). Höhlenzeichnung in Font de Gaume. Jungpaläolithikum.

die Lanze und wohl auch Bogen und Pfeil gebraucht. Im jüngeren Paläolithikum liegen auch die frühesten Anfänge des Baues von Wohnhütten. Die mittlere Steinzeit (Mesolithikum), die von rund 8000 v. Chr. bis ins 5./4. Jahrtausend v. Chr. läuft, war eine Zeit des Überganges, da sich schon jene technische und wirtschaftliche Umwälzung vorbereitete, welche die folgende Epoche der Jungsteinzeit (Neolithikum) kennzeichnet. Es wurde wärmer, das Eis wich. Tier- und Pflanzenwelt änderten sich. Der Mensch trat einer veränderten Natur gegenüber. Das Beil aus Geweihstange und Feuerstein, die Hacke, Gefäße aus Stein, Holz, Leder und Korbgeflecht, der Einbaum, der Schlitten, der Bogen, die Angel sind Geräte jener Zeit. Vereinzelt trat bereits Ackerbau auf. Anfänge einer primitiven Töpferei gehören ebenfalls dieser Zeit an. Das menschliche Bewußtsein begann sich stärker zu entwickeln.

Diese Entwicklung setzte sich vor allem in der folgenden Epoche der Jungsteinzeit (Neolithikum) kräftig fort. Der Mensch, in der Altsteinzeit noch ganz eins mit der Natur, distanzierte sich nun mehr und mehr von der Natur. Damit aber war auch der Standpunkt gegeben, der Natur stärker gestaltend gegenüberzutreten. Allerdings mußte sich in jener Epoche das technische Schaffen auch mit einem Ritus verbinden, der in dem Streben, die

Dämonenwelt in und neben den Dingen zu besänftigen und zu bändigen, seine Wurzeln hatte. Eine wirtschaftliche und technische Umwälzung ohnegleichen brachte das Neolithikum durch den Fortschritt zum seßhaften, Akkerbau und Viehzucht treibenden Bauerntum. Mit diesem Schritt machten sich zahlreiche neue Geräte notwendig, die nach und nach erfunden wurden. Das Neolithikum begann im Orient um 5000 v. Chr., in Europa an die 1000 Jahre später. Das geschliffene und polierte Steingerät ist besonderes Kennzeichen jener Zeit, so das geschliffene Steinbeil, die Hacke mit geschliffener Schneide, die Feuersteinsichel. Von der Vielfalt der Geräte nennen wir weiter den Fiedelbohrer, die Steinsäge (Sägependel), die Spindel, den einfachen Webstuhl, die Knochennadel, die Töpferware, die Reibmühle und schließlich den Pflug. Dabei war die Anwendung dieser technischen Mittel immer auch rituell verwurzelt. So war der in die mütterliche Erde eindringende Pflug Werkzeug und zugleich Symbol für Zeugung und Fruchtbarkeit. Auch der Gebrauch von Zugtieren trat in der Neolithik hervor. In den Feuersteinbergwerken Europas trieb man im 3. Jahrtausend v. Chr. die Schächte schon bis zu einer Tiefe von 20 m.

Der zum Gerät bearbeitete Stein der Steinzeit wich in Europa seit 2000 v. Chr. langsam dem durch Gießen geformten Kupfer- und etwas später dem Bronzewerkzeug. Doch waren diese ersten Metallwerkzeuge und -waffen noch sehr teuer, so daß sie nur von wenigen erworben werden konnten. Das Kupfer wurde in der frühen Zeit aus oxydischen Erzen erschmolzen. Die Kupferverhüttung mag wohl an mehreren Orten entstanden sein, so im Vorderen Orient und unabhängig davon auch in Mitteleuropa. Die Bronze, eine Legierung von Kupfer und Zinn, die dem Kupfer überlegen ist, weil sie härter und leichter zu gießen ist, stellte man ursprünglich aus einer Mischung von Kupfer- und Zinnerz (Zinnstein) unter Verwendung von Holzkohle als Reduktionsmittel her. Später, im 3. Jahrtausend v. Chr., ging man von Zinnstein und metallischem Kupfer aus. Die Ägypter, welche die Kupferverhüttung schon sehr früh kannten, kamen erst um 2000 v. Chr. zur Bronze. In Mesopotamien hingegen begegnet man der Bronze seit etwa 3000 v. Chr. Die Metallerzeugung erforderte eigene Spezialisten. So bildete sich denn in jener Zeit ein Handwerkertum heraus, für das Nahrung zur Verfügung stand, da der Bauer mehr erzeugte, als er selbst benötigte (Abb. 2).

In den Gebieten längs den großen Strömen des Orients, dem Nil in Ägypten, dem Euphrat und Tigris in Mesopotamien, dem Indus in Indien und dem Hoang-ho in China, entwickelten sich bronzezeitliche Hochkulturen mit städtischen Gemeinwesen. Grundlagen dieser Kulturen waren die Metallgewinnung, Transportmittel, wie Wagen, Segelschiff und Lasttier, und besonders auch ein durch Bewässerungsanlagen intensivierter Ackerbau. Die Versorgung der Rohstoffe für die Metallgewinnung, die Verteilung der Metalle, der Bau von Be- und Entwässerungsanlagen, die Landvermessung und Bodenvergebung sowie die Versorgung der Städte mit Getreide waren Aufga-

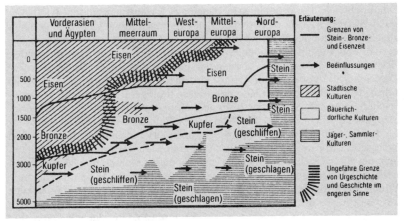

2: Rohstoffe und Kulturphasen in zeitlich-räumlicher Beziehung (grobschematische Darstellung).

ben, die eine staatliche Organisation erforderten. In Mesopotamien standen Priesterkönige an der Spitze der Stadtstaaten, in Ägypten herrschte ein göttlicher König. Die Stadt war das Zentrum der staatlichen Verwaltung wie auch der religiösen Organisation. Priester, Beamte, Handwerker, Händler, Seeleute, Soldaten wohnten in der Stadt. Priester hüteten die Tempelschätze und wachten über die von abhängigen Bauern an die Tempel abzuführenden Naturalien, insbesondere über das für die Ernährung der Spezialisten in der Stadt notwendige Getreide. Eine Schrift wurde erfunden, in Ägypten um 3000 v. Chr., in Mesopotamien wenig später, um die umfassenden Verwaltungsaufgaben der großen Tempelhaushalte wahrzunehmen, um – wie Gordon Childe sagt – «die Konten des Gottes zu führen». Das städtische Handwerkertum bildete eine niedrige Klasse des Volkes. Ihr praktisches Schaffen stand wohl nur selten im Zusammenhang mit den wissenschaftlichen Kenntnissen der Priester und Schreiber. Die Metallbearbeitung zeitigte im Alten Orient nicht nur bronzene Gebrauchsgegenstände, sondern auch unvergleichliche kunstgewerbliche Arbeiten, wie die Goldfunde in den Königsgräbern von Ur (um 2600 v. Chr.) oder die goldene Mumienhülle des Tut-enchamun aus Theben (um 1350 v. Chr.) zeigen. Die Metallurgie machte seit der Mitte des 3. Jahrtausends v. Chr. wesentliche Fortschritte, indem man das Rösten sulfidischer Erze und die Trennung von Silber und Blei im Treibverfahren einführte. Silber aus silberhaltigem Kupfer durch das Seigern (Zusetzen von Blei, welches das Silber aufnimmt) zu gewinnen, lernte man erst um die Mitte des 15. Jahrhunderts n. Chr. Neben den Fortschritten in der Metalltechnik und neben grandiosen wasserbaulichen Anlagen zählten zu den technischen Errungenschaften jener Zeit in Mesopotamien, besonders in Sumer, das Räderfahrzeug (vor 3000 v. Chr.), die schnellaufende Töpferscheibe (um 3250 v. Chr.), der Pflug (vor 3000 v. Chr.), die Ziegelherstellung (um 3000 v. Chr.) und die Anwendung des Bogens im Bauwesen, das Schöpfwerk mit Hebelwirkung (wohl um 2300 v. Chr.), vielleicht auch die einfache Drehbank und in Ägypten das Segelschiff (um 3000 v. Chr.), der Papyrus als Beschreibstoff (4./3. Jahrtausend v. Chr.), die gleicharmige Waage (seit 2600 v. Chr.), das Schalengebläse (um 1600 v. Chr.), die Glasschmelzkunst (Glasgefäße, Mitte des 2. Jahrtausends v. Chr.) und vielleicht einfache Zahnradschöpfwerke. Zu den großtechnischen Leistungen in Ägypten gehören auch der Bau von Pyramiden und die Bearbeitung, Beförderung und Aufstellung von Obelisken. Diese gewaltigen Aufgaben wurden nur gelöst durch eine absolute Staatsmacht, die zugleich Träger religiöser Organisation war. Ihr standen Massenheere arbeitender Menschen zur Verfügung, deren Führung und Versorgung eine wohldurchdachte Planung erforderte (Abb. 3). Die benutzten Werkzeuge und Hebeeinrichtungen waren höchst einfach. So errichtete man zum Pyramidenbau eine schiefe Ebene, auf der die Steinquader auf Schleifen von Menschen hinaufgezogen wurden. Das Räderfahrzeug trat in Ägypten erst im 17. Jahrhundert v. Chr. auf.

Die Städtekultur in Mesopotamien und Ägypten begann um 3000 v. Chr. Die Indus-Kultur mit ihren Hauptorten Mohenjo-Daro und Harappā blühte vornehmlich in dem Jahrtausend zwischen 2500 und 1500 v. Chr. Die altchinesische Kultur der Shang-Dynastie am Hwangho fiel in die Zeit von etwa 1520 bis 1030 v. Chr.; sie war ausgezeichnet durch ihre meisterhaften Bronze-

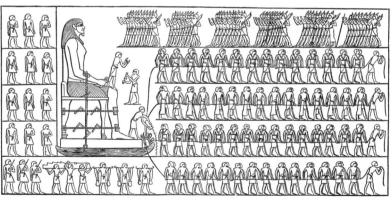

3: Transport eines Kolosses im alten Ägypten. Der 7 m hohe Alabasterkoloß ist auf Kufen gestellt und wird von 172 Menschen gezogen. Relief aus einem Felsengrab zu El Berscheh (Ägypten). Mittleres Reich, 11./12. Dynastie, um 2000 v. Chr.

arbeiten, durch treffliche Seidenweberei und durch die Anwendung des von Pferden gezogenen Streitwagens.

Im Nahen Osten begann – wohl mit dem Eindringen von Nordvölkern in Syrien – etwa seit 1200 v. Chr., in Mitteleuropa seit dem 8. Jahrhundert v. Chr. anstelle der gießbaren Bronze als Gebrauchsmetall langsam das durch Schmieden verformbare Eisen zu treten. Das Eisen wurde aus seinen Erzen im Rennverfahren gewonnen. Man erhielt es dabei als teigige Masse, die von Schlacken durchsetzt und schmiedbar war. Flüssiges Roheisen wurde erst seit dem 14. Jahrhundert n. Chr. erzeugt. Allerdings kommt der Eisenguß in China schon im 3. Jahrhundert v. Chr. vor. In der älteren Eisenzeit Europas (750–450 v. Chr.) spielen in der Eisentechnik in den Gebieten östlich des Adriatischen Meeres die Illyrer, im Bereich von den Pyrenäen bis Süddeutschland bereits die Kelten und in Italien die Villanova-Leute und die Etrusker eine wesentliche Rolle. Die Kultur der jüngeren Eisenzeit nördlich des Mittelmeerraumes (Latène-Zeit: 450–250 v. Chr.) wurde vornehmlich von den Kelten getragen, die auf verschiedenen Gebieten der Technik Fortschritte erzielten. Als die Germanen in den Besitz keltischer Eisengebiete kamen, so des Siegerlandes um 390 v. Chr., nahmen sie die erfahrenen keltischen Schmiede in ihren Dienst. Gegenüber der teuren Bronze vermochte sich das viel häufigere Eisen als Material für Waffen und Werkzeuge über weiteste Kreise zu verbreiten. Auch der einfache Bauer konnte sich jetzt metallene Werkzeuge anschaffen. Das Eisen mag so ein wahrhaft volkstümliches Metall genannt werden.

Erster Teil

Die griechisch-römische Antike

Einleitung

Die große kulturelle Leistung des antiken Griechentums war ohne Zweifel die Entwicklung eines wissenschaftlichen Bewußtseins. Der Grieche war in der Tat der erste theoretisierende Mensch. Sein Leben galt der wissenschaftlichen Erkenntnis, die es ihrerseits wieder in höherem Sinne formte. Das Griechentum bereitete der modernen Technik, die ja zumindest seit dem ausgehenden 18. Jahrhundert an die naturwissenschaftliche Forschung anknüpfte, insofern den Boden, als es eben mit der Betrachtung der Welt als einer dem Menschenverstand zugänglichen Ordnung und mit der Bildung von Theorien die Wissenschaft überhaupt schuf. Die Technik mußte im Griechentum im allgemeinen in der Wertung gegenüber der reinen Wissenschaft zurückstehen. Besonders der platonische «Realismus», der nicht die Einzeldinge hier, sondern das ferne, unveränderliche Reich der *Ideen als das Reale* betrachtete, sah die dingliche Welt als schattenhaft und damit untergeordnet an. Daraus erklärt sich auch, daß das Experiment beim Griechen keine wesentliche Rolle spielte. Um so höher stand die Geometrie, deren Begriffe der Ideenwelt nahestanden. Wenn das Griechentum neben die von ihm entwikkelte mathematisierte Statik keine entsprechende Dynamik, d. h. keine ideelle Bewegungslehre, zu setzen vermochte, so liegt auch hier der Grund in der Unveränderlichkeit und Unbeweglichkeit der Idee, der Form. Als Idee, als Form aber hätte die Bewegung selber gefaßt werden müssen, was eben der Antike mit ihrem statischen Formbegriff zu denken unmöglich war. Hier trat erst seit dem 14. Jahrhundert ein Wandel ein.

Wie bereits gesagt, gelangte das Griechentum in der Statik zu wesentlichen Erkenntnissen, gerade weil es das mathematische Sein als Gestaltungsprinzip der Dingwelt betrachtete. Aber den Schritt von der Theorie zur praktischen Anwendung tat der Grieche nur ungern. Der freie Mann widmete sich dem Staate, der reinen Wissenschaft, der Literatur. Technisches Schaffen war mehr oder weniger Aufgabe der Metöken (d. s. die Fremden) und der Sklaven, deren Zahl zu manchen Zeiten, besonders seit der hellenistischen Epoche, in Griechenland ungemein hoch war.

Im Umkreise der alexandrinischen Mechaniker allerdings kam es zu einer Verbindung von praktisch technischer Arbeit und wissenschaftlicher Erkenntnis. Aber das technische Schaffen dieser Männer wurde ins Gebiet einer mehr spielerischen Zwecken dienenden Apparatetechnik abgedrängt, da für große Maschinen kein rechtes Bedürfnis bestand, vor allem weil genügend Sklaven zur Verfügung standen. Nur in der Kriegstechnik und im Bauwesen kam es zur Entwicklung auch größerer Maschinen. Technische Großbetriebe, in denen aber die Maschine kaum eine Rolle spielte, gab es in der klassischen Zeit vereinzelt. In der hellenistischen Epoche vermehrten sich die Manufakturbetriebe, besonders in Ägypten.

Die Technik der Römer fußte zu einem guten Teil auf der der Griechen. In der Kaiserzeit entwickelten die Römer mit ihrem starken Sinn für das Praktische eine ausgedehnte Staatstechnik, die in vielen Gebieten, besonders in der Bautechnik, Großes leistete. Diese Staatstechnik löste ihre Aufgaben im allgemeinen mit ziemlich einfachen technischen Mitteln, wobei große Heere arbeitender Menschen tätig waren. Das Pferd konnte, ebenso wie bei den Griechen, wegen eines ungeeigneten Geschirrs für schwere Transporte kaum eingesetzt werden; doch wurde der Ochse vielfach angewandt. Bei der Erzeugung von Gebrauchswaren überwog die Haus- und Werkstatt-, nicht die Manufakturarbeit. Ein Maschinenwesen konnte sich nicht ausbilden, von einigen Ausnahmen auf kriegstechnischem und fördertechnischem Gebiete abgesehen.

Die untergeordnete Rolle der Technik

In der griechisch-römischen Kulturwelt war nach dem Zeugnis der Schriftsteller die Handarbeit, die von Sklaven wahrgenommen wurde, wenig geschätzt, abgesehen wohl von der frühesten Zeit. Etwas günstiger stand man zur landwirtschaftlichen Arbeit. In der spätrömischen Kaiserzeit änderte sich die Einstellung zur gewerblichen Arbeit ein wenig. Man erkannte zumindest eine erfolgreiche gewerbliche Tätigkeit an. Übrigens war auch die Stoa der Kaiserzeit, wenigstens teilweise, arbeitsfreundlich gesinnt. Aber eine religiöse Verwurzelung der Arbeit war der Antike letztlich doch fremd.

Die Wertung handwerklicher und technischer Arbeit mag zunächst durch einige Zeugnisse dokumentiert werden. Im «Gorgias» sagt Platon (um 380 v. Chr.):

«Es ist nicht Brauch, daß der Steuermann sich etwas einbilde, wenn er uns auch rettet. Auch der Maschinenbauer nicht, mein Trefflicher, der bisweilen nicht Geringeres retten kann als ein Feldherr, geschweige denn ein Steuermann und irgend sonst einer; denn er rettet mitunter ganze Städte. Kann er sich wohl mit dem Redner vor Gericht messen? Und doch, wenn er, lieber Kallikles, reden wollte wie ihr und sein Geschäft herausstreichen, so könnte er euch mit seinen Reden überschütten und auffordern, daß ihr Maschinenbauer werden solltet, weil alles andere nichtig sei. Denn an Stoff dazu gebricht es ihm nicht. Aber du verachtest ihn und seine Kunst nichtsdestoweniger und würdest ihn fast zum Spott ‹Maschinenbauer› nennen, und seinem Sohne würdest du deine Tochter nicht geben noch die seinige für deinen Sohn freien wollen.

Und doch nach den Gründen, auf die hin du deine Kunst lobst – mit welchem Rechte verachtest du den Maschinenbauer und die anderen, die ich eben nannte?...» (Übers. von J. Deuschle, 1950).

Und in den «Leges» fordert Platon:

«Weiterhin ist hinsichtlich der Handwerker folgendes zu bestimmen: Fürs erste soll unter den Leuten, die sich mit schweren, handwerksmäßigen Gewerben beschäftigen, kein Einheimischer sein und auch kein Sklave eines Einheimischen. Denn der eigentliche Bürger hat ein genügendes Geschäft, das vieler Übung wie umfassender Kenntnisse bedarf, wenn er den allgemeinen wohlgeordneten Zustand des Staates erlangen und erhalten will – einen Zustand, dessen Herbeiführung mehr erfordert, als eine geringe Nebensache tut» (Übers. von E. Eyth, 1950).

Auch Aristoteles (um 350 v. Chr.) war der Meinung, daß Bildung und Handarbeit einander ausschließen.

Bezeichnend für die Überbewertung der Theorie gegenüber der praktischen Anwendung, der man sich nur notgedrungen zuwandte und die man einer schriftstellerischen Darstellung vielfach nicht für würdig hielt, ist jene bekannte Stelle Plutarchs über Archimedes († 212 v. Chr.):

«Die so beliebte mechanische Kunst hatten zuerst Eudoxus und Archytas getrieben; sie hatten bloß, um die Geometrie angenehmer zu machen, ihre Aufgaben, deren Beweise nicht sogleich eingesehen und begriffen werden konnten, durch sinnliche und mechanische Beispiele aufgelöst. So lösten sie die Aufgabe von zwei mittleren Proportionallinien als den Grund zu vielen anderen Auflösungen auf eine mechanische Art auf und brauchten dazu gewisse von krummen Linien und Kegelschnitten hergenommene Mesolabia. Aber Plato war damit unzufrieden und machte ihnen Vorwürfe, daß sie dadurch das Vorzügliche der Geometrie entehrten, wenn diese Wissenschaft von unkörperlichen und abstrakten Dingen zu sinnlichen Gegenständen übergehen und wiederum Körper brauchen sollte, die nur für gemeine und grobe Handwerker gehörten. Durch diese Gedanken wurde die Mechanik wieder von der Geometrie abgesondert, lange Zeit von der eigentlichen Philosophie verachtet und bloß für eine Kunst der Kriegsleute gehalten...

Archimedes hatte bei seinem Reichtume an Erfindungen einen so erhabenen Geist und eine so hohe Gesinnung, daß er von diesen Künsten, die ihm den Ruhm eines übermenschlichen und göttlichen Verstandes erwarben, nichts Schriftliches hinterlassen wollte. Er hielt die praktische Mechanik und überhaupt jede Kunst, die man der Notwendigkeit wegen triebe, für niedrig und handwerksmäßig. Sein Ehrgeiz ging nur auf solche Wissenschaften, in denen das Gute und Schöne einen innern Wert für sich selbst hat, ohne der Notwendigkeit zu dienen.»

Allerdings wäre hier zu bemerken, daß Plutarch über 300 Jahre nach Archimedes lebte und daß die Meinung, Archimedes habe die praktische Technik für niedrig erachtet, mehr oder weniger – wie F. Krafft (1972) hervorhebt – durch die einseitige quasi-humanistische Einstellung Plutarchs zu erklären sei. An sich sei der Ingenieur bei den Griechen und Römern eine anerkannte Persönlichkeit gewesen.

Schließlich führen wir noch eine Stelle aus einem Briefe Senecas († 65

n. Chr.) an, der zwar mit Nachdruck betont, daß ein Vater seine Kinder zur Arbeit erziehen müsse, der aber doch der handwerklichen Arbeit nur Verachtung zollt:

«Auch das kann ich nicht zugeben, die Weisen seien es gewesen, die die Fundgruben des Eisens und Erzes erschlossen hätten, indem die von Waldbränden durchglühte Erde die obersten Adern erweicht und in Fluß gebracht hätte. Solche Dinge werden von Leuten gefunden, die dafür ein wachsames Auge haben. Auch die Frage scheint mir nicht so schwierig..., was zuerst in Gebrauch gekommen sei, der Hammer oder die Zange. Beide Erfindungen zeugen von einem geweckten und scharfen, aber nicht von einem großen und erhabenen Geist. Und so steht es mit allem, was *mit gebeugter Körperhaltung* und auf den Boden gerichteter Aufmerksamkeit gesucht werden muß.»

Er spricht dann weiter von den großen technischen Leistungen seiner Zeit, wie dem Fensterglas, den hohen Wölbungen der Bäder, den Heizungsanlagen.

«Aber», so sagt er, «alles dies sind Erfindungen untergeordneter Gesellen; die Weisheit sitzt auf hohem Throne: Sie lehrt nicht Handfertigkeiten, sie ist die Lehrerin des Geistes» (Übers. von O. Apelt, 1924).

Allerdings ist der Handwerker in der großen Allgemeinheit wohl nicht durchgängig so unterschätzt worden, wie man den Zeugnissen einiger antiker Autoren entnehmen könnte. In der frühen Zeit, besonders der homerischen Epoche, schämten sich Menschen selbst hoher Geburt noch keineswegs der Handarbeit, und in Athen war die Zahl der Handwerker in der Volksversammlung immerhin recht hoch.

Die Technik überlistet die Natur

Archimedes schuf die mathematische Mechanik, die in zwei Werken, die Statik fester und flüssiger Körper umfassend, ihren Niederschlag fand. Über die Anwendung der gewonnenen Lehren veröffentlichte er nichts, wie wir bereits hörten. Die Sätze seiner Mechanik leitete Archimedes, von einigen einfachen Erfahrungstatsachen und Definitionen ausgehend, rein deduktiv, ganz im Sinne Euklids ab. Das Mathematische stand im Vordergrund des Interesses. An die hundert Jahre vor Archimedes (um 250 v. Chr.) entstand eine Aristoteles zugeschriebene Schrift, die ebenfalls Fragen der Mechanik zum Gegenstand hat, die aristotelischen «Mechanischen Probleme» (Mitte 4. Jh.v. Chr.). Hier ist zwar von zahlreichen technischen Anwendungen der Mechanik die Rede, aber letztlich sind diese doch nicht Selbstzweck; es ging vielmehr um die dialektische Behandlung und Lösung sogenannter Aporien, d. h. von Aufgaben, hier eben solchen der praktischen Mechanik, die besondere Widersprüche und Schwierigkeiten enthalten. Eine Aporie, eine Ungereimtheit, ist es vor allem, wenn eine kleine Kraft eine große Last bewegen soll. Es ist dabei bedeutsam, daß der Verfasser das technische Handeln als *gegen* die Natur geschehend betrachtet. Technik ist Machinatio, d. h. listiges Mittel, was sich vom griechischen «μηχανάομαι» = «ich ersinne eine List» ableitet. Es geht also bei den Aufgaben der technischen Mechanik um ein Überlisten der Natur durch die Lösung der auftretenden Widersprüche und die Überwindung der Schwierigkeiten. Eine Mathematisierung im Sinne des Archimedes lag dem Verfasser der «Mechanischen Probleme» ganz fern; er wandte sich den konkreten Vorgängen im mechanisch-technischen Bereiche zu, aber in erster Linie, um sie durch dialektische Kunst zu erklären, um aufzuzeigen, daß hier letztlich doch keine Widersprüche vorhanden sind. Die meisten der mechanischen Vorrichtungen, die behandelt werden, führt der Verfasser auf den Hebel zurück und zeigt, daß die bei ihm auftretenden Ungereimtheiten der wunderbarlich und widerspruchsvoll erscheinenden Bewegung einer großen Last durch eine kleine Kraft ihre Lösung finden in den dialektisch widerspruchsvollen, wunderbarlichen Eigenschaften des Kreises. Auf Kreislinien bewegen sich ja Kraft und Last beim Hebel. Die Kreislinie gehört also zur Wesenheit des Hebels. In ihm muß sich das sonderliche Wesen des Kreises wiederfinden, in welchem gegensätzliche Eigenschaften wunderbarlich in eins verknüpft sind. Es steht also hier letztlich die naturphilosophische Deutung im Vordergrund. Wie bei Archimedes das Mathematische, so schiebt hier das Philosophische das konkret Mechanische in den Hintergrund. Beides, bei aller Verschiedenheit der Auffassungen, ist Ausdruck typisch griechischer Geisteshaltung.

Aus den aristotelischen «Mechanischen Problemen» zitieren wir nur eine kurze, aber bezeichnende Stelle:

«Als wunderbar erscheint uns von dem, was naturgemäß vor sich geht, dasjenige, dessen Ursache uns verborgen ist, von dem aber, was wider die Natur ist, all das, was für menschliche Bedürfnisse durch Kunst geschieht. In vielen Dingen nämlich wirkt die Natur dem Bedarf des Menschen entgegen; denn immer hat sie ihre eigene Weise ... Soll daher etwas gegen die Natur bewerkstelligt werden, so bietet das wegen der Schwierigkeit eine Verlegenheit (Aporie), und eine künstliche Behandlung ist erforderlich. Wir bezeichnen deshalb den Teil der Kunst, der aus solcher Verlegenheit heraushilft, als Mechanik. Der Dichter Antiphon sagte deshalb: ‹Gewähre, Kunst, den Sieg, den die Natur verwehrt.›»

Die Renaissance knüpfte ebenso an die Mechanik des Archimedes wie an die aristotelischen «Mechanischen Probleme» an, wovon noch gesprochen werden soll.

Spezialisierung und Arbeitsteilung

Schon im vorhellenistischen Griechenland gab es neben einer hauswirtschaftlichen Produktion und neben der Gütererzeugung durch kleine Handwerker zumindest in den großen Städten eine fortgeschrittene Arbeitstechnik. Wir hören von großen Werkstätten mit ausgesprochener Arbeitszerlegung, wobei allerdings die einzelnen Arbeiten in rein handwerklicher Weise vor sich gingen. Die Maschine spielte dabei kaum eine Rolle. Vom Ende des 5. Jahrhunderts v. Chr. erfahren wir über eine Bettgestellmanufaktur mit 20 Sklaven in Athen. Ein Betrieb mit 32 Sklaven stellte Messer her. Und die bekannte Schildemanufaktur des Lysias beschäftigte sogar 120 Sklaven. Odysseus rühmte sich noch, sein Hochzeitsbett selbst angefertigt zu haben; der vornehme Athener der perikleischen Zeit bezog es wohl vom Möbelhändler. In der hellenistischen Zeit nahm das auf Sklavenarbeit bauende Werkstättenwesen weiter zu. Der Osten brachte neue Rohstoffquellen und neue Märkte. Die Industrien der hellenistischen Zeit erstreckten sich auf Töpfereiwaren, Lampen, Glaswaren, Metallwaren, wie Werkzeuge und Waffen und Textilien. Im ptolemäischen Ägypten stand die Industrie, besonders die Waffenherstellung, unter Staatskontrolle. In Griechenland und Kleinasien traten die Tempelwerkstätten hervor. Wesentliche technische Neuerungen wurden gegenüber der klassischen Zeit nicht erreicht. Auch im römischen Kaiserreich bestanden große Werkstätten, die namentlich billige Massenware herstellten. Aber die antike Großwerkstätte vermochte doch nicht die Oikenwirtschaft, die hauswirtschaftliche Produktion der wichtigsten Güter, und die kleine Werkstätte auszuschalten. Zu einer Einführung von Maschinen in die Betriebe kam es kaum. Die Sklavenarbeit machte die zwar Menschenkraft sparende, aber doch auch kostspielige Maschine nicht notwendig. Sklavenarbeit war sicher auch nicht gerade billig, aber der Sklave konnte, wenn nötig, leicht verkauft werden; er war eine ausgesprochen mobile Kraft. In der spätrömischen Zeit hätten wohl auch die allgemeinen sozialen und wirtschaftlichen Verhältnisse einen zunächst teuren Maschinenbetrieb, wie uns M. Rostovtzeff darzulegen versucht, gar nicht zugelassen.

Als Zeugnis antiker Spezialisierung und Arbeitsteilung führen wir eine Stelle aus Xenophons «Cyropädie» (um 370 v. Chr.) an:

«In den kleinen Städten macht ... ein und derselbe Mann Bettstellen, Türen, Pflüge, Tische; ja oft baut der nämliche Mann Häuser und ist froh, wenn er auch so nur Arbeitgeber (‹Auftraggeber›) genug findet, um sich fortzubringen. Da ist es nun unmöglich, daß ein Mann, der so vieles zu machen hat, alles gut macht. In den großen Städten dagegen genügt bei der großen Nachfrage nach allem einzelnen schon eine einzige Kunst, um ihren Mann zu nähren, ja oft brauchts nicht einmal eine ganze. Der eine z. B. macht Manns-, der andere Weiberschuhe: und es kommt da auch vor, daß einer sich bloß mit Flicken nährt, ein anderer mit Ausputzen der Schuhe, ein dritter bloß mit Zuschneiden des Oberleders und endlich ein vierter, ohne von dem allen etwas zu tun, bloß mit Zusammensetzen. Notwendig muß nun, wer beständig auf *eine* Arbeit beschränkt ist, es darin auch zur Vollkommenheit bringen» (Übers. von Chr. H. Dörner).

Ein Beispiel von Arbeitsteilung, wobei die beteiligten Werkstätten sogar an die 700 km, durch Meer getrennt, auseinanderlagen, entnehmen wir der «Historia naturalis» des Plinius († 97 n. Chr.):

«In Ägina legte man sich insbesondere nur auf die Ausarbeitung des Aufsatzes der Leuchter (Candelabra), in Tarent fertigt man die Schäfte derselben; zwei Werkstätten trugen also zur Vollendung dieser Geräte bei. Ihren Namen erhielten sie offenbar von dem Scheine der (daraufgesteckten) Lichter, und man schämt sich nicht, sie für den Soldbetrag eines Militärtribuns zu kaufen.»

Der Geschützbau

Wenn wir sagten, daß in der griechisch-römischen Antike die Maschine eine ziemlich geringe Rolle spielte, so gilt das allerdings nicht für das Gebiet der Kriegsmaschinen. Hier zeigt uns das Griechentum, daß es wohl wußte, große, auf Erfahrung und Berechnung gegründete Maschinen zu bauen. Das wirksame Wurfgeschütz der Antike beruhte auf der Torsionskraft dicker Stränge von Frauenhaaren oder Sehnen. Die Erfindung dieser Torsionsgeschütze wurde wohl im Umkreise des älteren Dionysios, des Tyrannen von Syrakus, im 4. Jahrhundert v. Chr. gemacht, der die Erfindertätigkeit auf kriegstechnischem Gebiete allgemein förderte, um im Kampf gegen Karthago bestehen zu können. Es sei hier nebenbei bemerkt, daß die Anfänge der Torsionskraftmaschine schon in den Torsionsfallen vorgeschichtlicher

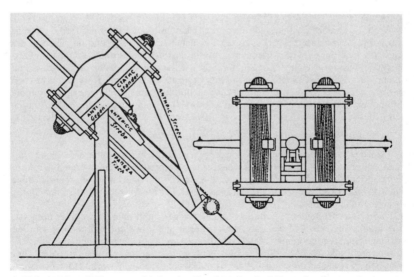

4: Zehnminiges Palintonon. Links: das Geschütz im Aufriß; rechts Spannrahmen mit Sehnensträngen. Durchmesser des Spannlochs = Kaliber. Höhe des Geschützes etwa 3 m.

Zeit liegen. In der Zeit nach Alexander dem Großen wurden auch die Wurfgeschütze wie mancherlei anderes Kriegsgerät bedeutend verbessert unter Verwendung auch wissenschaftlicher Erkenntnisse. Man entwickelte in Alexandrien wohl im 3. oder 2. Jahrhundert v. Chr. eine Erfahrung und Theorie verbindende Formel, die die Abhängigkeit des Kalibers von der Länge des zu verschießenden Pfeils oder vom Gewichte der zu werfenden Steinkugel festlegte. Dabei bezeichnete man als Kaliber den Durchmesser des sogenannten Spannloches, durch welches das Sehenbündel gezogen war (Abb. 4). Die Größe aller übrigen Teile wurde in Vielfachen des Kalibers ausgeführt. Man verwendete hier also jene Methode, die man im Maschinenbau des 18. und 19. Jahrhunderts als die der Verhältniszahlen bezeichnete. Als Baustoff der Geschütze diente Holz, aber wo nötig, wurde es aus Festigkeitsrücksichten mit eisernen Beschlägen versehen. Im ganzen gesehen war ein solches Torsionsgeschütz sowohl in Hinsicht auf das Material als auf die Funktion eine recht rationell durchkonstruierte Maschine. Über den griechischen Geschützbau werden wir durch Philon von Byzanz (um 225 v. Chr.), Vitruvius (zwischen 31 und 27 v. Chr.) und Heron von Alexandrien (1. Jh. n. Chr.) unterrichtet. Die großen Geschütze waren an die 2 bis 3 m hoch. Sie schossen vierpfündige Steinkugeln gegen 300 m und schwere, einen Meter lange Pfeile etwa 350 m weit. Zu einer Steinkugel von etwa 10 Pfund gehörte ein Sehnenbündeldurchmesser von gegen 22 cm. Hören wir zunächst einige Sätze aus Philons «Belopoiika»:

«Erst die Späteren haben, teils durch die Erkenntnis der Fehler der Früheren, teils durch die Beobachtungen bei späteren Versuchen, das Prinzip und die Theorie des Geschützbaus auf ein festes Element zurückgeführt; ich meine den Durchmesser (Kaliber) des Kreises, welcher den Spanner faßt. Dies ist neuerdings den alexandrinischen Technikern gelungen, weil sie durch Ruhm und Kunst liebende Könige mit reichen Mitteln versehen wurden. Denn daß man nicht alles durch Rechnung und durch die Methoden der Mechanik erreichen, sondern vieles auch durch den Versuch finden kann, das ist aus vielen anderen Dingen einleuchtend ...» (Übers. von H. Diels, 1918).

Besonders klar unterrichtet uns Heron:

«Von den genannten Maschinen sind die einen Euthytona, die anderen heißen Palintona. Die Euthytona werden von einigen auch Skorpionen genannt, wegen der Ähnlichkeit der Gestalt. Die Euthytona entsenden nur Pfeile. Die Palintona nennen einige auch Steinwerfer, weil sie Steine entsenden; sie werfen entweder Pfeile oder Steine oder aber auch beides ...
Die meisten Teile dieses Geschützes sind zerlegbar, damit man es, wenn es nötig ist, auseinandernehmen und bequem transportieren kann; nur die Halbrahmen werden nicht auseinandergenommen, damit sich die Spannsehnen leicht einziehen lassen ...
Man muß aber auch die Stellen, die es nötig, d. h. etwas auszuhalten haben, mit eisernen Beschlägen versehen und diese mit Nägeln befestigen, starke Hölzer verwenden und auf jegliche Weise die genannten Stellen sichern; die Teile aber, welche nichts auszuhalten haben, macht man aus leichtem Holz und weniger stark, in Rücksicht auf Masse und Gewicht. Denn meist werden sie nicht für den sofortigen Gebrauch her-

gestellt, deshalb müssen sie für den Transport leicht zerlegbar sein und nicht kostspielig ...
Man muß wissen, daß die Bestimmung der Maße aus der Erfahrung selbst genommen ist. Da nämlich die Älteren nur auf die Form und Zusammensetzung ihr Augenmerk richteten, erreichten sie keine große Tragweite des Geschosses, da sie keine harmonischen Verhältnisse nahmen. Die Späteren aber, als sie einige Teile verkleinerten, andere vergrößerten, machten dadurch die genannten Geschütze übereinstimmend und wirksam. Die genannten Geschütze, d. h. alle einzelnen Teile, werden nach dem Durchmesser des Loches für die Spannsehnen bestimmt. Die Spannsehne ist also das leitende Prinzip für das Maß.

Das Kaliber der Steinwerfer muß folgendermaßen bestimmt werden: Gewicht in Minen des zu verschießenden Steines mal 100, 3. Wurzel aus dem Produkt, dazu $^1/_{10}$ des Resultats. Das ist das Kaliber in Daktylen:
$$\delta = 1{,}1 \sqrt[3]{100\,\mu},$$

z. B. Steingewicht = 80 Minen, 100 mal 80 = 8000, $\sqrt[3]{8000} = 20$, $^{20}/_{10} = 2; 2 + 20 = 22$, Kalibermaß = 22 Daktylen. Gibt die 3. Wurzel keine ganze Zahl, so rundet man unter Hinzufügung von $^1/_{10}$ ab» (Übers. von H. Diels, 1918).

Eine Mine (Mna) können wir hier vielleicht mit 436,6 g ansetzen, welcher Wert aber für diesen Fall keineswegs sicher ist. 22 Daktylen sind 42,5 cm. Die Römer übernahmen die griechischen Geschütze, machten sie aber zum Teil leichter beweglich, indem sie Räder anbrachten.

Die alexandrinischen Mechaniker

Wir betonten schon, daß es in der Antike, von einigen Ausnahmen – wie dem Bau von Kriegsmaschinen und von Hebezeugen für schwere Bausteine in griechischer und römischer Zeit (Abb. 5) und von großen Anlagen zur Wasserhaltung mittels archimedischer Schrauben oder Schöpfrädern im römischen Bergbau Spaniens – abgesehen, zur Entwicklung einer eigentlichen Maschinentechnik nicht kam. Der technische Schaffensdrang wurde unter den obwaltenden Umständen, da für große Maschinen im allgemeinen kein Bedürfnis vorhanden war, zum Teil auf das Gebiet kleiner Apparate und Mechanismen mehr spielerischen Charakters abgelenkt. Im Alexandrien des 3. Jahrhunderts v. Chr. begann jene feinmechanische Kunst des Apparatebaues zuerst zu blühen. Hier wirkte der Mechaniker Ktesibios (um 275 v. Chr.), der neben spielerischen Dingen doch auch manches Praktische und einiges der Wissenschaft Dienende konstruierte. Die Wasserorgel und die Kolbenpumpe mit Windkessel sind bedeutsame Erfindungen des alexandrinischen Mechanikers. Die Kolbenpumpe des Ktesibios war eine Saugdruckpumpe, wie sie uns auch in römischer Zeit begegnet. Die Saughebepumpe mit Ventil im Kolben erscheint erst im 15. Jahrhundert. Diese mehr oder weniger spielerische, aber gerade deshalb recht populäre Apparatetechnik fand in der Folgezeit immer wieder feinmechanisch gewandte und zugleich wissenschaftlich beschlagene Männer, die sie fortführten (Abb. 6.).

5: Römisches Hebezeug für Säulen. Antrieb durch ein Tretrad. Relief aus dem Amphitheater im alten Capua (Kaiserzeit), jetzt im Museo Campano zu Capua.

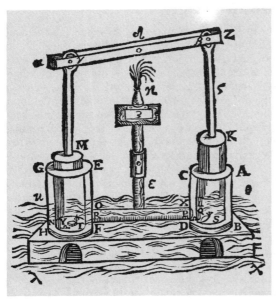

6: Herons Feuerspritze, um 60 n. Chr. Holzschnitt, 1688.

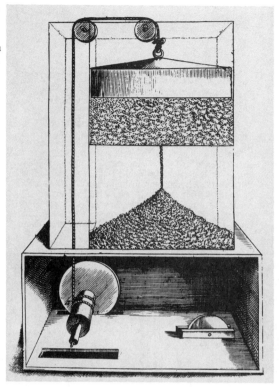

7: Herons Sandmotor zur Bewegung eines fahrenden Automatentheaters mit bewegten Figuren, um 60 n. Chr. Holzschnitt, ca. 1589.

Aus der Zeit um 225 v. Chr. ist in dieser Hinsicht Philon von Byzanz, aus dem 1. Jahrhundert n. Chr. der von ihm abhängige, aber in vielem doch auch selbständige alexandrinische Mechaniker Heron zu nennen. In seinen Schriften läßt Heron eine Fülle von Vorrichtungen an uns vorbeiziehen, die – wie die sogenannten Druckwerke – den Druck zusammengepreßter oder erwärmter Luft oder des Wasserdampfes anwenden und mit gutgefertigten Hebern, Ventilen, Hähnen, Zahnrädern, Schrauben und Zylindern mit eingepaßten Kolben arbeiten oder die wie die Automatentheater von Gewichten vermittels über Rollen gelegter Schnüre angetrieben werden (Abb. 7).

Viele von Herons Apparaten dienten kultischen Zwecken, wie der Weihwasserautomat oder der Tempeltüröffner (Abb. 8). Von Herons Apparaten seien noch genannt: die sich selbst regulierende Lampe, die Windorgel mit Zylindergebläse und Windrad (mit Daumenwelle), die Aeolipile (Dampfre-

Eine Kapelle zuzurichten / daß mit

Anzündung deß Opffer-Feuers seine verschloßne Thor von sich selbsten aufgehen / sich auch wiederumb bey Verlöschung deß Feuers zuschliessen.

ES stehet besagte Capell auf einem Fuß-Gestell A. B. C. D. auf welchem ein Altar E. D. stehet / durch welchen eine Röhren G. H. gehet / dessen ober Mundloch F. in dem Altar / das untere aber G. in einer Kugel H. nicht gar weit von dem Mittel eingemacht. Dise Kugel und Röhren G. F. seynd aneinander verlöhtet / ingleichem auch ein Fuß von einer krummen Röhren K.L.M. in dise Kugel: Auch müssen die Angel der Thor / in dem untersten Theil deß Fuß-Gestells ausgehen / und in den unfersten Gewinden oder Klammern geschwind sich umbwenden / die da bey dem Fuß-Gestell A,B,C,D. seynd. Von den Thor-Angeln über eine Rollen werden anein-

8: Herons pneumatischer Kapellentüröffner, um 60 n. Chr. Die Türen öffnen sich von selbst, wenn ein Opferfeuer entzündet wird. Holzschnitt, 1688.

aktionsrad), der Schröpfkopf und künstlich singende Vögel. Heron übte auf Mittelalter, Renaissance und Barockzeit großen Einfluß aus. Die Kunstuhren des Mittelalters, die Fontänen mit wunderlich bewegtem Figurenwerk fürstlicher Gärten der Renaissance, die Thermoskope von S. Santorio, C. Drebbel und G. Galilei am Anfange des 17. Jahrhunderts und schließlich auch die Automaten der romantischen Zeit führen letztlich auf die hellenistische Mechanik zurück. Dabei ist die Abgrenzung der einzelnen Leistungen des Ktesibios, Philon und Heron nicht leicht vorzunehmen. Bei Heron waren Theorie und Praxis miteinander verbunden, wie wir bereits hervorhoben. Heron nahm an, daß es zwar kein kontinuierliches, wohl aber ein in kleinen Teilchen in der Luft und in anderen Körpern verteiltes Vakuum gäbe. Durch Experimente suchte er seine Annahmen zu erhärten. Die für die alexandrinische Schule charakteristische Verbindung von Theorie und Praxis tritt uns auch bei dem namhaften alexandrinischen Mathematiker und Mechaniker Pappus (3. Jh. n. Chr.) entgegen, der unter anderem über die Technik der Zahnrad- und Schraubenherstellung schrieb.

Der «architectus»

Obschon das Römertum mehr Sinn für praktische technische Aufgaben zeigte als die Griechen, so kam es doch auch hier nicht zu einer Umgestaltung des technischen Schaffens und ebenso nicht zu einer besonderen Spezialisierung des Technikerberufs. Das ganze Gebiet der Technik oblag eigentlich dem Architekten, dessen Aufgabe nicht nur das Bauen war, sondern auch die Herstellung von Wasseruhren und die Konstruktion von Hebezeugen (Abb. 9), Kriegsmaschinen und manchen anderen technischen Vorrichtungen. Der römische Architekt Vitruv umriß in seinem zwischen 31 und 27 v. Chr. abgefaßten Werk «De architectura» anschaulich die vielfältigen Obliegenheiten des antiken Architectus. Er stützte sich bei der Abfassung seines Buches zum Teil auf eigene Erfahrungen, vornehmlich aber auf griechische Quellen. Wissenschaft und Praxis stehen bei ihm theoretisch in einem günstigeren Verhältnis als im Griechentum, aber in Wirklichkeit kann auch bei den Römern von einer eigentlichen Anwendung der Wissenschaft auf das technische Schaffen nicht die Rede sein.

Vitruvs Werk hat die Baukunst der Kaiserzeit wenig beeinflußt, da die besonderen bautechnischen Probleme seiner Zeit, man denke etwa an den Gewölbebau, in seinem Buche kaum eine Rolle spielen. Um so größer war allerdings Vitruvs Einfluß auf das Mittelalter und auf die Renaissance. Vitruv legte in seiner «Architectura» dar, wie vielerlei Kenntnisse man vom Baumeister verlangen müsse:

«So muß er (der Baumeister) sowohl talentvoll sein als gelehrig für die Wissenschaft; denn weder Talent ohne Wissenschaft noch Wissenschaft ohne Talent kann einen voll-

9: Hebezeug nach Vitruvius (zwischen 31 u. 27 v. Chr.). Holzschnitt, 1521.

endeten Künstler schaffen; auch soll er stilistisch gebildet sein, kundig des Zeichnens, geschult in Geometrie, in der Optik nicht unwissend und in der Arithmetik unterrichtet, er soll mehrfache geschichtliche Kenntnisse besitzen, die Philosophen fleißig gehört haben, sich auf Tonkunst verstehen, der Heilkunst nicht unkundig sein, mit den Entscheidungen der Rechtsgelehrten vertraut sein, die Sternkunde und die Gesetze des Himmels kennengelernt haben.»

Die Architektur umfaßt bei Vitruv neben dem Bauen auch die Herstellung von Maschinen, wie wir schon hervorhoben. Dabei bezeichnet er die Maschine als eine «zusammenhängende Verbindung von Holz». Weiter sagt er:

«Alle Mechanik aber ist von der Natur der Dinge vorgebildet und von dieser Lehrerin und Meisterin durch die Umdrehung der Welt gelehrt.»

Die Technik der römischen Kaiserzeit war vornehmlich Staatstechnik, die im Straßen-, Brücken-, Aquädukten-, Kriegsmaschinen-, Hoch- und Bergbau besonders in organisatorischer Hinsicht mit den herkömmlichen technischen Mitteln Großes leistete. Im Kaiserreich gab es an die 300 000 km gute Straßen. Die ältesten der Römerstraßen gehen in die Zeit des 4.–2. vorchristlichen Jahrhunderts zurück, wie die Via Appia (Rom–Capua, 312 v. Chr.), die Via Flaminia (Rom–Fano, 220/219 v. Chr.) und die Via Aemilia (Rimini–Piacenza, 187 v. Chr.). Zehn Wasserleitungen von 458 km Gesamtlänge (davon 50 km auf Arkaden) versorgten Rom zur Zeit Kaiser Trajans täglich mit über einer Million m³ Wasser (Abb. 10). Der Querschnitt der verschiedenen Leitungen betrug 1–2 m³. Die ältesten Wasserleitungen sind die Aqua Appia (16,7 km, 312 v. Chr.), der Anio vetus (64 km, 272 v. Chr.) und die Aqua Marcia (91,6 km, 144 v. Chr.). Über die römische Wasserversorgung sind wir durch eine Schrift des Curator aquarum Sextus Julius Frontinus unterrichtet, den «De aquis urbis Romae libri II», die etwa um 100 n. Chr. abgefaßt wurden. Das Werk gibt uns Kunde von den Sorgen und Nöten des Kurators Frontinus, der über 600 Mann verfügte und der bei den noch geringen Kenntnissen vom Einfluß der Druckhöhe, des Gefälles, der Widerstände und der Geschwindigkeit des Wassers auf die Ausflußmenge Mühe hatte, den vielen einzelnen Verbrauchern einen der ihnen zufließenden Wassermenge halbwegs entsprechenden Zins zu berechnen. In Pompeji betrieb man bis ins 1. Jahrhundert v. Chr. Wasserhebewerke, die mit Schöpfeimerketten und mit Tretradantrieb (Menschenkraft) arbeiteten. Dann wurde eine Wasserleitung angelegt. Die Römer bauten auch in den Provinzen große Wasser-

10: Die römischen Wasserleitungen (links) Claudia u. Anio novus (47 bzw. 52 n. Chr.) und (rechts) Marcia, Tepula u. Iulia (144, 125 bzw. 40 v. Chr.). Im Hintergrund Rom. Die Straße ist die Via Latina (Rom–Capua).

leitungen, so 110 n. Chr. die 130 km lange Leitung von Karthago. Bei der Anlage der Wasserleitungen waren, ebenso wie beim Bau der Straßen, weitgehende Vermessungsaufgaben durchzuführen, wozu die Wasserwaage, das Senkblei und die Groma, ein Feldmesserkreuz mit Senkeln als Absehen, verwendet wurden.

Wenn die Römer vornehmlich Gefällewasserleitungen anlegten und dabei auch die außerordentlich kostspieligen Aquädukte ausführen mußten, so darf man daraus keineswegs schließen, daß sie das Prinzip der kommunizierenden Röhren nicht gekannt hätten, das den Druckwasserleitungen zugrunde liegt. Druckleitungen hatten ja schon die Griechen errichtet; man denke an die Wasserleitung von Pergamon aus der Zeit um 180 v. Chr. Für die Wahl der Gefälleleitung durch die Römer mochten wohl die Schwierigkeiten gesprochen haben, eine Druckleitung dicht zu halten. Aber sicher handelt es sich hier auch mit um Stilunterschiede baulich-technischen Schaffens. Der Römer wollte auch in seinen technischen Bauten die politische Macht zum Ausdruck bringen. Dieser Einstellung trug die mächtige auf Bogen geführte und sich aus der Landschaft heraushebende Gefälleleitung Rechnung, wohingegen die Druckleitung sich schlicht der natürlichen Bodengestaltung anschmiegt. So ist auch die gegenseitige Anordnung der römischen Staatsgebäude durch das Prinzip der Axialität und Symmetrie bestimmt als Ausdruck des Machtgedankens. Dieser war dem klassischen Griechentum fremd, das seine Bauten frei und ungezwungen anordnete.

Es sei im Zusammenhange mit den Wasserleitungen auch der Bau eines 6 km langen Tunnels erwähnt, den Kaiser Claudius von 44 bis 54 n. Chr. unter Einsatz von 30000 Arbeitern graben ließ, um den Fucino-See trockenzulegen. Übrigens erfahren wir auch aus früher griechischer Zeit bereits von einem Tunnel, den Eupalinos von Megara um 522 v. Chr. durch den Berg Castro auf Samos stach; dieser Tunnel, der eine Wasserleitung führte, war aber nur 1,5 km lang und hatte einen Querschnitt von 2×2 m, ebenso wie der römische Tunnel am Fucino-See. Beim Bau dieses Tunnels auf Samos hatte man von beiden Mündungen aus gegraben und wohl mit guten Diopter-Instrumenten vermessen, da man sich mit nur geringen Abweichungen in der Mitte traf.

Ungemein imponierende Leistungen der römischen Kaiserzeit waren die Überwölbungen der großen Thermen. Diese immensen Badeanlagen mit ihren Heißbädern (Heißwasser- und Heißluftbäder) enthielten eine Fußbodenheizung (Hypokaustum) und ein Hohlziegelsystem in den Wänden, das auch der Wandung Wärme zuführte und vornehmlich als Wärmedämmung wirkte. Die riesigen Badehallen waren mit Glasfenstern ausgestattet. Die gegossenen Scheiben hatten die Römer in der ersten Hälfte des ersten nachchristlichen Jahrhunderts erfunden.

Von dem bedeutenden römischen Gewölbebau zeugen auch die Basilikabauten, die Torbögen, die Steinbrücken und die Aquädukte. Die Römer mochten den Bogen als Tragwerk, der übrigens schon bei den Sumerern vorkommt, von den Etruskern übernommen haben. Im Pantheon, das im 2. Jahrhundert n. Chr. gebaut wurde, erreichte der römische Kuppelbau eine Spannweite von 43,5 m. Die bei den Bauten benutzten Hebezeuge mit Flaschenzügen, die durch Tretrad, Trettrommel oder Handwelle angetrieben wurden, gehen auf die Griechen zurück. Schon seit dem 2. Jahrhundert v. Chr. verwendeten die Römer einen sehr dauerhaften Unterwasserbeton.

Die römische Bergwerksarbeit

Die Griechen gewannen Eisen in Euböa, Böotien und Lakonien. In Blüte stand besonders in der hellenischen Zeit der Silberbergbau von Laurion, den die Athener seit etwa 600 v. Chr. mit Heeren von Sklaven (um 340 v. Chr. an die 30000 bis 35000 Sklaven), aber zum Teil auch mit Freien betrieben. Die Schächte drangen 25–120 m in die Erde hinein (Abb. 11). In Italien nutzten die Etrusker seit etwa 900 v. Chr. Eisenerzvorkommen in der Toskana und auf Elba. Von den in der Metalltechnik sehr erfahrenen Etruskern lernten

11: Arbeit in einer Erzgrube. Spätkorinthische Malerei auf einem Tontäfelchen, 575/550 v. Chr.

12: Archimedische Schrauben zur Wasserförderung aus 210 m Tiefe in einem römischen Blei- und Silberbergwerk Spaniens, um 200 n. Chr. Jede der 5 m langen Schrauben, die von Sklaven mit den Füßen gedreht wurden, hebt das Wasser um 1,5 m.

die Römer einiges. Besonders die Eisenwaffen, die mithalfen, das römische Weltreich zu schaffen, übernahmen die Römer von den Etruskern. Dieses Volk, das im 3. Jahrhundert v. Chr. den Römern unterlag, beeinflußte das Römertum auch auf einigen anderen Gebieten.

Die römische Staatstechnik wurde wie auch der Betrieb in den privaten Großwerkstätten hauptsächlich von der Arbeit der Sklaven getragen. Für die Bauarbeiten, besonders den Straßenbau, verwendete man in Friedenszeiten auch Soldaten. Sehr schwer war das Los der Sklaven in den griechischen wie auch in den römischen Bergwerken, die vielfach Staatsunternehmen waren. Wir wissen, daß die Römer in Spanien Silbererze aus Tiefen bis über 200 m förderten. Die Wasserhaltung geschah dabei mit schräg übereinander angeordneten archimedischen Schrauben von etwa 5 m Länge, deren jede das Wasser gegen 1,5 m hob, oder mit Schöpfrädern. Die Schrauben wie auch die Schöpfräder wurden von Sklaven mit den Füßen gedreht (Abb. 12).

Über die archimedische Schraube sagt Diodor (1. Jh. v. Chr.) in seiner «Historischen Bibliothek»:

«Das Überraschendste von allem aber ist, daß man das Wasser mittels der sogenannten Ägyptischen Schraube hebt, die von Archimedes aus Syrakus zur Zeit seines Besuches in Ägypten erfunden wurde. Bei der Anwendung dieser Schrauben beförderт man das Wasser stufenweise bis zum Schachteingang... Da diese Maschine eine außergewöhnlich sinnvolle Einrichtung ist, wird eine so enorme Menge Wasser zutage gefördert, daß man darüber erstaunt ist.»

Über eine besondere Art des römischen Goldbergbaues in Spanien (Asturien), bei der das Gold führende Gestein durch Sturz zerkleinert und naß aufbereitet wurde, berichtet Plinius der Ältere († 79 n. Chr.) in seiner «Naturalis historia»:

«Man treibt nämlich erst Stollen und höhlt dann die Berge beim Scheine der Lampen überall weit aus. Die Arbeitszeit wird nach der Brennzeit der Lampen bestimmt, denn die Arbeiter kommen während mehrerer Monate nicht ans Tageslicht. Man nennt diese Art Baue Arrugiae. Sie stürzen oft plötzlich zusammen und vergraben die Arbeiter, daher es schon weniger verwegen erscheint, aus der Tiefe des Meeres Perlen zu holen, als solchen Bergbau zu betreiben; denn hiedurch machen wir die Erde zu einem noch weit schädlicheren Element. Um dergleichen Unfällen möglichst vorzubeugen, läßt man an vielen Stellen Bogen stehen, die die Berge stützen. – Bei beiden Arten des Bergbaues begegnet man dem Kiesel (Silex), der durch Feuer und Essig zersprengt wird; da aber der sich dabei entwickelnde Dampf und Rauch in den Gruben leicht die Arbeiter erstickt, hauen sie den Kies lieber aus, und zwar in etwa 150 Pfund (49 kg) schweren Stücken; sie fördern dieselben auf die Weise heraus, daß sie sie auf ihren Schultern in der Finsternis dem Nächsten zureichen. Auf diese Weise sehen erst die letzten von ihnen das Tageslicht ... Nach vollbrachter Arbeit zerschlägt man die Gewölbepfeiler oben, mit dem letzten beginnend; währenddessen paßt ein auf der Spitze des Berges beständig Wachehaltender genau auf, wenn der Berg dem Einsturz nahe ist, und sowie dieser Zeitpunkt eingetreten ist, läßt er die Arbeiter durch Ruf und Wink herausrufen und eilt zugleich selbst vom Berge herab. Der Einsturz des Berges in sich selbst erfolgt mit einem unglaublichen, lange anhaltenden Gekrache und Getöse, und die Sieger sehen den Ruin der Natur vor sich. Aber noch ist kein Gold da, auch wußten die Bergleute während des Grabens noch nicht, ob dergleichen vorhanden sein werde, und doch scheuet man, in der Hoffnung, das zu erhalten, was man wünscht, so große Gefahren und Kosten nicht. Noch steht indessen eine andere Arbeit bevor, die sogar mühseliger ist, nämlich Flüsse zum Waschen eines solchen eingestürzten Berges oft 1000 Meilen weit von den Gipfeln der Gebirge herzuleiten. Man nennt dergleichen Kanäle Corrugi, wahrscheinlich wegen der Zusammenleitung mehrerer Bäche (a corrivatione) in dieselben; auch diese Zusammenleitung erfordert Tausende von Arbeitern. Man muß vorher mit der Wasserwaage die Berechnung anstellen, denn das Wasser soll mehr herabstürzen als fließen, weshalb es auch von möglichst hochgelegenen Punkten hergeleitet wird» (Übers. von G. C. Wittstein, 1882, ein wenig geändert).

Das Wasserrad

Im ersten Jahrhundert v. Chr. kannten die Römer bereits das unterschlächtige Wasserrad. Älter als dieses römische Wasserrad mit waagrechter Welle ist das wohl in den Gebirgskulturen des Vorderen Orients im 2. Jahrhundert v. Chr. entstandene liegende Wasserrad (senkrechte Welle) mit schrägem Schußgerinne. Hier sitzen also Wasserrad und Läuferstein auf ein und derselben Welle. Vitruv beschreibt uns zwischen 31 und 27 v. Chr. in seiner «Architectura» eine römische Wassermühle, also eine Mühle mit Rad mit horizontaler Welle, Kammrad-Stockgetriebe und scheibenförmigem Läuferstein, ziemlich eingehend. Aber das Wasserrad verbreitete sich zunächst nur wenig, da die Muskelkräfte der Sklaven zur Verfügung standen und da die Errichtung von Wasserkraftanlagen kostspielig war. Als Getreidemühlen verwandten die Römer seit dem zweiten vorchristlichen Jahrhundert vornehmlich die sanduhrförmige Drehmühle mit aufgehängtem Läuferstein, welche die Griechen schon seit etwa 500 v. Chr. kannten. Diese Mühlen wurden, soweit es sich um kleinere Ausführungen handelte, von Hand angetrieben. Die größeren Mühlen, wie man sie aus Pompeji und Ostia kennt, wurden von Eseln oder Maultieren bewegt, die im Kreise herumgingen (Tiergöpel). Erst als mit dem Nachlassen der Expansion Roms die Zahl der Kriegsgefangenen, die ja als Sklaven dienen mußten, mehr und mehr abnahm, gewann auch die Wassermühle langsam an Boden. Besonders in den Gebieten nördlich der Alpen mit den günstigeren Wasserverhältnissen begegnen uns Wassermühlen seit dem 3. und 4. Jahrhundert n. Chr. hier und da. Von einer größeren gallo-römischen Anlage zum Getreidemahlen in Barbegal bei Arles aus der Zeit um 200 n. Chr. wissen wir Näheres. Hier trieben 16 Wasserräder 16 Mahlwerke, die in 24 Stunden an die 28 t Mehl erzeugen konnten. Aber diese Anlage war wohl ein Einzelfall. Es ist dabei noch nicht ausgemacht, ob es sich um oberschlächtige Wasserräder mit Zellengefäßen oder um unterschlächtige Räder mit Schußgerinne handelte. Das oberschlächtige Wasserrad mit Zellengefäßen (Wirkung des Wassergewichts) kommt im übrigen erst im späten Mittelalter. Überhaupt wurde das Wasserrad erst im Mittelalter zu einer Kraftmaschine von allgemeiner Bedeutung.

Zweiter Teil

Das Mittelalter

Einleitung

Das Römische Reich zerfiel an innerer Schwäche des eigenen Körpers unter dem äußeren Ansturme der germanischen Völker. Langsam verlagerte sich die Kultur nach dem Norden. Anstelle der alten Zentralmacht trat eine Vielheit von örtlichen Herrschaften. Das Leben ging von den Städten auf das Land über. Die Geldwirtschaft wich der Naturalökonomie. Die aufgeschlossenen gallisch-germanischen Völker übernahmen das Erbe des Altertums, dessen Einfluß aber, wie in anderen Gebieten so auch im Bereiche der technischen Kultur, keineswegs alleinbestimmend war. Neben dem aus dem Altertum überkommenen technischen Gut wurde auch bei den jungen romanisch-germanischen Völkern mancherlei vom alten bodenständigen Handwerk des weiten Nordens wirksam, das der mittelalterlichen materiellen Kultur mit das Gesicht zeichnete. Insbesondere aber trug das Christentum, das dem Menschen immer seine Würde und den Dingen der Welt letztlich doch ihre Werthaftigkeit beließ, nicht unwesentlich dazu bei, einem entwicklungsfähigen technischen Schaffen festen Grund zu bereiten. Schließlich machten sich in der Technik des Mittelalters vornehmlich durch Vermittlung der islamischen Welt neben antiken auch fernöstliche Einflüsse geltend. Der Zerspaltung des frühmittelalterlichen Europas stand die Einheit der universalen Kirche gegenüber. Die durch die Dezentralisierung entstandenen kleinen selbständigen Wirtschaftseinheiten, die kleinen Städte, die Domänen, die Klöster, führten später wieder zu größeren Zusammenschlüssen. Daß in der nachkarolingischen Zeit der Mittelpunkt engerer oder weiterer politischer Macht und das Zentrum des Geistigen, die universale Kirche, nicht in eins fielen, ließ der Wirksamkeit produktiver Kräfte im Gebiete der geistigen und nicht zuletzt auch materiellen Kultur weiten Raum, und die Vielfalt der freien wirtschaftlichen Einheiten und politischen Mächte regte durch fruchtbaren Widerstreit die kulturelle Arbeit an. War die Technik bis zum 10. Jahrhundert noch vornehmlich auf das klösterliche Handwerk beschränkt, das in der Herstellung kultischer Gegenstände hohe Leistungen erzielte, so kam mit dem Aufblühen der Städte eine städtische Handwerkskultur herauf, die nicht weniger beseelte Werke schuf wie das klösterliche Handwerk.

Seit der Karolingerzeit durch all die Jahrhunderte des Mittelalters hindurch, auch während jener, die man – wie die vom 6. bis zum 12. – gern als die «dunklen» bezeichnet, wurden im Abendland gewichtige technische Erfindungen gemacht, die zur langsamen Umgestaltung der sozialen und wirtschaftlichen Verhältnisse führten. Aber gerade die technischen Errungenschaften des Mittelalters sind noch kaum ins Bewußtsein selbst historisch interessierter Kreise eingedrungen, und zum Teil sind hier noch weitgehende Forschungen nötig, um die bis jetzt gewonnenen Ergebnisse gehörig zu festigen. Die romantische Epoche der ersten Hälfte des vorigen Jahrhunderts hat unser Auge geöffnet für die mittelalterliche Kunst und Geistigkeit. Der Neothomismus hat die hohe Zeit mittelalterlicher Philosophie wieder lebendig werden lassen. Durch eine Reihe von Erfindungen und nicht zuletzt auch durch die christliche Lehre von den von Natur frei erschaffenen Menschen, die gleich sind vor Christus, gelang es dem christlichen Mittelalter, eine Zivilisation aufzubauen, die nicht mehr wie die der Antike auf den Schultern von Sklaven ruhte, sondern sich mehr und mehr nichtmenschlicher Kräfte bediente. Und die Naturwissenschaft des Mittelalters, besonders des fruchtbaren 14. Jahrhunderts, ist zu Beginn des 20. Jahrhunderts durch P. Duhems und in unseren Tagen besonders durch Anneliese Maiers tiefgründige Forschungen näher bekannt geworden. Lefebvre des Noëttes vor allem gebührt der Ruhm, seit den zwanziger Jahren das Augenmerk auf die großen technischen Erfindungen des Mittelalters gelenkt zu haben, wenn auch seine Forschungen nicht ganz allgemein anerkannt wurden. Besondere Verdienste um die Geschichte der mittelalterlichen Technik hat sich seit 1940 der amerikanische Mediävist Lynn White jr. erworben.

Der mittelalterlichen christlichen Kirche kommt für die Entwicklung der Technik noch wesentliche Bedeutung in anderer Hinsicht zu. Als zu Beginn des 13. Jahrhunderts zum kleinen Teile durch direkte Überlieferung, zum großen Teile aber auf dem Umwege über die Araber der ganze Aristoteles, insbesondere die riesige Fülle aristotelischen Realwissens, dem christlichen Mittelalter vorlag, war es die große Tat Alberts des Großen und seines Schülers Thomas von Aquino, das aristotelische Wissen einzubauen in den christlichen Kosmos und so zu einem auch das Realwissen umfassenden, einheitlichen Weltbild zu gelangen mit Gott als der Spitze des Ganzen. Glaube und Wissen sind zwar getrennte Gebiete; aber zwischen den geoffenbarten und den wissenschaftlichen Wahrheiten kann im Sinne dieser Lehre kein Widerspruch bestehen, sonst würde ein solcher ja in Gott selbst hineingetragen. Durch diesen christlichen Aristotelismus, durch diese Hinwendung zur überkommenen Philosophie und Wissenschaft und die harmonische Verbindung dieser mit der Theologie sollte, auch wenn das zunächst nicht in der Absicht der großen Kirchenmänner des 13. Jahrhunderts gelegen war, der weiteren Entwicklung einer Naturwissenschaft, zunächst noch im Rahmen der Scholastik, der Boden bereitet werden. Und schon die Spätscholastik des 14. Jahrhunderts kam im Gebiete der aristotelischen Physik, besonders durch die dem Nominalismus eigene starke Neigung, sich den Dingen selbst stärker zuzuwenden, zu einer an der Erfahrung orientierten Kritik an den aristotelischen Lehren der Hochscholastik und zu neuen Anschauungen einer modifizierten aristotelischen Naturlehre, in der zumindest die Keime jener neuen Physik lagen, die im 16. und 17. Jahrhundert entstand. Die neue Physik ist es aber, die für die Entwicklung der Technik seit dem 18. Jahrhundert von hervorragender Bedeutung geworden ist. Die Rezeption des Aristotelismus in die Scholastik des 13. Jahrhunderts durch Albert und Thomas war also letztlich auch für die moderne Technik von eminenter Wichtigkeit. Daß theologische Entwicklungen auch ganz anders laufen können, zeigt anschaulich der Islam. Der große islamische Religionslehrer al-Ghazālī († 1111) verwarf Philosophie und Wissenschaft, weil diese, wie er meinte, zur Aufgabe des Glaubens an den Ursprung der Welt und an den Schöpfer führten. Er vermochte insbesondere den Glauben an Gottes Allmacht nicht zu vereinbaren mit der griechischen Annahme einer dem Menschenverstand zugänglichen Welt. Die muslimische Wissenschaft begann seit etwa 1100 zu welken, nicht zuletzt, weil zwischen der Religion hier und der Philosophie und der an Breite zunehmenden Wissenschaft da nicht die rechte Verbindung gefunden wurde.

Das frühe Christentum und die Technik

Wir betonten bereits, wie wesentlich es für die Entwicklung einer Naturwissenschaft und Technik im Abendlande war, daß das Christentum die Natur nicht verneinte, sondern sie, wenn auch auf niederem Range, in ihrer Werthaftigkeit beließ. Schon in den Schriften der frühen Kirchenväter tritt uns diese Einstellung deutlich entgegen, wenn sie auch im Laufe der Zeit immer wieder von östlichen Einflüssen, die einer reinen Geistigkeit das Wort redeten, bedroht wurde. Gregor von Nyssa sprach im vierten nachchristlichen Jahrhundert von der Verbindung der sinnlichen und der geistigen Natur, die Gott gesetzt habe, damit nichts von der Schöpfung verwerflich sei. Und der Mensch wird zum König bestellt über die Natur, die ihm helfe auf seinem Wege zu Gott. So wird die Natur durch den Menschen mit emporgehoben.

Über die Notwendigkeit handwerklicher Arbeit und über die Dienste, welche die Natur dem Menschen dabei leistet, sagt Gregor von Nyssa um 380 n. Chr. in seiner «Großen Katechese»:

«Nun aber sind die Lebensdienste deswegen auf die einzelnen uns unterworfenen Wesen verteilt worden, um die Herrschaft über sie notwendig zu machen. Die Langsamkeit nämlich und Schwerbeweglichkeit unseres Körpers verwendete das Pferd zum Dienste und zähmte es, die Nacktheit unseres Fleisches aber machte die Schafzucht nötig, die aus dem jährlichen Ertrag der Wolle den Mangel unserer Natur ergänzt. Die Einfuhr der Lebensmittel zu uns auch aus der Fremde unterwarf die Lastträger unter den Tieren diesen Dienstleistungen. Ferner daß wir nicht nach Art der Weidetiere Gras fressen können, machte den Ochsen dem Leben dienstbar, der durch seine Arbeiten uns den Lebensunterhalt gewinnen hilft. Da wir aber auch Zähne und Gebiß brauchten, um irgendeines der anderen Tiere zu bewältigen durch den Angriff der Zähne, so lieh der Hund nebst der Schnelligkeit seinen Kinnbacken unserem Bedarfe, indem er gleichsam ein lebendiges Messer für den Menschen ist. Im Vergleich mit Hörnerwehr aber und Krallenspitze als stärker und schärfer, ward von den Menschen das Eisen erfunden, das uns nicht auf immer angewachsen ist wie jene den Tieren, sondern nach zeitweiliger Kampfeshilfe im übrigen für sich bleibt, und statt des Krokodilpanzers kann auch er sich diese Rüstung machen, indem er zeitweilig das Lederwams anlegt; oder wenn das nicht, so wird auch hierzu durch die Kunst das Eisen geformt, welches, nachdem es zeitweilig zum Kriege gedient, im Frieden den Gewappneten von der Last wieder freiläßt. Es dient aber dem Leben auch die Schwinge der Vögel, so daß wir erfinderisch auch der Flugschnelligkeit nicht entbehren. Denn einige von ihnen werden gezähmt und sind den Jägern behilflich, andere aber werden erfindsam durch jene unseren Bedürfnissen zugeführt, ja sogar die Pfeile hat erfinderisch die Kunst uns befiedert und schenkt durch den Bogen unsern Bedürfnissen die Flugschnelligkeit.»

Selbst Augustinus (425 n. Chr.), dessen ganzes Denken sich fast einzig um Gott und die Seele bewegte, brach doch auch aus in ein Lob der Schöpfung, in der körperliche und unkörperliche Natur verbunden sind. In sein Lob schließt er auch die technischen Künste ein, die ihm Zeugnis ablegen von der Vortrefflichkeit der Seele. In seinem Werk «De civitate Dei» lesen wir:

«Sind nicht durch den Menschengeist so viele und großartige Künste erfunden und betätigt worden, teils unentbehrliche, teils dem Vergnügen dienende, daß die überragende Kraft des Geistes und der Vernunft selbst auch in ihren überflüssigen und sogar gefährlichen und verderblichen Strebungen dafür zeugt, welch herrliches Gut sie ihrem Wesen nach ist, das es ihr ermöglichte, derlei Dinge zu erfinden, sich anzueignen und zu betätigen. Zu welch wunderbaren, staunenswerten Erzeugnissen ist menschliche Betriebsamkeit im Bekleidungs- und Baugewerbe gelangt; wie weit hat sie es in der Bodenbebauung, in der Schiffahrt gebracht; was hat sie alles erdacht und ausgeführt in der Herstellung von Gefäßen aller Art und darüber hinaus von Bildwerken und Malereien in mannigfaltiger Abwechslung; was hat sie in den Theatern Wunderbares für das Auge, Unglaubliches für das Ohr zu schaffen und darzubieten unternommen; welch vielgestaltige Erfindungen hat sie gemacht, um die vernunftlosen Lebewesen einzufangen, zu töten oder zu bändigen; dazu die vielen Arten von Gift, von Waffen, von Maschinen wider die Menschen selbst, und welch große Zahl von Heil- und Hilfsmitteln, die sie ausgedacht hat zu Schutz und Wiederherstellung der vergänglichen Gesundheit; wieviel Würzen und Eßlustreize hat sie für den Gaumenkitzel erfunden; welche Menge verschiedener Zeichen, darunter an erster Stelle Sprache und Schrift, hat sie ersonnen zur Kundgabe und Beibringung der Gedanken, welche Redeschmuckformen und wie vielerlei Dichtarten zur Erheiterung für das Gemüt, wieviel Tonwerkzeuge, welche Sangesweisen zum Genuß für das Ohr; welch große Kenntnis hat sie in Maß und Zahl erlangt, mit welchem Scharfsinn die Bahnen und Stellungen der Gestirne erfaßt; welche Unsumme von Wissen über die Dinge der Welt hat sie aufgespeichert! Man käme ja an kein Ende, namentlich wenn man nicht bloß alles in Bausch und Bogen aufführen, sondern überall ins einzelne gehen wollte!» (Übers. von J. Bernhart)

Es wurde bereits oben hervorgehoben, daß das Mittelalter zu einer langsamen Überwindung der Sklaverei gelangte. Dieser Prozeß, der mit der technischen Entwicklung in enger Verbindung stand, vollzog sich nur ganz allmählich. Der moralische Einfluß, den die Kirche hierbei ausübte, ist nicht zu übersehen. Paulus schrieb im Galaterbrief (III, 28):

«Hier ist kein Jude noch Grieche, hier ist kein Knecht noch Freier, hier ist kein Mann noch Weib; denn ihr seid allzumal *einer* in Christo Jesu.»

Die Verringerung des Angebotes an Sklaven nach dem Versinken der römischen Weltmacht bewirkte eine Höherbewertung der freien handwerklichen Arbeit. Seit Ende des vierten Jahrhunderts erfolgte der Übergang der Sklaverei in das System der an die Scholle gebundenen Leibeigenen. Augustinus sah die Ursache der Sklaverei in der Sünde. Die Sklaverei galt ihm als ein Zustand, der – verschließt sich der Herr einer Freilassung – als unabänderlich getragen werden muß. – Es sei hier noch angeführt, daß im Mittelalter der Sklavenhandel auch in Deutschland eine gewisse Rolle spielte. So war z. B. Regensburg in der Zeit vom 9. bis 11. Jahrhundert, wie Karl Bosl dargetan hat, ein Zentrum des Sklavenhandels.

Im Laufe der weiteren Entwicklung aber bewirkte der starke moralische Einfluß der Kirche in vielen Fällen Freilassungen. Um 600 n. Chr. erklärte Gregor der Große, daß man heilsam handle, wenn man Menschen, welche die Natur doch frei erschaffen habe und welche aber durch menschliche Gesetze ins Joch der Sklaverei gebeugt worden seien, die Freiheit wiedergibt. Mit dem Aufstieg des Städtewesens seit dem 11./12. Jahrhundert wurden zahlreiche bäuerliche Menschen, die sich dem städtischen Handwerk zuwandten, von den Fesseln der Hörigkeit befreit.

Die Klöster und die technischen Künste

Mittelpunkte bewundernswerter handwerklicher Arbeit waren bis zur Ausbildung des Städtewesens die Herrenhöfe und die Klöster. Vornehmlich im Dienste der Kirche hat die mittelalterliche Technologie unvergleichliche Werke geschaffen. Theophilus, wohl ein deutscher Benediktiner des 11. Jahrhunderts, beschrieb in einem umfassenden Werk, der «Diversarum artium schedula» (Abriß der verschiedenen Künste), äußerst anschaulich die Fülle kunsthandwerklicher Arbeiten, die der Ausstattung von Kirchen und Klöstern dienten. Wir werden insbesondere unterrichtet über das Glasschmelzen, den Glockenguß, die Metallbearbeitungstechniken und die Orgelherstellung. Theophilus fordert, man solle sein Werk mit Liebe studieren, und er fährt dann fort:

«Wenn du es recht sorgfältig durchforschest, wirst du dort finden, was an verschiedenen Farbenarten und -mischungen besitzt Griechenland; was an kunstvoll ausgeführten Schmelzarbeiten und an mannigfachem Niello anfertigt Rußland; was mit Treib-, Guß- oder durchbrochener Arbeit mannigfaltig schmückt Arabien; was an verschiedenartigen Gefäßen oder am Steinschnitt und an der Beinschnitzerei mit Gold verziert Italien; was an kostbarer Mannigfaltigkeit der Fenster schätzt Frankreich; was das in feiner Arbeit in Gold, Silber, Kupfer, Eisen, Holz und Stein geschickte Deutschland anpreist. Hast du dies oft wieder gelesen und einem treuen Gedächtnis anvertraut, bete, sooft du meine Arbeit mit Vorteil gebrauchst, für mich bei der Barmherzigkeit des allmächtigen Gottes. Er weiß, daß ich das, was hier niedergelegt ist, weder aus Sucht nach Menschenlob, noch aus Begierde nach zeitlicher Belohnung geschrieben habe, noch daß ich aus Eifersucht und Mißgunst etwas Wertvolles und Seltenes unterschlagen oder als mir besonders vorbehalten verschwiegen habe, sondern daß ich zur Mehrung der Ehre und des Ruhmes seines Namens den Bedürfnissen vieler zu Hilfe gekommen und auf ihren Vorteil bedacht gewesen bin» (Übers. von W. Theobald, 1933).

Die Handarbeit bildete ja vom hl. Benedikt von Nursia bis in die Zeit der frühen Franziskaner einen wesentlichen Bestandteil der Ordensregeln. Neben dem «Ora» steht das «Labora». Dem abendländischen Mönchtum ist gegenüber dem morgenländischen ein viel stärkerer Wirklichkeitssinn eigen, der sich in sozialer Betätigung und in praktischem Schaffen ausprägte. Die praktische Arbeit erhält hier einen religiösen Sinn. Besonders im Alten Testament ist ja das «Du sollst arbeiten» ein wesentlicher Auftrag Gottes an die Menschen.

Wenn in den Orden, auch in dem zunächst die intensive körperliche Arbeit betonenden Benediktinerorden, später mehr die geistige Arbeit anstelle des Schaffens mit der Hand trat, so muß doch auch aus dem Hochmittelalter die umfassende gewerbliche und wirtschaftliche Tätigkeit hervorgehoben werden, die seit dem 12. Jahrhundert der Zisterzienserorden entfaltete. Durch eigenwirtschaftliche Betätigung suchten die Zisterzienser zu erwerben, was sie für ihren Unterhalt und für ihre karitative Tätigkeit benötigten. Im Mühlenwesen und Wasserbau, im Bauhandwerk, im Bergbau, in der Eisentechnik und im Salinenwesen, im Tuchgewerbe und in der Gerberei sowie im Brauwesen betätigten sie sich, wobei ein gut Teil ihrer Arbeit von Laienbrüdern getragen wurde. In der Übermittlung technischer Verfahren vom Westen nach dem Osten Europas spielte der Zisterzienserorden eine wesentliche Rolle. Seit dem 13./14. Jahrhundert allerdings begannen die Zisterzienserklöster ihre Betriebe auch zu verpachten.

Ein anschauliches Bild der weitgehenden Nutzung der Wasserkraft in einem Zisterzienserkloster, der Abtei Clairvaux, in der ersten Hälfte des 12. Jahrhunderts vermittelt uns die Lebensbeschreibung des hl. Bernhard von Clairvaux. Es wird da berichtet, daß der Fluß, der das Kloster durchströmt, zunächst eine Getreidemühle treibe, dann Wasser spende für eine Brauerei, weiterhin eine Tuchwalke in Bewegung halte, anschließend in einer Lohmühle die Rinden zerkleinere, dann noch zum Pressen, Schleifen, Waschen und zur Bewässerung diene und endlich auch die Abfälle forttrüge.

Die klösterliche Wissenschaft des frühen Mittelalters legte überkommenes antikes und patristisches Wissen sowie Kenntnisse der eigenen Umwelt in zahlreichen zusammenfassenden enzyklopädischen Werken nieder. Dabei wurden oft auch handwerkliche Fragen mitbehandelt; denn die Klöster waren ja zugleich Mittelpunkt vielfacher handwerklicher Verrichtungen. Das Lehrgerippe, das der Wissenschaft jener Tage in den Klosterschulen, neben die später Dom- und Stiftsschulen traten, zugrunde gelegt wurde, war das der auf spätrömische Zeit zurückgehenden sieben Artes liberales, die Grammatik, Rhetorik, Dialektik und Geometrie, Arithmetik, Astronomie, Musik umfaßten. Man bemühte sich nun in der Folgezeit, auch manches aus der Naturgeschichte und aus den mechanischen Künsten in diesem Schema unterzubringen. Ein scharfsinniges spekulatives System der Wissenschaften und Künste entwickelte der Deutsche Hugo von St. Victor, der 1133 die Leitung der Schule von St. Victor in Paris übernahm, in der ersten Hälfte des 12. Jahrhunderts.

Hugo setzte neben die herkömmlichen Wissenschaften der *Theorik*, die Physik, Mathematik (d. s. Geometrie, Arithmetik, Astronomie und Musik) und Metaphysik umfaßt, der *Praktik*, die Ethik, Ökonomik und Politik umschließt, und der *Logik*, zu der Grammatik, Rhetorik und Dialektik gehören, eine vierte Wissenschaft, die *Mechanik*, das heißt hier die mechanischen Künste oder artes mechanicae. In Analogie zu den Sieben Freien Künsten, den artes liberales, unterscheidet Hugo sieben mechanische Künste, als da sind: Weberei, Schmiede- und Bautechnik, Schiffahrt, Ackerbau, Jagd, Heilkunde und Schauspielkunst (Abb. 13). Diese mechanischen Künste ahmen die Natur nach. Hugo gibt dazu folgende Beispiele:

«Wer ein Standbild gießt, hat dabei einen Menschen im Auge gehabt. Wer ein Haus baut, hat dabei auf die Gestaltung eines Berges Rücksicht genommen ... Die Kuppe des Berges bietet den Wassern keinen Ort zum Verweilen; so muß auch ein Haus zu

13: Der Schmied. Eine der sieben mechanischen Künste. Holzschnitt, um 1477.

einer gewissen Höhe aufgeführt werden, damit es dem Anprall hereinbrechender Regenwetter mit Sicherheit begegnen kann. Wer zuerst den Gebrauch der Kleidung erfand, hatte zuvor die Beobachtung gemacht, daß die einzelnen Lebewesen ihre besonderartigen Schutzmittel besitzen, durch welche sie von ihrer Natur Schaden abwehren. Die Rinde umgibt den Baum; Federn bedecken den Vogel; Schuppen umhüllen den Fisch; Wolle bedeckt das Schaf; Haare bekleiden das Zugvieh wie die wilden Tiere; die Muschel beherbergt das Schaltier; der Stoßzahn läßt den Elefanten die Wurfgeschosse nicht fürchten. Und doch hat es seinen guten Grund, daß der Mensch ohne Wehr und ohne Hülle zur Welt kommt, während doch die einzelnen Tiere Wehr und Waffen, wie sie ihrer Natur angemessen sind, mit zur Welt bringen. Es war nämlich vonnöten, daß die Natur für diejenigen sorgte, welche es nicht verstehen, für sich selbst zu sorgen. Dem Menschen aber sollte gerade dadurch um so mehr Gelegenheit zu eigenen Erfindungen gegeben werden, daß er das, was den übrigen Geschöpfen von Natur aus verliehen ist, durch eigene Verstandestätigkeit ausfindig macht ... Auf diese Weise nämlich sind alle jene herrlichen Künste, an denen du heute den Eifer der Menschen sich betätigen siehst, erfunden worden. Aus dieser Quelle stammen Malerei, Weberei, Bildhauerkunst, Kunstgießerei und unzählige andere Künste, so daß wir der Natur und auch den Künstlern unsere Bewunderung zollen» (Übers. von J. Freundgen, 1896).

Die Aufnahme der mechanischen Künste, die bei verschiedenen späteren Autoren in mannigfaltigen Abwandlungen erscheinen, in die Wissenschaftslehren des Mittelalters zeugt von der höheren Bewertung des handwerklichen und technischen Schaffens in jener Zeit. Die Menschen sind zur Vollendung berufen, aber sie sind noch unvollendet und der Entwicklung bedürftig. Die Wissenschaften sollen mithelfen bei dieser Entwicklung. Die Theorik ist ein Mittel gegen die Unwissenheit, die Praktik (Ethik) gegen die Ungerechtigkeit des Willens, die Logik gegen die fehlerhafte Rede und endlich die Mechanik gegen unsere körperliche Unvollkommenheit. Alle aber dienen dem Menschen für seine Entwicklung zu Gott hin. So sind also auch die mechanischen Künste religiös verankert. Die Blüte der handwerklichen Kultur in den spätmittelalterlichen Städten ist Folge nicht zuletzt auch der besonderen Anerkennung der mechanischen Künste in den Wissenschaftslehren des Hochmittelalters.

Die einzelnen technischen Errungenschaften des hohen Mittelalters

Wir wollen in diesem Werke zwar keine Materialgeschichte der Technik bringen, doch möchten wir es an dieser Stelle unserer Betrachtung nicht unterlassen, eine Reihe einzelner technischer Erfindungen des Mittelalters aus der Zeitspanne von den Karolingern bis zum Ende des 13. Jahrhunderts an unserem geistigen Auge vorbeiziehen zu lassen. Das Mittelalter ist ja reicher an technischen Fortschritten, als man gemeinhin annimmt. Insbesondere gelang es dem Mittelalter, die elementar gegebenen Kräfte des Tieres, des Wassers

14: Antikes Jochgeschirr mit Hals- und Unterbrustgurt.

und des Windes dem technischen Schaffen in stärkerem Maße nutzbar zu machen, als das die Antike vermocht hatte, die vornehmlich auf die Muskelkraft der Sklaven angewiesen war, wenn auch in vielen Fällen die Kraft des Ochsen angewandt wurde. Die Ausnutzung der Windkraft durch das Windrad war der Antike fremd geblieben, abgesehen vielleicht von einem Entwurf Herons von Alexandrien aus dem ersten nachchristlichen Jahrhundert, der den Wind zum Antrieb der Pumpe einer Orgel verwandt hatte. Die Wandlung in der Nutzung der Kraftquellen im Mittelalter bedeutete einen technischen Fortschritt von weitreichender Wirkung. Er kann in der Neuzeit wohl nur verglichen werden mit der Einführung der Dampfmaschine im 18. Jahrhundert und der Nutzung der Atomenergie in unseren Tagen.

Das christliche Mittelalter kam seit dem 9. Jahrhundert zu einer Verbesserung des Pferdegeschirrs, die es ermöglichte, gegenüber der Antike die Zugleistungen des Pferdes auf das Drei- bis Vierfache zu vergrößern.

Die Antike schirrte ein Pferdepaar unter Verwendung eines auf dem Nakken der Pferde liegenden Doppeljochs an den Wagen. Das Joch wurde bei jedem der Pferde durch einen Hals- und einen Unterbrustgurt festgehalten. In der Mitte des Jochs war die Wagendeichsel befestigt. Beim Anziehen drückte der Halsgurt unweigerlich auf die Luftröhre des Tieres, wodurch es an der rechten Zugleistung gehindert wurde (Abb. 14). Anstelle des antiken Jochsystems trat nun eine Art Halskummet mit Strängen, das auf den Schultern ruhte. Das Pferd zog jetzt mit den Schultern und konnte seine Kraft voll zur Geltung bringen (Abb. 15). War die Antike genötigt gewesen, wegen des unbrauchbaren Pferdegeschirrs schwere Lasten durch Sklaven oder durch den langsamen Ochsen zu befördern, so konnten solche Transportarbeiten jetzt durch Pferde geleistet werden. In China war das Kummetgeschirr wohl schon im 5. Jahrhundert n. Chr. bekannt. Es mag vielleicht von da durch

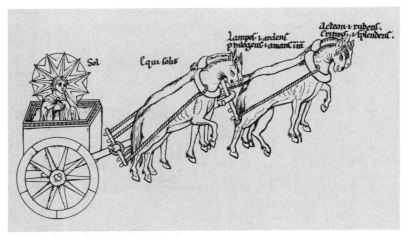

15: Neues Geschirr des Mittelalters (Kummetgeschirr). Zeichnung, um 1180.

Steppenvölker über die Ebenen Nordeurasiens ins Abendland gekommen sein.

In der Zeit vom 8. zum 10. Jahrhundert kamen im Abendland auch der Steigbügel und das durch Nägel befestigte Hufeisen auf. Der Steigbügel, der vielleicht von China über Byzanz ins Abendland kam, veränderte die Kriegstaktik des Reiters. Dieser gewann durch den Steigbügel einen festeren Sitz und wurde zu wirksameren Angriffshandlungen befähigt. Mit der Einführung des Steigbügels steht die Entwicklung einer Reiterwaffe und des Lehnswesens im Frankenreich des 8. Jahrhunderts in Verbindung. Das Hufeisen aber ermöglichte es, das Pferd viel besser in Anspruch zu nehmen, als das die Antike vermocht hatte, die zur Hufschonung höchstens einen anknüpfbaren Pferdeschuh benutzt hatte, der aber den Tieren hinderlich war. Diese Entwicklungen verliefen allerdings sehr langsam. Aber es war doch mit der Zeit die Möglichkeit gegeben, den Menschen von allzu schwerer Arbeit zum Teil zu befreien. Das Pferd zog auch in die Landwirtschaft ein. Die bessere Zugleistung, die das neue Geschirr ermöglichte, gestattete, das Pferd auch für den schweren Pflug zu verwenden. Das Pferd vermochte die landwirtschaftliche Arbeit viel schneller zu verrichten als der langsame Ochse. Der vierseitige schwere Pflug mit Radvorgestell, mit senkrechtem Messer, waagrechter Pflugschar und Streichbrett zum Wenden des losgelösten Erdstreifens ist eine Erfindung des Mittelalters. Der Räderpflug mag zuweilen schon im Altertum angewandt worden sein, doch erst in der Karolingerzeit kam seine schwere Form zusammen mit der Dreifelderwirtschaft in Gebrauch. Doch der schwere Räderpflug in der oben geschilderten Form trat gegen Ende des 11.

Jahrhunderts zuerst auf. Eine wesentliche Intensivierung des Ackerbaues war die Folge.

Zu der jetzt wirksamer verwendeten Tierkraft kam die der technischen Arbeit ebenfalls besser nutzbar gemachte Kraft des Windes und bewegten Wassers. Eine verbesserte Takelung förderte seit dem 9. Jahrhundert die Segelschiffahrt. Aber sowohl bei den Rahsegel führenden Wikingerschiffen als auch bei den mit Lateinsegeln versehenen Mittelmeergaleeren mußten auch Ruderer mit am Werke sein. Im 12. Jahrhundert jedoch trat im Norden das gut seegängige, breite Segelschiff ohne Ruderer in Erscheinung. Wieder war eine Schlacht gewonnen für die Überwindung der Sklavenarbeit. Hinzu kam die bedeutsame Erfindung des leicht zu bedienenden drehbaren hinteren Steuerruders (Heckruders) etwa im 11./12. Jahrhundert, wodurch das Schiff gegenüber dem mit einfachem seitlichen Steuerruder ausgerüsteten manövrierfähiger wurde; es konnte insbesondere besser am Winde segeln (Abb. 16). In China läßt sich das hintere drehbare Steuerruder allerdings schon im 8. Jahrhundert nachweisen. Der wohl aus dem Fernen Osten kommende Kompaß, im 13. Jahrhundert in der aus Magnetnadel, Windrose und Gehänge bestehenden Form zuerst in Europa als Seeweiser auftretend, schuf dann zusammen mit den bereits genannten Errungenschaften die Voraussetzungen für eine Eroberung des freien Meeres. Hierbei ist allerdings noch die Ausbreitung der Karavell-Bauart seit Mitte des 15. Jahrhunderts von Wichtigkeit. Wir wollen, in der Zeit vorausgreifend, kurz darauf hinweisen. Waren die Schiffe der Pinaß-Bauart, wie etwa die Wikingerboote und die Hanse-Koggen, aus Planken zusammengesetzt, die sich in Klinkerart überlappten, so zeichnete sich die Karavelle durch aneinandergefügte Planken aus. Die allgemeine Einführung dieser Beplankung auch im Norden, die im Mittel-

16: Vertikales Steuerruder mit Scharnier. Zeichnung, 1242.

meer teilweise schon seit der Antike in Gebrauch war, erlaubte eine Steigerung der Schiffsgröße.

Seit dem 8./9. Jahrhundert verbreitete sich das Wasserrad ungemein rasch. Es war in verschiedenen Formen bereits der vorchristlichen Zeit bekannt, als Rad mit senkrechter Welle und Schußgerinne seit dem 2. Jahrhundert v. Chr. in den Gebirgsgegenden des Vorderen Orients oder als unterschlächtiges Rad mit waagerechter Welle, wie es bei Vitruv zwischen 31 und 27 v. Chr. erwähnt wird. Aber es spielte in der Antike auf Grund der besonderen wirtschaftlichen und hydrographischen Verhältnisse keine wesentliche Rolle. Erst in der geänderten geistigen, wirtschaftlichen und physischen Umwelt des christlichen Abendlandes wurde das Wasserrad weitgehend angewandt, zumal auch das Angebot an Sklaven immer mehr nachließ (Abb. 17). Nach dem Domesday Book, dem englischen Reichsgrundbuch sämtlicher Besitzungen des Landes, gab es zu Ende des 11. Jahrhunderts in England an die 5600 Wassermühlen. Seit dem 10. Jahrhundert gebrauchte man die schon bei Heron (1. Jh. n. Chr.) im Apparatebau vorkommende Daumenwelle, um die drehende Bewegung des Mühlrades auch da zu nutzen, wo es galt, Arbeitsmaschinen mit hin- und hergehender Bewegung anzutreiben. Das Wasserrad dient nun als Antriebskraft nicht nur für Mahl-, Öl- und Schleifmühlen, sondern auch für Walkereien, Hammerwerke, Sägewerke, Stampfwerke und Blasebälge (Abb. 18). Wurden Wassermühlen angelegt, so konnte man nicht umhin, auch die Landschaft umzugestalten, insofern, als wasserbauliche Anlagen, wie Wehre und Mühlgräben, für die unterschlächtigen Räder oder Dämme, Stauweiher und Gerinne für die seit dem 14. bis 15. Jahrhundert sich verbreitenden oberschlächtigen Räder geschaffen werden mußten. Die

17: Wassermühle Vitruvscher Bauart (mit unterschlächtigem Wasserrad). Zeichnung, um 1242.

18: Wasserrad mit Daumenwelle und Schwanzhammer zum Schmieden. Holzschnitt, 1488.

stärkere Nutzung der Wasserkraft bewirkte, daß zuweilen ganze Gewerbezweige, zum Beispiel die Walkerei, zum Wasser hin verlagert werden mußten. Wirtschaftliche und soziale Veränderungen ergaben sich mit der Ausweitung des Wassermühlenwesens auch dadurch, daß Grundherren als Mühlenbesitzer von ihren Hintersassen das Mahlen des Getreides in der herrschaftlichen Mühle und die Aufgabe der Handmühlen verlangten. Die große Förderung des Transportwesens durch die bessere Ausnutzung der Zugkraft des Pferdes und die Verbesserung der Verkehrswege, die für das hohe Mittelalter belegt ist, gehen mit der Ausbreitung zentraler Mühlenbetriebe, seien das nun Getreidemühlen, Sägemühlen, Eisenhämmer oder andere technische Betriebe mit Wasserkraft, Hand in Hand. Der Wasserradantrieb von Blasebälgen machte die Gußeisenherstellung im späten Mittelalter erst mög-

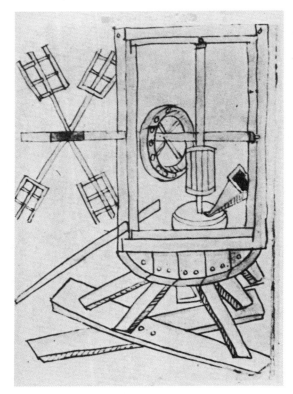

19: Drehbare Bockwindmühle mit Kammrad-Stockgetriebe und Mahlgang. Zeichnung, um 1480.

lich. Durch von Wasserkraft betriebene Pumpen und Erzförderkünste wurde der Bergbau ungemein belebt. Im Osten Deutschlands leisteten die Zisterzienser, die ihre Niederlassungen gern in einsamen Waldtälern anlegten, wertvolle technische Pionierarbeit, besonders auch in der Nutzung der Wasserkraft für Getreidemühlen, Schmelzhütten, Eisenhämmer, Schneidwerke und Filzwalkereien.

Im 12. Jahrhundert zog auch die Windmühle in Europa ein. Das Windrad mit vertikaler Achse als Antrieb für ein Mahlwerk oder für eine Wasserhebevorrichtung scheint im 7. Jahrhundert n. Chr. in Persien aufgekommen zu sein. Aus islamischen Quellen des 9. bis 14. Jahrhunderts erfahren wir über solcherlei Mühlen. Es mag wohl sein, daß das Abendland vom Orient angeregt wurde, durch Windkraft eine rotierende Bewegung zu erzeugen. Doch war die europäische Windmühle von Anfang an mit einem Windrad mit horizontaler Welle und Zahnradwinkelgetriebe ausgestattet. Diese Konstruktion

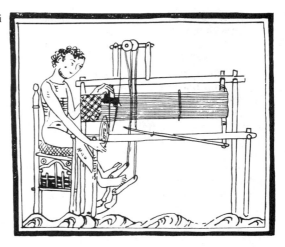

20: Trittwebstuhl mit zwei Schäften. Zeichnung, 13. Jh.

schloß sich wohl an das Vitruvische Wasserrad an. Die in den Wind drehbare Bockwindmühle scheint im 13. Jahrhundert von den Zisterziensern entwikkelt worden zu sein (Abb. 19).

Im Gebiete der Textiltechnik erreichte das Hochmittelalter bedeutsame Fortschritte in Richtung auf eine Mechanisierung der elementaren Prozesse: das 13. Jahrhundert entwickelte den Trittwebstuhl (Abb. 20), und Ende desselben Jahrhunderts kam das sog. Handspinnrad auf (Abb. 21). Das Spätmittelalter sah bereits an einigen Stellen im Textilwesen Entwicklungen zur kapitalistischen Wirtschaftsform. Bezeichnendes Beispiel ist die florentinische Wolltuchherstellung, an deren Entwicklung auch die nach der Regel des hl. Benedikt lebenden, 1239 nach Florenz berufenen Humiliatenmönche Anteil

21: Rad zum Spinnen und zum Aufspulen, 14. Jh.

hatten, die wohl besonders die Anfangsprozesse der Tuchfabrikation verbesserten. Im 14. und 15. Jahrhundert kam die Florentiner Tuchfabrikation unter den Händen eines aufstrebenden Bürgertums zu besonderer Blüte. Die Betriebsform zeigte die Verbindung von zentraler Großwerkstätte mit Lohnarbeitern und weitverstreuten Hausbetrieben mit Heimarbeitern. Dabei bildete sich bald eine ungemein weitgetriebene Arbeitsteilung heraus. 1338 gab es in Florenz bereits über 200 Textilwerkstätten; 30000 Menschen lebten dort von der Tuchherstellung. Aber Großbetriebe dieser Art, die bereits eine Durchbrechung des mittelalterlichen Wirtschaftsstils bedeuten, waren doch nur besondere Einzelfälle.

Aus dem Gebiete der Arbeitsmaschinen sei noch auf die Drechselbank hingewiesen, die im 13. Jahrhundert mit Wippe und Fußantrieb versehen wurde. Sie lieferte allerdings keine kontinuierliche, sondern eine hin- und hergehende Drehbewegung. Durch den Fußantrieb hatte der Arbeiter jetzt beide Hände frei, um den Werkzeugstahl zu führen, ähnlich wie beim Trittwebstuhl beide Hände für die Schiffchenbewegung verwandt werden konnten (Abb. 22).

Das Mittelalter vermochte auch im Gebiete der chemischen Technik die Entwicklung wesentlich voranzutreiben. Die Vervollkommnung der Destillationsvorrichtungen ermöglichte die Destillation leicht siedender Flüssigkeiten. So gelang es im 11. Jahrhundert in Italien, durch Destillation von Wein Alkohol zu erzeugen, eine Flüssigkeit, die ganz im Gegensatz zum elementaren wäßrigen Prinzip der aristotelischen Naturlehre nicht ausgezeichnet war durch das Bestimmungspaar feucht und kalt, sondern gerade die Qualität des Warmen, Brennenden offenbarte. Von noch größerer Bedeutung für Chemie und chemische Technik wurde die Entdeckung der starken Säuren, der Schwefelsäure und der Salpetersäure, im 12. Jahrhundert. Diese Säuren, die zuerst im 13. Jahrhundert beschrieben wurden, erzeugte man durch trockene Destillation von Alaun und Vitriol bzw. Alaun, Vitriol und Salpeter. In der Salpetersäure hatte man ein Mittel, Silber und Gold voneinander zu trennen. Die Metallurgie empfing so einen wesentlichen Antrieb.

Überhaupt zeichnen sich auf dem Gebiete des Hüttenwesens seit dem 13. Jahrhundert einige gewichtige Neuerungen ab, während im Bergbau die großen Fortschritte, besonders in maschineller Hinsicht, erst im 15./16. Jahrhundert liegen. Von der Anwendung des Wasserrades zum Treiben der Blasebälge und Schmiedehämmer war schon die Rede. Im Zisterzienserkloster Sorö auf Seeland sind uns mit Wasserkraft angetriebene Blasebälge einer Eisenhütte schon für das Jahr 1197 bezeugt. Die Berg- und Hüttenwerke jener Zeit stellten zentrale Großbetriebe dar. Hierzu gehört auch die berühmte Lüneburger Saline, die im 13. Jahrhundert 54 Siedehäuser mit zusammen 216 Siedpfannen umfaßte und in der gegen 500 Arbeiter tätig waren. Während im Siegerland Eisenerze ununterbrochen seit vorgeschichtlicher Zeit abgebaut wurden, begannen der Eisenbergbau in Amberg und der

Silber- und Kupferbergbau im Harz im 10. Jahrhundert und der erzgebirgische Silberbergbau im 12. Jahrhundert.

Nachdem die romanische Zeit die antike Wölbetechnik wiederaufgenommen und ins Große des Kirchenbaues übertragen hatte, kam die Gotik im 12. und 13. Jahrhundert zu beachtenswerten bautechnischen Neuerungen, man denke nur an den anpassungsfähigen Spitzbogen, an das Kreuzrippengewölbe – beide allerdings schon früher angewandt –, an die Auflösung der ehedem geschlossenen Wand in schlanke, durch Bogen verbundene Stützen und farbig leuchtende Fensterflächen und an das bewundernswerte System der mit Fialen beschwerten Strebepfeiler und der Strebebögen zur Aufnahme des Bogenschubs (Abb. 23). Die Wunderwerke der gotischen Dome, geschaffen in handwerklicher Gemeinschaftsarbeit freier Menschen als Ausdruck des neuen christlich-abendländischen Geistes, sind gleichsam ein steingewordenes «Credo ut intelligam», eine einzigartige Einheit von symbolerfüllter Architektur und technischer Struktur.

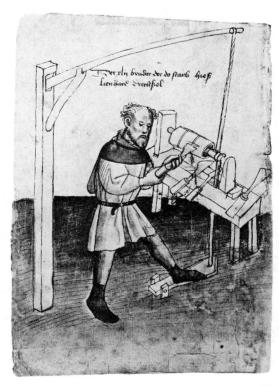

22: Drechselbank mit Wippe und Fußantrieb. Kolorierte Zeichnung, um 1425.

23: Gotisches Strebesystem (Strebebogen, Strebepfeiler). Zeichnung, um 1235.

Das hohe Mittelalter schuf auch eine Reihe beachtenswerter wasserbaulicher Anlagen. Von den mit der Errichtung von Wassermühlen verbundenen wasserbaulichen Arbeiten war schon die Rede. Besonders hervorzuheben sind aber hier noch die Kanalbauten im Mailänder Gebiet, so der im letzten Viertel des 12. Jahrhunderts begonnene Bau des Naviglio Grande, der den Ticino mit Mailand verbindet. Der Ausbau des Wasserweges von Lübeck über Trave, Stecknitz, Möllner See, Delvenaugraben, Delvenau zur Elbe, einer Wasserstraße mit technisch bedeutsamen Schleusen, gehört erst dem 14. Jahrhundert an.

Zwei Erfindungen des ausgehenden 13. Jahrhunderts, die Gewichtsräderuhr und die Brille, griffen in der Folgezeit besonders stark in das Leben vieler Menschen, vor allem der in den Städten, ein. Mit der Gewichtsräderuhr ergab sich die Einführung der gleichlangen Stunden, während man vorher Tag und Nacht als selbständige Einheiten je in 12 Stunden geteilt hatte. So hatte man ehedem je nach der Jahreszeit verschieden lange Stunden gehabt. Im Sommer lange Tages- und kurze Nachtstunden und im Winter das umgekehrte Verhältnis. Nun verwendete man Stunden, die unabhängig waren vom Wechsel der Jahreszeiten. Das bedeutete eine Entfernung von der Natur. Der technische Mechanismus der Räderuhr hatte sich vor die Natur geschoben. Das Marktleben der spätmittelalterlichen Städte und der erweiterte Handelsverkehr mochten diese Entwicklung begünstigen. Mit der Brille war es ähnlich, insofern, als auch hier ein technisches Mittel zwischen Subjekt und Objekt trat. Die Brille, zunächst wohl nur in der Form mit zwei Sammellinsen für alterssichtige Leute gebraucht, erlaubte dem Menschen jetzt bis ins hohe Alter hinein zu lesen. Die äußeren Bedingungen für eine erweiterte Aufnahme geistigen Gutes waren geschaffen. Übrigens wurden 1953 Nietbrillen des 14. Jahrhunderts, mit Fassungen aus Lindenholz und mit plankonvexen Gläsern, im Zisterzienserinnenkloster Wienhausen bei Celle gefunden. Die Brille mit konkaven Gläsern für Kurzsichtige kam erst im 16. Jahrhundert auf.

Die technischen Errungenschaften des fruchtbaren 14. und des teilweise bereits vom Geist der Renaissance gezeichneten 15. Jahrhunderts und die sich aus ihnen ergebenden Probleme wollen wir erst später behandeln.

Villard de Honnecourt, Pierre de Maricourt und Roger Bacon

Das umfassende Arbeitsgebiet eines mittelalterlichen Architekten und Ingenieurs des 13. Jahrhunderts macht uns das Bauhüttenbuch des aus der Picardie stammenden Villard de Honnecourt lebendig. Dieses 33 Pergamentblätter zählende Album aus der Zeit um 1235, eine Mustersammlung wohl für lehrhafte Zwecke, umfaßt architektonische Entwürfe, geometrische Konstruktionen für den Baumeister, Vermessungsaufgaben, Zeichnungen von Apparaten und Maschinen für Krieg und Frieden, den Plan zu einem Perpetuum mobile, Kunstanatomie und Proportionsstudien. Ganz im Sinne Vitruvs gehört auch hier der Maschinenbau mit zum Tätigkeitsbereich des Architekten. Neben großen Maschinen, aus Holz gebaut, wie einem Hebezeug und einer Wurfschleuder, stehen kleinere Apparate für priesterliche Zwecke, wie der Wärmeapfel mit kardanischer Aufhängung des Kohlebekkens und der Engel, der mit seinem Finger immer zur Sonne weist, oder der mechanische Adler, der seinen Kopf dem Priester zuwendet. Hier ist der Einfluß der alexandrinischen und der arabischen Apparatebauer erkentlich. Das von einem Wasserrad angetriebene Sägewerk mit automatischer Vorschiebung des Werkstückes ist eigenes mittelalterliches technisches Gut. Das Perpetuum mobile, in dem vorliegenden Falle ein Rad mit einer ungeraden Zahl beweglicher Hämmer, das sich von selber immerfort drehen soll, begegnet uns hier zum ersten Male in der abendländischen Technik. Die immerwährende Kreisbewegung ist ein Phänomen der himmlischen Sphären; sie gehört im Sinne des mittelalterlichen Aristotelismus der translunarischen Welt an. Das Streben der Menschen seit dem 13. Jahrhundert, hier auf dieser Erde eine solche perpetuelle Bewegung zu schaffen, kann vielleicht als eine Profanierung des aristotelischen Gedankens der allein dem Himmel vorbehaltenen ewigen Kreisbewegung gedeutet werden. Just mit dem Bekanntwerden des ganzen Aristoteles, insbesondere auch der aristotelischen Kosmologie und Physik, im Abendlande durch Vermittlung der Araber seit dem beginnenden 13. Jahrhundert, begegnet uns auch bereits die Profanierung dieser Idee der himmlischen Kreisbewegung. Der abendländische Mensch in seinem Drange, die Natur zu gestalten, möchte sich zum Initiator einer immerwährenden irdischen Kreisbewegung machen, die Abbild ist der göttlichen Kreisbewegung der himmlischen Sphären (Abb. 24).

Über das Perpetuum mobile lesen wir bei Villard de Honnecourt:

«Gar manchen Tag haben Meister darüber beratschlagt, wie man ein Rad machen könne, das sich von selbst dreht. Hier ist eines, das man aus einer ungeraden Anzahl von Hämmern oder mit Quecksilber machen kann.»

Über den Wärmeapfel mit kardanischer Aufhängung des Kohlebeckens schreibt Villard:

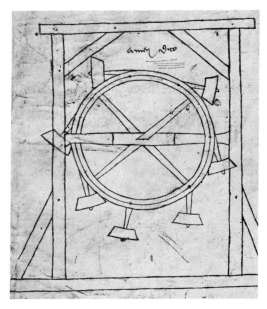

24: Perpetuum mobile. Zeichnung, um 1235.

«Wenn Ihr einen Handwärmer machen wollt, so sollt Ihr so etwas wie einen Apfel aus Kupfer machen mit zwei (ineinander) verschließbaren Hälften. Innen in dem kupfernen Apfel müssen sechs Kupferringe sein; ein jeder der Ringe hat zwei Drehzapfen, und in der Mitte drinnen muß eine Pfanne mit zwei Drehzapfen sein. Die Drehzapfen müssen derart miteinander abwechseln, daß die Feuerpfanne immer gerade (waagrecht) bleibt. Denn ein Zapfen trägt den anderen, und wenn Ihr sie richtig macht, so wie der Text es Euch angibt und die Zeichnung, so könnt Ihr ihn (den Apfel) drehen, nach welcher Seite Ihr wollt, niemals wird die Glut herausfallen. Dieser Apparat eignet sich für einen Bischof; er kann guten Mutes an einem Hochamt teilnehmen – denn wenn er diesen Apparat in den Händen hält, wird er so lange nicht kalt haben, als das Feuer dauern kann. Hinsichtlich dieses Apparates gibt es nichts Besseres. Dieser Apparat ist derart gemacht, daß, nach welcher Seite er auch gedreht werde, die Pfanne immer gerade bleibt» (Übers. von H. R. Hahnloser, 1972).

Die kardanische Aufhängung, benannt nach Geronimo Cardano (1550), ist aber keine Erfindung Villards; sie kommt bereits bei Philon von Byzanz (um 225 v. Chr.) vor. Wie die kardanische Aufhängung den Namen Cardanos zu Unrecht trägt, so steht es auch mit dem sogenannten Kardangelenk, das mit der Aufhängung verwandt ist und das heute als Antriebsglied beim Kraftwagen eine Rolle spielt. Es ist eine Erfindung der zweiten Hälfte des 17. Jahrhunderts; bei Caspar Schott findet man es 1664 zuerst abgebildet.

Ein Landsmann von Villard de Honnecourt, Pierre de Maricourt, schrieb 1269 auf einem Kreuzzug vor Lucera in Italien an seinen Freund Siger de Foucaucourt eine «Epistula de magnete», die zum Teil eine meisterhafte experimentelle Untersuchung über den Magneten und den spekulativen Versuch einer Anwendung des Magneten enthält.

Die Himmelspole sind ihm Sitz der magnetischen Richtkraft, die ihm als eine virtus Dei galt. Er stellt eine Reihe von trefflichen Versuchen an, die ihn zu einigen klaren Erkenntnissen über den Magnetismus führten, zu Erkenntnissen, denen bis zur Wirksamkeit William Gilberts, um 1600, nichts Neues hinzugefügt werden konnte. Pierre hob den Wert des Versuchs hervor und verlangte vom Naturforscher handwerkliche Geschicklichkeit neben einer Vertrautheit mit der allgemeinen Natur der Dinge und der Bewegung des Himmels. Und im zweiten Teil seines Briefes suchte er, ebenfalls wie Villard de Honnecourt, in einer sich immerwährend bewegenden Maschine das irdische Gegenstück der nie anhaltenden Kreisbewegung der Gestirne zu schaffen. Im Magnetstein, der für ihn ja insgeheim himmlischen Richtkräften folgte und so eine Verbindung zwischen Makrokosmos und Mikrokosmos offenbarte, glaubte er den Stein der Weisen gefunden zu haben, der ihm die Verwirklichung der Idee ermöglichte, eine beständige Kreisbewegung auf dieser Erde zu erhalten. Pierre de Maricourts Brief ist ein bezeichnendes Zeugnis des technischen Gestaltungswillens des abendländischen Menschen der gotischen Zeit, wenn auch hier die Realisierung der Idee, wegen der stark spekulativen Grundlage, trotz der Kenntnis einiger bedeutsamer Erfahrungstatsachen scheitern mußte.

Pierre de Maricourts Schüler, Roger Bacon (um 1214–1294), jene schwer zu erfassende Gestalt des 13. Jahrhunderts, erscheint uns ob seines starken Eintretens für Beobachtung und Versuch, ziehen wir nur einige Stellen seiner Werke heran, den Begründern der neuen experimentellen Naturwissenschaft geistesverwandt, doch zeigt er sich uns, nimmt man sein Schaffen als Ganzes, in anderem Lichte. Das Experiment spielte bei Bacon eine andere Rolle als in der neueren Naturwissenschaft. Es sollte zeigen, daß überkommenes und spekulativ gewonnenes Wissen auch praktischen Nutzen bringen kann. Wir haben es hier also nicht mit einer systematischen Befragung der Natur durch den Versuch zu tun, sondern mehr mit dem Streben nach Verwendung des ganz im herkömmlichen Sinne erworbenen Wissens, um Gewalt über die Natur zu bekommen, um sie zu beherrschen und zu übertreffen. Dabei mögen natürlich oft auch neue Erkenntnisse gefunden werden, zu denen die spekulative Wissenschaft nicht führte. Bacons experimentelle Wissenschaft war also technisches Schaffen. So wurden denn auch mehr die Handwerker und die Alchimisten in sie hineingezogen als die Naturwissenschaftler. Sein von reicher Phantasie geführtes Gestaltungsstreben ließ Bacon auch von kommenden technischen Dingen träumen.

In seiner «Epistula de secretis operibus artis et naturae» schreibt Roger Bacon:

«Es können Wasserfahrzeuge gemacht werden, welche rudern ohne Menschen, so daß sie wie die größten Fluß- und Seeschiffe dahersegeln, während ein einziger Mensch sie leitet und mit einer größeren Schnelligkeit, als wenn sie voll Ruderer wären. Ebenso können Wagen hergestellt werden, die von keinem Tier gezogen werden und mit einer unglaublichen Gewalt daherfahren, wie wir es von den Sichelwagen der Alten hören. Es können Flugmaschinen gefertigt werden, so daß ein Mensch, in der Mitte des Apparates sitzend, diesen durch einen künstlichen Mechanismus leitet und die Lüfte wie ein Vogel im Fluge durchmißt. Ferner können Instrumente gemacht werden, die an sich klein sind, aber hinreichen, um die größten Lasten zu heben und niederzudrücken. Sie sind nur drei Finger hoch und ebenso breit, und es kann damit ein Mann sich selbst aus dem Kerker heben. Auch kann ein Apparat hergestellt werden, wodurch ein einziger Mann tausend Menschen zu sich heranziehen kann entgegen ihren Anstrengungen. Desgleichen kann man Instrumente zum Gehen auf dem Wasser herstellen sowie zum Tauchen ohne irgendwelche Gefahr, wie Alexander der Große solche Vorrichtungen herstellen ließ» (Übers. von S. Vogl, 1906).

Das städtische Handwerk

Mit dem Emporblühen städtischen Lebens und freier städtischer Institutionen seit dem hohen Mittelalter war die Entwicklung einer umfassenden städtischen Handwerkstechnik verbunden, deren Erzeugnisse künden von freier, durch christliche Gesittung geleiteter Arbeit. Das 14. Jahrhundert war das Zeitalter besonderer Blüte der Gilden und Zünfte, trotz verheerender

Kriege, Menschen raffender Pestilenz und schwerer Krisen der Kirche. In einigen Städten finden wir an die 50 bis 60 verschiedene Zünfte. Diese Zahlen legen Beweis ab von der weitgehenden Spezialisierung handwerklicher Arbeit. Nürnberg, das als besondere Ausnahme unter den mittelalterlichen Städten kein eigentliches Zunftwesen kannte, beherbergte 1363 nicht weniger als 50 Handwerkergruppen mit zusammen 1217 Meistern. Diese verteilten sich nach einem Handwerkerverzeichnis von 1363 wie folgt:

1. Calciatores (Schuhmacher) — 81 Meister
2. Sartores (Schneider) — 76 Meister
3. Pistores (Bäcker) — 75 Meister
4. Cultellarii (Messerer) — 73 Meister
5. Carnifices (Fleischer) — 71 Meister
6. Ledrer (Lederer) — 60 Meister
7. Kürsner (Kürschner) — 57 Meister
8. Reuzzen (Flickschuster) — 37 Meister
9. Irher (Weißgerber) — 35 Meister
10. Pütner (Böttcher) — 34 Meister
11. Verber (Färber) — 34 Meister
12. Messingsmit, Gürtler, Zingiezer, Spengler (Messingschmiede, Gürtler, Zinngießer, Spengler) — 33 Meister
13. Mentler (Mäntelmacher) — 30 Meister
14. Loder (Tuchmacher) — 28 Meister
15. Reuzzenslozzer (Ausbesserung von Schlosserarbeiten) — 24 Meister
16. Spigler, Glaser ante portam (Spiegelmacher, Glaser in der Vorstadt) — 23 Meister
17. Nadler und Drotsmit (Nadler, Drahtschmiede) — 22 Meister
18. Hufsmit (Hufschmiede) — 22 Meister
19. Taschner — 22 Meister
20. Plechhantschuer (Blechhandschuhmacher) — 21 Meister
21. Wagner — 20 Meister
22. Huter — 20 Meister
23. Vischer (Fischer) — 20 Meister
24. Bizzer, Sporer, Stegraiffer (Zaumschmiede, Sporer, Steigbügelmacher) — 19 Meister
25. Frumwerker (Handwerker, die Schmiedearbeiten auf Bestellung ausführten) — 17 Meister
26. Wehsler (Geldwechsler) — 17 Meister
27. Satler (Sattler) — 17 Meister
28. Goltsmit (Goldschmiede) — 16 Meister
29. Carpentarii (Zimmerleute) — 16 Meister
30. Flaschensmite (Flaschner, Klempner) — 15 Meister
31. Kanelgiezzer (Kannengießer) — 14 Meister

32. Platner	12 Meister
33. Pantberaiter (Bandweber)	12 Meister
34. Hantschuer (Handschuhmacher)	12 Meister
35. Peutler (Beutler)	12 Meister
36. Glaser	11 Meister
37. Hafner	11 Meister
38. Schreiner	10 Meister
39. Tuchscherer	10 Meister
40. Sailer (Seiler)	10 Meister
41. Zigensmit, Flachsmit, Knopfsmit, Sleiffer (Zainschmiede, Flachschmiede, Knopfschmiede, Schleifer)	9 Meister
42. Lapicide (Steinmetzen)	9 Meister
43. Kezzler (Kesselschmiede)	8 Meister
44. Klingensmit (Klingenschmiede)	8 Meister
45. Swertfegen (Schwertfeger)	7 Meister
46. Haubensmit (Haubenschmiede)	6 Meister
47. Nagler	6 Meister
48. Moler (Maler)	6 Meister
49. Pfannensmit (Pfannenschmiede)	5 Meister
50. Sarwürhten (Panzerhemdenmacher)	4 Meister

Fünfzig Handwerkergruppen mit zusammen 1217 Meistern.

Das blühende städtische Handwerk des Spätmittelalters zeitigte eine Reihe bedeutsamer Erfindungen, wenn zuweilen auch die Zunftschranken dem technischen Fortschritt hinderlich sein mochten. So wurde die Drehbank, die in ihrer einfachen Form bis in die Bronzezeit zurückgeht, weiter ausgebildet. Um 1480 begegnet uns eine Drehbank mit Handantrieb, zum Gewindeschneiden, ausgerüstet mit einem Stahlhalter (Support), der mitsamt dem Werkzeugstahl mit Hilfe einer Schraube an das Werkstück herangeführt wurde. Etwa zur gleichen Zeit (1480/82) zeichnete Leonardo da Vinci eine Drehbank mit Tretkurbeltrieb und Schwungrad für kontinuierliche Drehbewegung. Die Kurbel tritt uns im Mittelalter zuerst im 9. Jahrhundert entgegen. Der Kurbeltrieb kommt im 15. Jahrhundert häufig vor. Aber bei der Drehbank hielt man doch im allgemeinen noch lange an der Tretvorrichtung mit Wippe, also an der Drehbank mit hin- und hergehender Bewegung, fest. Allerdings diente diese Maschine nur beim Drehen von Holz. Bei Metallarbeiten mußte man eine Maschine mit Handantrieb verwenden; dafür war natürlich ein zweiter Arbeiter nötig.

Die hochentwickelte Metalltechnik des Spätmittelalters führte in einer Zeit wachsenden Bildungsbedürfnisses des aufsteigenden Bürgertums zur Erfindung des Buchdrucks mit beweglichen Lettern (Abb. 25). Gutenbergs Tat lag auf technischem und künstlerischem Gebiet zugleich. Seine große

25: Der Buchdruck. Kupferstich von P. Galle nach Ioannes Stradanus (Jan van der Straet), um 1570.

technische Leistung ist die Erfindung eines Typengießinstruments zur Herstellung von maßgerechten Typen in beliebiger Menge. Als Form für die Letter diente aber eine Kupfermatrize, in die der Buchstabe mittels eines stählernen, erhaben geschnittenen Buchstabenpunzens eingeschlagen worden war. Verschiedene Metallpraktiken gingen hier zusammen, und nur ein konstruktiv befähigter Mann wie der Patrizier-Sohn Gutenberg, der – vertraut mit den verschiedenen Metalltechniken – über die technische Begrenztheit der einzelnen Handwerkergruppen hinausstrebte und der zugleich auch die Bedürfnisse seiner und der kommenden Zeit mit Weitblick erkannte, konnte hier zum Erfolg gelangen. Neben der technischen Leistung Gutenbergs steht die künstlerische, indem er in meisterhafter Weise die Buchstabenformen den metalltechnischen Erfordernissen anpaßte. Es trat ja nun anstelle des geschriebenen Buchstabens der in Metall geschnittene. Das andere Material aber bedingte veränderte Formen. Voraussetzung einer weiten Verbreitung der Buchdruckerkunst war neben der wachsenden geistigen Bereitschaft der Zeit für das Buch als Bildungsmittel ein zum Bedrucken geeigneter Stoff, der billiger war als das Pergament. Hier half das im Fernen Osten vor 100 n. Chr. erfundene Papier, das durch Vermittlung der Araber dem Abendlande bekannt und seit dem 13. Jahrhundert auch in Europa hergestellt wurde. Aber auch hier schuf erst der mit der Steigerung der materiellen Bedürfnisse des aufblühenden Bürgertums der Städte verbundene erhöhte Leinenverbrauch die stoffliche Voraussetzung einer Aktivierung der Papierproduktion. Die älteste Papiermühle Deutschlands war Ulman Stromers Gleismühle an der Pegnitz vor Nürnberg; hier wurde seit 1389 Papier erzeugt.

Die Kriegstechnik des späten Mittelalters

Das Abendland in seinem Drange nach technischer Gestaltung vermochte zwischen 1320 und 1330 eine weitere ungemein folgenreiche Erfindung zu machen: das die treibende Kraft des Schießpulvers nutzende Pulvergeschütz, das in den folgenden Jahrhunderten eine wesentliche Wandlung des Angriffs- und Verteidigungswesens nach sich zog. Das Schießpulver soll den Chinesen schon um 850 n. Chr. bekannt gewesen sein, wenn sie es auch nicht zum Schießen aus metallenen Rohren verwandten. Albertus Magnus und Roger Bacon sprechen um 1250 vom Schießpulver. Einen Erfinder des Schießpulvergeschützes mit Sicherheit anzugeben, ist nicht möglich. Vielleicht war der Konstanzer Domherr Bertold von Lützelstetten der Erfinder, wie eine neuere Untersuchung darzulegen sich bestrebt. Die erste Abbildung eines Feuergeschützes begegnet uns in einer Oxforder Handschrift des Jahres 1326. Allerdings handelt es sich da um ein sonderlich gestaltetes, vasenförmiges Geschütz. Deutsche Ritter wandten 1331 die Feuerwaffe gegen Cividale in Friaul an, wenn auch mit wenig Erfolg. Kenner der Kulturgeschichte Chinas, wie J. Needham, nehmen an, daß die Chinesen nicht nur – wie schon gesagt – um 850 das Schießpulver kannten, sondern bereits um 1200 auch das Schießpulvergeschütz besaßen.

26: Wurfschleuder (Trebuchetum). Die kolorierte Zeichnung (um 1405) ist mit Maßangaben versehen. Die beiden Arme des großen Hebels z. B. sind 46 Fuß (gegen 15 m) und 8 Fuß (gegen 3 m) lang.

Mit der Entwicklung der Städte zur Selbständigkeit und der Herausbildung von Territorialstaaten entfaltete sich das Kriegswesen besonders vielseitig. Dies drückt sich auch in der stattlichen Reihe kriegstechnischer Bilderhandschriften aus, die uns vor allem aus dem 15. Jahrhundert überliefert sind. Als Vorläufer sei der von dem Arzt und Ingenieur Guido da Vigevano um 1335 für Philipp VI. von Valois geschriebene «Thesaurus Regis Franciae acquisitionis Terrae Sanctae» genannt, der eine Fülle technisch bedeutsamer Kriegsgeräte, noch nicht aber das Feuergeschütz, behandelt. Da werden wirklich ausführbare Geräte, wie Schutzwände, Sturmbrücken, Leitern aller Art, Aufzüge und Boote, neben phantastischen Vorrichtungen, wie Kampfwagen mit Windkraftantrieb, dargestellt. Die Windräder der Kampfwagen lassen sich sogar, ähnlich wie bei der späteren holländischen Windmühle, in die Windrichtung drehen. Besonders einflußreich wurde eine kriegstechnische Bilderhandschrift des deutschen Arztes und Kriegsmannes Konrad Kyeser aus Eichstätt in Franken, die dieser 1405 vollendete. Kyeser handelt über Streitwagen, Wurf- und Pulvergeschütze (Abb. 26, 27, 28), Belagerungsmaschinen, Hebezeuge, Pumpen und Wasserleitungen, Pontons und Schwimmgurte, Warmluftballone und vieles andere, was mit dem Krieg und dem Gebrauch des Feuers zusammenhängt. In der Widmung an Ruprecht von der Pfalz und die Fürsten und Stände der Christenheit insgemein heißt es:

«Wie der Himmel sich mit Sternen schmückt, so leuchtet Deutschland hervor durch seine freien Künste, wird geehrt wegen seiner mechanischen Kenntnisse und zeichnet sich aus durch vielerlei Gewerbe, deren wir uns billig rühmen.»

27: Mittelalterliche Lotbüchse. Kolorierte Zeichnung, um 1405.

28: Mittelalterliche Steinbüchse unter einem Schirmdach. Kolorierte Zeichnung, um 1405.

Die Grabinschrift, die sich Kyeser selbst aufsetzte, gibt uns Zeugnis von dem unsteten Wanderleben eines solchen Kriegsmannes des Spätmittelalters, der in vielerlei Fürsten Dienst stand. Da schreibt denn Kyeser von sich selbst:

«Ein im Umgange freundlicher, freigebiger, sanfter, geselliger
   Mann;
Redegewandt auch war er, beharrlich im Tun,
In vieler Fürsten Palaste ein gern geseh'ner Gefolgsmann,
Als fein gebildeter Mann und als tüchtig bekannt.
Ihm war Wenzel von Böhmen, der römische König, gewogen,
Ebenso Sigmund, der über die Ungarn das Zepter noch führt,
Der berühmte Herzog der Lausitz mit Namen Johannes,
Stefan aus dem Bayerland, der Ält're, und Österreichs Herzog
Wilhelm, Albrecht der Ält're mit dem jüngeren Albrecht;
Ferner der Herr von Oppeln, Herzog Johannes genannt,
Gern hatt' ihn auch Franz von Carrara, damals wieder Paduas Herr.
Zu höchsten Ehren erhob ihn dessen glänzender Hof.
Apulien und Sizilien kennen ihn, das stille Polen,
Ebenso wie das Land um Fundi und Campanien, das bei Capua schmal liegt,
Wie Mailand, die Toskana und die Lombardei,
Dänemark, Norwegen, Schweden, das blühende Franken,
Frankreich und Burgund, Spanien mit der Landschaft auch (Elimberris?).
Rußland kennt ihn, Litauen, Mähren und Meißen.

Das gesamte Krainer Land, die Steiermark und Groß-Kärnten,
Die von Svendborg (?) und die Stettiner. – Weinet um ihn, ihr
  Bürger von Eichstätt!
Sachsens Fürsten, sie hatten ihn lieb, und die Herzöge Schlesiens,
Ihn, den Berühmten; es glänzte sein Ruhm über alles,
Da er als Bellifortis ganze Heere besiegte.
Wie niemand auf Erden beherrschte er durch seine Erfahrung die
  Kriegskunst» (Aus dem Lateinischen übersetzt von A. Becker-Freyseng).

Die Herstellung und Bedienung des Pulvergeschützes machte vielerlei handwerkliche Verrichtungen nötig, wie Gußarbeiten, Schmieden, Zimmermann- und Schreinertätigkeit und Schießpulverbereiten (Abb. 29). So bildete sich denn als neuer Beruf, der alle diese Betätigungen umfaßte, der des sogenannten Büchsenmeisters heraus. Diese Männer standen in hohem Ansehen bei Fürsten und Städten. Von einem Frankfurter Büchsenmeister, Merckln Gast, erfahren wir etwa aus dem letzten Jahrzehnt des 14. Jahrhunderts einiges über seine Fertigkeiten.

Es wird da berichtet, daß Merckln Gast, der «Büchsenschütze», verdorbenes Pulver wieder zu gutem umzuwandeln verstehe, Salpeter und Salz schei-

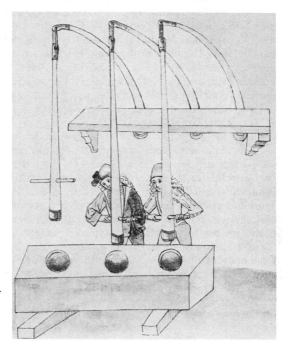

29: Schießpulverstampfe.
Kolorierte Zeichnung,
um 1480/82.

den und raffinieren könne, Pulver herzustellen vermöge, das 60 Jahre sich halte, aus großen und kleinen Büchsen schießen könne und kleine Handbüchsen und andere Büchsen aus Eisen zu gießen vermöge.

Hier hören wir zum erstenmal in einer Urkunde von einem Eisengießer. Der Eisenguß ist eine der größten Erfindungen des Mittelalters. Er kam wohl zu Beginn des 14. Jahrhunderts auf. Voraussetzung dazu war die Ausnutzung der Wasserkraft zum Antrieb von großen Blasebälgen, durch deren Betätigung erst die für das Schmelzen von Eisen notwendige Ofenhitze erreicht wurde. Erst in der zweiten Hälfte des 15. Jahrhunderts goß man direkt aus dem Floßofen. Der Eisenhochofen begann sich seit dem 14. Jahrhundert langsam zu entwickeln; aber erst seit dem 16. Jahrhundert kann man vom eigentlichen Hochofen sprechen. Die Einführung des Hochofens stand zunächst nicht in unmittelbarem Zusammenhang mit der Erfindung des Eisengusses. Der abendländische Eisenguß ist wohl unabhängig vom Fernen Osten erfunden worden, wo er schon im 2. Jahrhundert v. Chr. geübt worden sein soll. – Aus dem Metallhüttenwesen sei hier noch das um 1450 in Nürnberg eingeführte Seigern des Kupfers zur Silbergewinnung hervorgehoben.

Von den obenerwähnten Büchsenmeistern legte mancher seine technischen Erfahrungen schriftlich nieder. Eine Reihe von Aufzeichnungen dieser Art, Büchsenbücher und Feuerwerksbücher, sind noch erhalten. Sie stehen den kriegstechnischen Bilderhandschriften von der Art der Kyeserschen nahe. Von großem Einfluß war besonders das deutsche Feuerwerksbuch aus der Zeit um 1420, das viel abgeschrieben und seit dem 16. Jahrhundert auch gedruckt wurde. Es spricht ausführlich darüber, was ein Büchsenmeister können muß und besonders wie geartet er sein soll. Er, der mit den teuflischen Vernichtungsmitteln Pulver und Geschütz umgeht, soll – so sagt der unbekannte mittelalterliche Autor – sich immer seiner Verantwortung bewußt sein und Gott allzeit vor Augen haben.

Die Büchsenmeister waren die eigentlichen Ingenieure ihrer Zeit. Sie mußten, da ihnen Herstellung und Bedienung des Geschützes oblag, über vielerlei praktisches Können auf metall- und holztechnischem Gebiete und im Bereiche der chemischen Künste verfügen. Auch einiges Wissen in der Bautechnik und der praktischen Geometrie sollten sie besitzen. So wie im 14. Jahrhundert deutsche Bergleute, so gingen auch deutsche Büchsenmeister als Lehrmeister ins Ausland. Die Geschützrohre wurden aus konisch geformten schmiedeeisernen Stäben zusammengesetzt, die durch aufgeschrumpfte Ringe zusammengehalten wurden, ähnlich wie die Dauben bei einem Fasse. Oder man goß die Geschütze, besonders die Mörser, aus Bronze, später auch aus Eisen. Die Schußweiten waren gering. Um 1400 mag man nicht über 200 m hinausgekommen sein.

Dritter Teil

Die Renaissancezeit

Einleitung

Das Bürgertum der Städte des Spätmittelalters gelangte durch erfolgreiche handwerkliche und kaufmännische Betätigung zu Macht und Selbstbewußtsein. Das Besitzprivileg der mittelalterlichen Feudalgewalten wurde von dem aufstrebenden Bürgertum langsam durchbrochen. Im Bewußtsein ihrer Selbständigkeit suchte diese neue Bürgerlichkeit die Bindungen, die ihr das Mittelalter auferlegt hatte, zu lösen. Das Mittelalter hatte Glaube, Denken und Tun der Menschen in die geschlossene Form einer kirchlich-religiös bestimmten Einheit gebunden. Jetzt begann der Mensch sich stärker als Individuum zu fühlen. Unbefangener als bisher trat er nun der bunten Vielfalt der Dinge dieser Welt und ihrem Zusammenspiel gegenüber. Er erstrebte die Welt mehr und mehr als Betätigungsfeld seines selbständig gewordenen Geistes. Erst durch diesen starken Sinn für die Dinge dieser Welt erhielt auch die antike Kultur die Möglichkeit zur Auferstehung. Über das Überkommene hinaus wollte man Neues schaffen, und bei diesem Neubeginnen lenkte man auch den Blick zurück auf die Antike, die Zeit der Ursprünge der Kultur überhaupt. Voraussetzung dieser Neuorientierung, dieser Wiedergeburt der Antike waren das eifrige Studium der klassischen Sprachen und die Erschließung neuer Quellen antiker Schriftwerke. Die humanistischen Strebungen dieser Zeit wandten sich auch der antiken technischen Literatur zu und suchten sie wirksam werden zu lassen. Dabei befleißigte man sich aber, an das Wissen der Antike anknüpfend, zu Neuem zu gelangen.

Das technische Schaffen empfing in den Tagen der Renaissance besonderen Antrieb durch die stärkere Hinwendung zum tätigen Leben überhaupt und durch das gesteigerte Verlangen gar manches weitblickenden Handwerkers nach geistiger Durchleuchtung und wissenschaftlicher Begründung seiner gewohnten, erfahrungsmäßig betriebenen handwerklichen Tätigkeit. Von dieser Einstellung zeugen zahlreiche in den Volkssprachen abgefaßte Schriften, die wissenschaftliche und technische Kenntnisse, besonders solche der Antike, den «künstlichen Handtwerckern, Werckmeistern, Steinmetzen, Bawmeistern, Malern, Bildhawern, Goldschmiden ... zu vielfältigem vortheil» (W. Ryff, 1548) darboten.

Der Übergang vom Mittelalter zur Moderne, d. h. zur Renaissance, ist verwischt. Überhaupt ist es ja schwer, die Renaissance in ihrer Heterogenität, wie J. Huizinga zur Genüge dargetan hat, in ein Einheitsschema zu bringen. Auch die Geschichte der Naturwissenschaften muß zugeben, daß der mittelalterlichen Naturwissenschaft des 14. Jahrhunderts in mancher Hinsicht moderne Züge eigen waren, während die Physik der Renaissance andererseits hie und da stark mittelalterliche Merkmale in sich trug. Mit einiger Einschränkung gilt das auch für die Technik. Wir wollen uns, wenn wir von der Technik der Renaissance sprechen, dieser Bedenken bewußt sein.

Künstleringenieure und experimentierende Meister

Die Verbindung von tätigem Leben und einer allerdings noch ganz bescheidenen wissenschaftlichen Betrachtungsweise begegnet uns zuerst im Italien des 15. Jahrhunderts. Die Männer, in deren Händen hier das technische Schaffen lag, waren Künstler und Empiriker zugleich. Ein Filippo Brunelleschi, einer der großen Vielseitigen des Quattrocento, beherrschte die Goldschmiedekunst, die Bildhauerei, die Architektur, die Perspektive, die Proportionslehre, den Festungsbau, den Wasserbau, die Mechanik und den Apparatebau. Er stand in Verbindung mit Mathematikern und erkannte die Bedeutung der Mathematik für Kunst und Technik. Seine Studien über Perspektive knüpften an Euklid und Vitellio an. Brunelleschis Wölbung der großartigen achtseitigen Kuppel von Santa Maria del Fiore zu Florenz 1420 bis 1436 war in erster Linie eine technische Leistung. Diese Kuppel hat eine Spannweite von 42 m. Man vergleiche damit die Kuppel des Pantheon in Rom (125 n. Chr.) mit 43,5 m Spannweite, die Kuppel der Hagia Sophia in Byzanz (532/537 n. Chr.) mit 31 m Spannweite und die Peterskuppel in Rom (1588/90) mit 42,5 m Spannweite. An Brunelleschis Kuppel sind bautechnisch wesentlich: die steile Form, die es ihm erlaubte, ohne Traggerüste auszukommen; der Aufbau aus einer inneren tragenden Kuppel und einer äußeren schützenden Kuppel; die Verstärkung der Gewölbeschalen durch Sporen (Rippen), von denen acht auf die Ecken und 16 auf die Kuppelfläche kamen; die Verspannung der Sporen durch Schutzgewölbe und schließlich die Umgürtung der inneren Kuppel in 3 m Höhe über der Kuppelsohle durch einen Ring aus mit Eisengurten verbundenen, 5 m langen Holzbalken; dieser Ring soll den Seitenschub aufnehmen. Diese bautechnischen Besonderheiten kommen zwar schon früher vor, so unter anderem bei der Taufkirche San Giovanni in Florenz, aber bei Brunelleschi ist doch alles ins Kühnere gesteigert (Abb. 30).

Unter den Vielseitigen jener Tage ragt als der Allseitige, wie ihn J. Burckhardt nannte, Leone Battista Alberti hervor. Alberti war von Haus aus Gelehrter, nicht Meister, wie Brunelleschi, Francesco di Giorgio Martini oder Leonardo da Vinci. Aber sein ganzes Streben galt der Vereinigung von wissenschaftlicher Überlieferung und praktischer Erfahrung. Er selbst verband

30: Doppelkuppel des Florentiner Domes, errichtet 1420 bis 1436 von Filippo Brunelleschi (Laterne 1461, Kugel und Kreuz 1472) Spannweite 42 m; Höhe (Fußboden bis Kreuz) 114 m

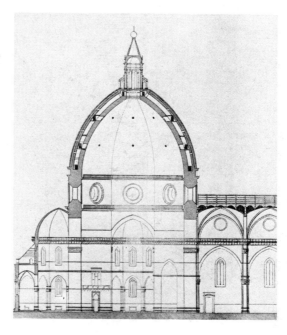

wissenschaftliches Schaffen mit eigener praktischer Tätigkeit, besonders als Architekt. Mit ihm kam die Baugesinnung der Renaissance zum Durchbruch. In einem gelehrten, 1443/52 abgefaßten Werk über die Baukunst behandelte er das ganze weite Gebiet des Bauwesens. Er schloß sich an Vitruv an, aber er war bestrebt, über diesen hinauszugehen. So gibt uns Alberti in seinem Buche auch eine Theorie des Kuppelbaues, der bei Vitruv nicht vorkommt und der ja in der Renaissancezeit eine besondere Rolle zu spielen begann. Beim Brückenbau werden durch die Erfahrung bestimmte Faustregeln für die Gewölbe in Form einfacher mathematischer Relationen mitgeteilt. Überall spürt man bei Alberti das Streben, das praktische technische Schaffen wissenschaftlich zu durchdringen. Albertis Werk über die Baukunst erschien erst nach seinem Tode († 1472) zu Florenz 1485 im Druck. Dies ist das erste gedruckte Buch über Bauwesen; die erste gedruckte Vitruv-Ausgabe kam erst 1487 heraus. Von Albertis Beschäftigung mit technischen Gegenständen nennen wir noch seinen Versuch, die römischen Nemisee-Schiffe zu heben (um 1446), und die erste Beschreibung einer Kammerschleuse (1452).

L. Olschki, der das Schaffen der Künstleringenieure des 15. Jahrhunderts eingehend analysiert hat, spricht von ihnen als von den «experimentierenden Meistern». In der Tat wurde von ihnen versucht, mancherlei technische Fra-

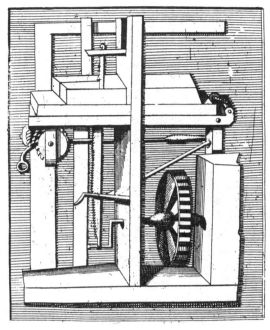

31: Von einem Wasserrad angetriebenes Sägewerk mit einer aus einem Schaltwerk mit Sperr-Rad und Sperrklinke bestehenden Vorrichtung zum automatischen Vorschub des zu zersägenden Stammes. Kupferstich, 1724.

gen durch das Experiment zu entscheiden. So bemühte sich Francesco di Giorgio Martini, Maler, Bildhauer, Architekt und Kriegsingenieur, um 1475 allerlei Beziehungen zu ermitteln, die für das Schießen mit dem Feuergeschütz von Belang waren, wie die Relation zwischen Pulvermenge und Geschoßgewicht oder zwischen Länge, Durchmesser und Dicke des Kanonenrohres. Ein stark sachlicher Zug war den Untersuchungen dieser Männer eigen. Zur Allgemeinheit gesetzmäßiger Beziehungen vermochten sie natürlich noch nicht vorzudringen. Dazu bedurfte es noch der Arbeit von weit über einem Jahrhundert und der Geisteskraft eines Galilei.

In einer technischen Handschrift des Francesco di Giorgio Martini, dem um 1475 abgefaßten «Trattato di architettura civile e militare», wird unter anderem berichtet, daß man bei der Bombarde, einem großkalibrigen Geschütz, 16 Pfund Pulver auf 100 Pfund Gewicht der Steinkugel und bei den kleinen Hakenbüchsen soviel Pulver, wie die Kugel wiegt, nehmen müsse. Das Pulver für die Bombarde müsse sich aus 6 Teilen Salpeter, 4 Teilen Schwefel und 3 Teilen Holzkohle, das Pulver für die Hakenbüchse aber aus 14 Teilen Salpeter, 3 Teilen Schwefel und 2 Teilen Holzkohle zusammensetzen. Vom Geschütz im allgemeinen sagt Francesco, daß gegen dieses Kriegswerkzeug alle anderen Waffen, alles Nachsinnen und alle Tapferkeit wenig oder nichts nützen, und er meint, daß man dieses Kriegswerkzeug nicht zu Unrecht als eine «unmenschliche, ja teuflische Erfindung» bezeichnen könne. In Urbino haben sich Kalksteinreliefs (Größe etwa 70 × 55 cm) mit Maschinendarstellungen erhalten, die auf Entwürfe Francescos zurückgehen (Abb. 31). Bei Francesco begegnen wir auch den Anfängen des polygonalen Festungssystems, durch welches die Festung der neuen Feuerwaffe angepaßt wird. Im Schaffen des Francesco di Giorgio Martini tut sich uns das weite Betätigungsfeld jener Künstleringenieure der Renaissance kund. Er, der sich mit Feuergeschütz, Kriegsgerät aller Art und Fortifikation intensiv beschäftigt, ist zugleich auch der Schöpfer so tief empfundener Gemälde wie der Verkündigung, der Anbetung des Kindes und der Krönung Mariä in der Pinakothek zu Siena.

Der der Renaissancezeit eigene Drang, sich mit der sichtbaren Welt gestaltend auseinanderzusetzen, offenbart sich uns besonders eindringlich in Leonardo da Vinci. Sein nüchterner Tatsachensinn, der verbunden ist mit einem ungemein entwickelten Vorstellungsvermögen, auch im Gebiete der technischen Gebilde, dann die unvergleichliche Fähigkeit, das Erschaute anschaulich zeichnerisch wiederzugeben, weiter das Streben, allgemeine Regeln mittels des Versuchs und unter Anwendung der Mathematik in der Natur zu erkennen, und endlich seine der Florentiner Werkstättentradition zu dankende Vertrautheit mit den Eigenschaften der Materialien und den Mög-

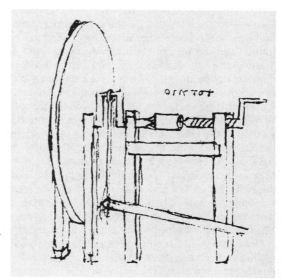

32: Drehbank mit Tretkurbeltrieb und Schwungrad für kontinuierliche Drehbewegung. Zeichnung, um 1480/82.

lichkeiten ihrer werkstattgerechten Bearbeitung machen ihn zu einem überragenden Ingenieur. Leonardos Größe lag im Felde der Kunst und der technischen Konstruktion, nicht im Bereiche der Wissenschaft, wo er weitgehende Abhängigkeit von Antike und Mittelalter erkennen läßt. Aber so tief wie er vermochte vor ihm wohl niemand in das Wesen der Maschinenwelt einzudringen. Er erkannte in der Maschine als wesentliche Teile die einzelnen Bewegungsmechanismen und ihre Elemente, die er losgelöst vom Maschinenganzen betrachtete. Viele von Leonardos technischen Zeichnungen haben ganz den Charakter sachlicher Werkstattskizzen, nach denen die einzelnen Maschinenteile wirklich angefertigt werden könnten.

Aus der Fülle der ihrer Zeit, insbesondere den wirtschaftlichen Bedürfnissen jener Epoche, weit vorauseilenden technischen Entwürfe, von denen die meisten allerdings von ihm wohl nicht verwirklicht wurden, manche sich mit den damaligen Mitteln auch noch nicht ausführen ließen und auch später in dem ungeheuren Manuskriptenschatz, in den im 16. Jahrhundert nur wenige Einblick hatten, verborgen blieben, heben wir nur hervor: die automatische Feilenhaumaschine (um 1480), die Drehbank (Abb. 32) mit Tretkurbeltrieb und Schwungrad für kontinuierliche Drehbewegung (1480/82), den Fallschirm (1485), die Bohrmaschine zum Bohren von Brunnenrohren (um 1497), die Spinnmaschine mit Flügel zum Garnaufwickeln und mit automatischem Garnverteiler (um 1497), die Gelenkkette (um 1500), die Windmühle mit drehbarem Dach (1502), das Walzwerk zum konisch Walzen (um 1510). Der Flügel am Spinnrad ist keine Erfindung Leonardos; er kommt bereits um 1480 im sogenannten «Mittelalterlichen Hausbuch» vor. Durch dieses Flügelspinnrad war es möglich, kontinuierlich zu spinnen, während beim alten Spinnrad ohne Flügel das Spinnen von Zeit zu Zeit unterbrochen werden mußte, um das fertige Garn aufzuwickeln. Neu aber bei Leonardo ist die Vorrichtung, die das Garn laufend automatisch auf der Spule gleichmäßig verteilt. Leonardo scheint um 1508 auch einen atmosphärischen Schießpulvermotor entworfen zu haben (Abb. 33), ähnlich dem, den Chr. Huygens 1673 konstruierte. Durch Explosion von Schießpulver wurde in einem Zylinder über dem Kolben Unterdruck erzeugt; der äußere Luftdruck trieb den Kolben in die Höhe. Dabei konnte ein Gewicht gehoben werden. Mancher der Entwürfe Leonardos erscheint uns allzu kühn, wie der einer Brücke über das Goldene Horn (1502/03), die in einem Bogen von 233 m Spannweite den Meeresarm zwischen Galata und Stambul überqueren sollte. Vielfältig sind auch die Projekte Leonardos auf hydrotechnischem Gebiete. Wir nennen nur seine Vorhaben, den Arno abzuleiten und die Pontinischen Sümpfe auszutrocknen. Wie wenige vermochte Leonardo das Phänomen des bewegten Wassers zu erfassen und anschaulich wiederzugeben.

Leonardo stellte auch experimentelle Untersuchungen über die Reibung an und war so bestrebt, über die rein geometrisch betriebene Mechanik des Archimedes hinauszukommen. Auch die Tragfähigkeit von Stützen und Trä-

33: Atmosphärische Schießpulvermaschine Leonardo da Vincis. Der Text (in Spiegelschrift) beginnt mit: Per un grave col foco ... (Einen schweren Körper mittels Feuer zu haben ...). Zeichnung, um 1508.

gern suchte er durch Berechnung und Versuch zu ermitteln. Wenn seine Mechanik auch mancherlei an phantastischen, allegorischen und anthropomorphen Elementen enthält, darf uns das nicht wundernehmen. Noch stehen wir 1 bis 1⅓ Jahrhunderte vor Galilei, der die neue Mechanik begründet. Im Hinblick auf das Perpetuum mobile ist Leonardo sehr skeptisch, sagt er doch:

«O ihr Erforscher der immerwährenden Bewegung, wie viele eitle Entwürfe in solcherlei Unterfangen habt ihr geschaffen! Gesellt euch doch den Goldmachern zu!»

Wir lassen im folgenden Leonardo noch in zwei Dokumenten sprechen. Zunächst geben wir das Schreiben wieder, mit dem er sich um 1482, also als etwa Dreißigjähriger, um eine Stelle am Hofe des Ludovico Sforza, des Beherrschers von Mailand, bewirbt:

«Erlauchter Gebieter! Da ich die Proben aller derer, die sich für Meister und Hersteller von Kriegsgeräten ausgeben, nun zur Genüge untersucht und dabei erkannt habe, daß die Erfindungen und Anwendungen der genannten Geräte durchaus nicht ungebräuchlich sind, so will ich mich denn, ohne irgendeinen andern herabzusetzen, um eine Verständigung mit Ew. Hoheit bemühen, indem ich Ihnen meine Geheimnisse offenbare und sie Ihnen ganz zur Verfügung stelle, um zu gegebener Zeit alle die Dinge auszuführen, die hier unten in Kürze aufgezählt werden:
1. Ich habe Pläne für sehr leichte, aber dabei starke Brücken, die sich ganz leicht befördern lassen und mit denen man den Feind verfolgen und manchmal auch fliehen kann, und solche für andre, feste Brücken, die weder durch Feuer noch im

Kampf zerstört und leicht und bequem abgebrochen und errichtet werden können, und auch Pläne, um die des Feindes zu verbrennen und zu zerstören.
2. Ich kann bei der Belagerung eines Platzes das Wasser aus den Gräben ableiten und zahlreiche Brücken, Rammböcke, Sturmleitern und andre zu einem solchen Unternehmen gehörende Geräte machen.
3. Wenn bei der Belagerung eines Platzes, sei's wegen der Höhe der Böschung oder wegen der Stärke des Ortes und der Lage, Bombarden nicht zur Anwendung gebracht werden können, habe ich ferner Verfahren, um alle Kastelle oder andre Bollwerke zu zerstören, falls sie nicht auf Felsen errichtet sind.
4. Ferner habe ich Pläne für Bombarden, die sich sehr bequem und leicht befördern lassen, mit denen man kleine Steine schleudern kann, fast so, als ob es hagle, und deren Rauch dem Feind gewaltigen Schrecken einjagt, natürlich sehr zu seinem Schaden und seiner Verwirrung.
5. Ferner habe ich Pläne für Stollen und gewundene Geheimgänge, die ohne jedes Geräusch angelegt werden, so daß man bis zu einem bestimmten Ort gelangen kann, auch wenn man unter den Gräben oder irgendeinem Fluß durchdringen muß.
6. Ferner werde ich sichere und unangreifbare, gedeckte Wagen bauen, die mit ihren Geschützen durch die Reihen des Feindes fahren und jeden noch so großen Haufen von Bewaffneten zersprengen werden. Hinter ihnen können die Fußsoldaten fast unangefochten und völlig ungestört folgen.
7. Ferner werde ich, wenn nötig, Bombarden, Mörser und Pasvolanten von sehr schöner und zweckmäßiger Form machen, wie sie nicht allgemein gebräuchlich sind.
8. Wo die Wirkung der Bombarden versagt, da werde ich Katapulte, Wurf- und Schleudermaschinen (briccole, mangani, trabucchi) und andre ungebräuchliche Geräte von wunderbarer Wirksamkeit herstellen. Kurzum, ich werde je nach den verschiedenen Umständen allerlei verschiedene Angriffs- und Verteidigungsmaschinen bauen.
9. Sollte es auf dem Meer zum Kampf kommen, so habe ich Pläne für viele Geräte, die für den Angriff und die Verteidigung besonders geeignet sind, und solche für Schiffe, die selbst der Beschießung mit den allergrößten Bombarden widerstehen werden, und solche für Pulver und Rauch.
10. In Friedenszeiten kann ich mich wohl mit jedem andern in der Baukunst messen, sei's bei der Errichtung öffentlicher und privater Gebäude oder bei der Leitung des Wassers von einem Ort zu einem andern.

Ferner werde ich bei der Bearbeitung von Marmor, Erz und Ton sowie in der Malerei wohl etwas leisten, was sich vor jedem andern, wer immer es auch sei, sehen lassen kann.

Übrigens könnte man auch an dem Bronzepferd arbeiten, das dem seligen Andenken Ihres Herrn Vaters zu unsterblichem Ruhm und dem Hause Sforza zu ewiger Ehre gereichen wird.

Und wenn irgendeine der obengenannten Sachen irgend jemand unmöglich oder unausführbar erscheinen sollte, so bin ich durchaus bereit zu einer Vorführung in Ihrem Park oder wo Ew. Hoheit wollen. Ich empfehle mich Ihnen untertänigst ...»
(Nach Leonardo da Vinci: Tagebücher und Aufzeichnungen. Übers. von Th. Lücke. 2. Aufl., Leipzig 1952, S. 889–891.)

Wir erkennen, wie sehr Leonardo seine kriegstechnischen Kenntnisse hervorhebt und wie er sein künstlerisches Können fast nur beiläufig erwähnt.

In Leonardos umfangreichem technischen Schaffen spielte das heiße, aber vergebliche Bemühen, das Problem des Menschenflugs zu lösen, eine wesentliche Rolle. Er studierte den Flug der Vögel, befleißigte sich, die Wirkung des Luftwiderstands zu ermitteln, machte Projekte zu vielerlei Muskelkraftflugzeugen, entwarf einen Fallschirm und eine Luftschraube. Aus den nachstehenden Sätzen lernen wir ihn in seinen flugtechnischen Forschungen kennen; wir erfahren insbesondere, wie er in ganz moderner Weise Versuch und Messung an den Anfang seiner technischen Arbeit stellte, indem er – allerdings noch mit unzureichenden Mitteln – den Luftwiderstand eines Flügels mit der Waage zu bestimmen suchte. Er schreibt:

«Mit einem (bewegten) Gegenstand übt man auf die Luft eine ebenso große Kraft aus wie die Luft auf diesen. Du siehst, wie die gegen die Luft geschwungenen Flügel dem schweren Adler ermöglichen, sich in der äußerst dünnen Luft nahe an der Sphäre des feurigen Elements zu halten. Weiter siehst du, wie die bewegte Luft über dem Meere das schwere beladene Schiff dahinziehen läßt, indem sie die geschwellten Segel stößt und zurückgeworfen wird. Aus diesen angegebenen, offensichtlichen Gründen kannst du schließen, daß der Mensch die Luft wird unterjochen und sich über sie erheben können, indem er mit den von ihm gefertigten großen Flügeln gegen die Widerstand leistende Luft eine Kraft ausübt und sie besiegt ...

Wenn ein Mensch ein Zeltdach aus abgedichtetem Leinenzeug hat, das 12 Ellen Seitenlänge und 12 Ellen Höhe besitzt, so wird er sich, ohne Schaden zu nehmen, von jeder großen Höhe herablassen können ... (Abb. 34 links).

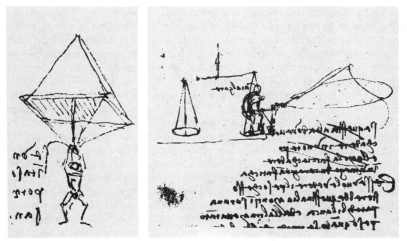

34: Fallschirm (links). Messung der Tragkraft eines Flügels (rechts). Zeichnungen, um 1485.

Wenn du das Gewicht ermitteln willst, das dieser Flügel tragen könnte, so steige auf eine Waagschale und lege auf die andere so viel an Gewicht, bis die beiden Schalen gleich hoch in der Luft stehen; dann hänge man sich an den Hebel des Flügels und zerschneide das Seil, das ihn hochhält (Abb. 34 rechts). Sogleich wird man ihn fallen sehen. Und wenn er von selbst in zwei Zeiteinheiten herabgefallen ist, so laß ihn in einer niedergehen, indem du dich mit den Händen an seinem Hebel einhängst (d. h. hier: den Hebel nach oben treibst). Auf die entgegengesetzte Waagschale lege nun so viel Gewicht, daß die Kräfte miteinander ausgeglichen werden. Und soviel Gewicht man auf die andere Waagschale zugibt, so viel würde der Flügel während des Fluges tragen, und zwar je mehr, je stärker er die Luft drückt» (geschrieben 1485, übers. von Klemm).

Recht bedeutsame technische Entwicklungen, wie Rollen- und Kugellager, eine besondere Verzahnung, Pendelmechanismen, Riemenantriebe, Kettentriebe, Windmühlen usw. enthalten auch die 1966/67 in der Madrider Nationalbibliothek wiedergefundenen Manuskripte Leonardos.

Leonardo, der uns einige Tausend Blatt Manuskripte hinterlassen hat, mochte wohl einmal die Absicht gehabt haben, ein großes enzyklopädisches Werk in der italienischen Volkssprache anhand alter Autoren der Antike und des Mittelalters und auf Grund auch eigener Untersuchungen zusammenzustellen. Dieses Werk sollte vielerlei des Nützlichen und Interessanten besonders für den Gebrauch der nichtgelehrten Künstler und Techniker seiner Zeit bieten. Es kam aber nicht soweit.

Das Streben, wissenschaftliches Gut weiten Kreisen nutzbar zu machen, ist – wie wir schon betonten – ein wesentlicher Zug der Renaissance. Auch die mathematischen und technischen Werke der Antike, die in der Renaissance zunächst in lateinischen und griechischen Editionen die Presse verließen, kamen besonders seit der Wende zum 16. Jahrhundert in volkssprachigen Ausgaben heraus. Dabei wurden in die Kommentare und Zusätze auch mancherlei neue Erkenntnisse eingefügt. Neben den lateinischen erschienen im 16. Jahrhundert viele volkssprachige, allen voran italienische Ausgaben der Schriften von Euklid, Archimedes, Vitruv und Heron. Die antiken Werke – in erster Linie Euklid – drangen so in gelehrtem oder volkstümlichem Gewande in weite Kreise und wirkten in die Breite und Tiefe. Albrecht Dürer, Künstler, Handwerker und Ingenieur wie Leonardo, schenkte 1525 in seiner «Unterweysung der Messung mit dem Zirckel und Richtscheyt» seinen deutschen Landsleuten, besonders aber all den Künstlern und Handwerkern, die in ihrem Beruf eines gewissen Schatzes mathematischen Wissens nicht entraten können, zur Förderung ihres praktischen Schaffens eine deutsche Einführung in die angewandte Geometrie unter geschickter volkstümlicher Verarbeitung gelehrten Wissens, das er sich während seines italienischen Aufenthaltes und durch den Umgang mit den Nürnberger Humanisten erworben hatte. In solchen Strebungen, die sich besonders jungen Leuten zuwandten, die sonst niemand hatten, der sich um sie kümmerte, macht sich ein sozialer Zug bemerkbar, wenn im übrigen auch soziales Empfinden der

Renaissance noch fremd war. Dürer schrieb 1527 auch ein Werk über das Befestigungswesen, das viele Auflagen erlebte. Er entwickelte ein polygonales Festungssystem, wenn auch nicht als erster, denn Francesco di Giorgio Martini und auch Leonardo da Vinci waren ihm hierin vorausgegangen, und er trat für den Bau gemauerter Basteien ein, die eine Seitenverteidigung mit dem Feuergeschütz ermöglichen.

Ähnlich wie Dürer in Süddeutschland stellte sich in Oberitalien der Rechenmeister Niccolò Tartaglia im zweiten Viertel des 16. Jahrhunderts in den Dienst eines aufstrebenden Handwerkertums, das nach einer wissenschaftlichen Vertiefung der Werkstattarbeit verlangte. Büchsenmeister und Kriegsingenieure, Erzprobierer und Metallgießer, Feldmesser und Kaufleute mögen sich oft mit allerlei Anliegen an den erfahrenen Tartaglia gewandt haben. Besonders brennend beschäftigte den Kriegsmann die Frage nach der Bahn des fliegenden Geschosses. Der Schulwissenschaftler aristotelischer Prägung konnte hier keine befriedigende Antwort geben. Zwar übte Tartaglia selbst

35: Der Garten der mathematischen Künste. N. Tartaglia, umgeben von Frauengestalten als Allegorien der mathematischen Künste demonstriert mit einem Mörser und einem kleinen Feldgeschütz die Geschoßbahn. Am Eingang zu dem von einer Mauer umschlossenen Hof steht Euklid, der nur die einläßt, welche der Geometrie kundig sind. Hinten erhebt sich der Bezirk der Philosophie, an dessen Eingang Platon und Aristoteles stehen. Holzschnitt, 1537.

36: Richten eines Pulvergeschützes. Holzschnitt, 1547.

die Büchsenmeisterkunst nie praktisch aus, aber er machte sich die Erfahrungen der Praktiker zunutze und ließ auch verschiedene Versuche ausführen. So vermochte er einige theoretische Schlüsse zu ziehen, die – mischte sich auch hier noch Falsches mit Richtigem – doch neue Erkenntnisse brachten. Daß die Schußlinie in all ihren Teilen gekrümmt ist und daß man bei 45° Rohrerhebung am weitesten schießt, waren wesentliche Resultate seiner Arbeit, die dem Praktiker immerhin ein wenig nützen konnten. Es waren erste, ganz bescheidene Vorstöße ins Feld einer «Nuova scienza», bei der man von einigen Erfahrungen ausging, allgemeine Schlüsse zog und die gewonnenen Erkenntnisse durch den Versuch überprüfte (Abb. 35). Aber, wie gesagt, es handelte sich hier um erste Anfänge. Die Frage der Büchsenmeister nach der wirklichen Geschoßbahn, also die Erfordernisse der Praxis, waren von nicht geringer Bedeutung für die Entwicklung einer neuen Physik (Abb. 36). Auch Galilei ging über ein halbes Jahrhundert später von praktischen Fragen aus. Im Anschluß an die Hydrostatik des Archimedes beschäftigte sich Tartaglia auch mit Einrichtungen, um gesunkene Schiffe zu heben.

Hüttenbetriebe der Frührenaissance

Tartaglia schrieb italienisch, also in der Volkssprache, damit er von den Praktikern, die Latein nicht beherrschten, verstanden werden konnte. Im Gebiete der technischen Chemie und Metallbearbeitung faßte Tartaglias Zeitgenosse, der vielseitige sienesische Werkmeister Vanoccio Biringuccio, ebenfalls ein Werk in der Lingua volgare ab, die «Pirotechnia» von 1540, die sich auch an den Praktiker wandte und die durch ihre sachlich-kritische Einstellung hervorragt, ein Zeichen für den aufgeschlossenen Sinn der praktisch Schaffenden in den toskanischen Städten jener Tage. Eisen- und Metallhüttenwesen lassen bei Biringuccio gegenüber dem Mittelalter mancherlei Fortschritte erkennen. Der weitere Ausbau der Wasserkraftnutzung ist kennzeichnend für das Berg- und Hüttenwesen der Renaissance. Aus der Frührenaissance besitzen wir eine anschauliche Nachricht über einen Floßofenbetrieb zur Erzeugung flüssigen Roheisens in der «Architettura» des Antonio Averlino Filarete von 1464, einem Werk über die Baukunst, in romanhaftes Gewand gekleidet. Filarete erzählt von einer Reise nach dem Eisenwerke und schildert uns trefflich die großen Wassergebläse:

«Das Gebäude, in welchem das Eisen bereitet wird, liegt nahe am Fluß und ist ein Viereck, das durch eine 8 Br. (4,8 m) hohe Mauer in zwei ungleich große Räume geteilt wird. Der kleinere von diesen wird von dem Schmelzofen eingenommen, von dem man nur die obere Fläche mit der Öffnung sieht, da der Fußboden erhöht ist; er ist mit feuerfesten Steinen aufgemauert; im anderen Raum daneben befinden sich die beiden Blasebälge, die auf dem Fußboden, und zwar auf ihrer hohen Kante stehen; nicht also wie sonstwo flach daliegen. Sie werden durch Wasserkraft getrieben und münden beide in ein Rohr, welches, die Scheidewand durchsetzend, in den Schmelzofen tritt und dort auf die Kohlen und Erzstufen wirkt. Die Bälge sind 6 Br. (3,6 m) lang und deren 4 (2,4 m) breit; die Öffnung, durch welche sie Luft einziehen, mißt 1 Br. (59,5 cm) aufs Geviert. Sie sind von stärkstem Rindleder verfertigt und mit gutem Eisen beschlagen. Beim Blasen bringen sie ein wahrhaft donnerähnliches Geräusch hervor. In ihrer Nähe befindet sich ein Becken mit fließendem Wasser, in welchem das ausgeschmolzene Eisen gekühlt wird; dabei entwickelt sich ein starker Schwefelgeruch. Die Arbeiter sind kräftige Leute, die, beschmutzt, im Hemd oder sonstwie dürftig bekleidet, mit Holzschuhen versehen, neben dem Schmelzofen stehend, ihn schüren und das Metall ausfließen lassen: sie erinnern an jene Kerle im Hause Plutos, welche die armen Seelen plagen. Das geschmolzene Eisen ist flüssig wie Glockenmetall; man könnte es, wie dieses, gleich in eingegrabene Formen laufen lassen. Auch tut man dergleichen; im Kastell von Mailand befindet sich eine gußeiserne Bombarde in Gestalt eines liegenden Löwen. Das ausgeschmolzene Metall bringen sie dann in eine andere Werkstatt, wo es zum zweiten Male geschmolzen wird; und darauf fängt man an, es mit dem Hammer zu wirken, bis ihm die gewünschte Form gegeben ist» (Übers. von W. v. Oettingen, 1896).

An die fünfzig Jahre nach Filarete faßte der Franzose Nicolas Bourbon 1517 ein lateinisches Gedicht über einen Eisenhammer ab, das uns ebenfalls den in raschem Aufstieg begriffenen Eisenhüttenbetrieb der Renaissancezeit eindringlich vor Augen führt. Bourbon schrieb seine Verse, lateinische Hexameter, als Vierzehnjähriger, beeindruckt vom Betrieb in der Eisenhütte seines Vaters zu Vendeuve in der Champagne. Wir zitieren nur einige Verse über den Eisenguß und das Eisenschmieden:

«Emsig bilden zugleich geschickte Hände Gefäße,
Machen erst die Formen aus Lehm und drehen sie zierlich.
In die fertigen Formen wird dann das Eisen gegossen.
Auch Bombarden gießen sie dort, die schrecklichen Wunder,
Eine Erfindung der Hölle, die Götter zürnten den Menschen,
Als den Deutschen Vulkan die tödliche Waffe verliehen.
Kugeln machen sie auch, die donnernd Mauern zertrümmern.

Städte und Türme werden zerstört und Riesengestalten
Weggefegt, es fliegen, den Blitzesflammen vergleichbar,
Diese Martern dahin, es mahnt an den Donner ihr Krachen.
Ist die geschmolzene Masse erst eben dem Ofen entnommen,
So verdient sie noch nicht den Namen richtiges Eisen.
Nochmals schmilzt ein Gießer sie ein, nachdem er zertrümmert,
Was erst eben entstand; der zweite Ofen verbessert,
Macht geschmeidig das Eisen und bringt zur Kugelgestalt es.
Kräftige Schmiede müssen sodann es strecken und glätten.
Sie verwenden dabei den Riesenhammer aus Eisen,
Von gewaltiger Kraft des Wassers wird er getrieben.
Wieder glühn sie geduldig das Eisen, drehen's im Feuer,
Starke Zangen verwendend, herum und tauchen es glühend
Ein in bereitetes Wasser» (Übers. von Harald Schütz, 1895).

Von einer Mailändischen Messinggießerei der ersten Hälfte des 16. Jahrhunderts entwirft uns Vanoccio Biringuccio, über den wir oben schon berichteten, ein anschauliches Bild. Hier handelt es sich um einen Großbetrieb, der Massenartikel des täglichen Bedarfs herstellte. In Schmelztiegeln wurden Rohkupfer und Galmeipulver (Zinkspat) zusammen mit gestoßenem Glas 24 Stunden geschmolzen. So erhielt man Messing. Es wurde mit dem Hammer zu unechtem Blattgold, zu Blech, zu Schellen und Löffeln verarbeitet, oder man drehte Gefäße und Messingleuchter. Vor allem aber wurden kleine Gegenstände, wie Beschläge, Schnallen und Ringe, gegossen. Dies geschah, indem man metallene Modelle der zu gießenden Gegenstände zunächst in eine glattgestrichene Lehmschicht zur Hälfte eindrückte. Nachdem nun diese untere Hälfte der Form im Ofen getrocknet worden war, setzte man die Modelle wieder ein, legte eine zweite Lehmschicht auf und erhielt so die obere Formhälfte. Auf deren Oberseite wurden wieder Modelle bis zur Hälfte eingedrückt. So fuhr man fort, bis man einen Stapel von etwa 30 cm Höhe erreicht hatte. Die Formenteile wurden sorgfältig zusammengesetzt und gebrannt. Dann konnte man zum Guß schreiten. Biringuccio berichtet uns, daß dieses Stapelgußverfahren großen Eindruck auf ihn machte. Er meinte, diese Mailänder Fabrik könnte nicht nur Mailand, sondern ganz Italien mit solcherlei Waren versorgen. Zum Schluß betont er nochmals, daß es ihm besonders gefiel, das ununterbrochene Formen und Gießen so vieler Gegenstände gesehen zu haben.

Den tiefsten Einblick aber in die Berg- und Hüttentechnik des 16. Jahrhunderts, ihre allgemeine Stellung und ihre besondere Problematik gibt uns 1556 der sächsische Arzt, Humanist und Bergkundige Georgius Agricola. Doch ehe wir uns ihm zuwenden, sei der Blick erst auf einen anderen großen Deutschen der ersten Hälfte des 16. Jahrhunderts gelenkt, auf Agricolas um ein Jahr älteren Zeitgenossen Paracelsus.

Der Sinn der Technik

Theophrastus Bombastus von Hohenheim, gen. Paracelsus (1494 bis 1541), der große Arzt und Naturforscher, hatte auf weiten Wanderfahrten bei Bergleuten und Erzprobierern, bei Hüttenmännern und Büchsenmeistern, bei Alchimisten und Münzmeistern und vielen anderen Handwerkern mannigfaltige Eindrücke gewinnen können von der Vielfalt technischen Schaffens. Gegen überkommenen Autoritätsglauben suchte er, der große Neuerer, die eigene Erfahrung in den Vordergrund zu stellen. Der Chemie, die er in die Hände der Ärzte legte und damit auf eine höhere Ebene stellte, gab er die Aufgabe, wirksame Prinzipien, die dem Kranken Heilung bringen, aus den Stoffen auszusondern. Die alte Alchimie hob er heraus aus der Enge bloßen Goldmachertums zur Weite des Schaffens an der Natur überhaupt. So waren ihm die Hüttenleute und Schmiede, die Zimmerleute und Baumeister, die Apotheker und Ärzte, schlechtweg die Handwerker, Techniker, Künstler und Wissenschaftler, in einer weiten und tiefen Bedeutung allesamt Alchimisten. All diese schaffenden Menschen wirkten durch göttliche Kraft an der Vervollkommnung der Natur. So hatte für Paracelsus das tätige Leben, das technische Schaffen, zu dem der Mensch, der Mikrokosmos, von Gott befohlen ist, den hehren Sinn einer Mitwirkung an der Vollendung der Welt, des Makrokosmos. Aus zahlreichen Stellen in den paracelsischen Schriften tritt uns diese Sinndeutung von Naturforschung und technischer Arbeit entgegen.

Wir geben im folgenden einige Stellen aus den Werken des Paracelsus in neuem Deutsch frei wieder:

«... Die Natur ist so subtil ... in ihren Dingen, daß sie ohne große Kunst nicht gebraucht werden will; denn sie gibt nichts an den Tag, das ... vollendet sei, sondern der Mensch muß es vollenden. Diese Vollendung heißt Alchimie. Denn ein Alchimist ist der Bäcker, indem er Brot bäckt, der Winzer, indem er Wein macht, der Weber, indem er Tuch webt. Derjenige, welcher das, was aus der Natur dem Menschen zum Nutzen wächst, dahin bringt, wohin es von der Natur verordnet wird, der ist ein Alchimist» (1530).

«Gott ... will, daß wir das Werk nicht als Werk bleiben lassen, sondern erforschen und lernen, warum es hierhergestellt sei. Dann können wir erforschen und ergründen, wozu die Wolle an den Schafen gut sei und die Borsten auf dem Rücken der Säue. Und wir können ein jegliches Ding dahin bringen, wohin es gehöret. Wir können die rohe Speise kochen, wie sie dem Munde wohlschmeckt, und uns Stuben für den Winter bauen und Dächer für den Regen ...» (1531/32).

«... Gott hat Eisen geschaffen, aber nicht das, was daraus werden soll; das ist, nicht Hufeisen, nicht Stangen, nicht Sicheln, allein Eisenerz, und im Erz gibt er es uns. Weiter befiehlt er's dem Feuer an und dem Vulcanus, der des Feuers Meister ist ... Es folgt nun daraus, daß zunächst das Eisen von den Schlacken geschieden werden muß, danach kann daraus geschmiedet werden, was geschaffen werden soll. Das ist Alchimie, das ist der Schmelzer, der Vulcanus heißt: Was das Feuer tut, ist Alchimie, auch in der Küche, auch im Ofen ... Also ist's auch mit der Arznei, die ist von Gott geschaffen, aber nicht bereitet bis aufs Ende, sondern in Schlacken verborgen. Jetzt ist es dem

Vulcanus befohlen, die Schlacken von der Arznei zu tun ... Die Künste sind alle im Menschen ... Also sind Alchimisten der Metalle, also sind Alchimisten, die im Gebiete der Mineralien schaffen ... Also lerne erkennen, was Alchimie sei, daß sie allein das ist, was durch das Feuer das Unreine zum Reinen macht, wiewohl nicht alle Feuer brennen ... Also sind Alchimisten des Holzes, wie die Zimmerleute, die das Holz bereiten, daß es ein Haus werde ... Jetzt nun sehen wir, was Alchimie für eine Kunst sei. Sie ist gleich der Kunst, die da Unnützes vom Nützlichen scheidet ... Also hat's Gott verordnet ..., weil Gott nichts bis an das Ende geschaffen hat. Es ist den Vulcani befohlen, die Dinge bis zum Ende zu bringen und nicht Schlacken und Eisen miteinander zu schmieden. Denn merket euch ein Beispiel: Brot ist geschaffen und uns gegeben von Gott, aber nicht wie es vom Bäcker kommt, sondern die drei Vulcani, der Bauer, der Müller und der Bäcker, die machen Brot daraus» (1537/38). (Nach Paracelsus, Sämtliche Werke, Abt. 1. Hrsg. v. K. Sudhoff. Bd. 8, S. 181; Bd. 9, S. 256; Bd. 11, S. 187 ff)

Deutsche Bergbau- und Handwerkstechnik

Wenn Paracelsus der technischen Arbeit und unter dieser auch dem berg- und hüttenmännischen Schaffen einen so tiefen Sinn zumaß, so war das indes keineswegs die allgemeine Anschauung der gelehrten Kreise seiner Zeit. Als Georgius Agricola, auch einer jener wahrhaft Vielseitigen der Renaissance, der humanistisches Gelehrtentum mit einem auf reale Naturbetrachtung und praktisch technische Betätigung gerichteten Geist verband, in einem umfassenden Werke «De re metallica libri XII» 1556 das besonders in seiner erzgebirgischen Heimat hochentwickelte Berg- und Hüttenwesen seiner Zeit darstellte, fühlte er sich genötigt, an den Anfang seines Buches eine Apologie der bergbaulichen Arbeit zu setzen. Mit Geschick widerlegt Agricola die zahlreichen Argumente, die gegen den Bergbau und gegen die Metalle vorgebracht werden. Er weist es zurück, wenn manche sagen, der Mensch dürfe die Erze nicht aus dem Boden herauswühlen, wenn manche behaupten, Gott habe sie ja in die Tiefe gestoßen, damit sie eben vom Menschen unbehelligt bleiben. Agricola hebt mit Nachdruck hervor, daß nicht die Metalle daran schuld seien, wenn man sie zur Zerstörung verwende. Schuld seien vielmehr unsere Laster, wie Zorn, Zwietracht und Habgier, und er fährt fort:

«Hier erhebt sich die Frage, ob wir das, was man aus der Erde gräbt, zu den guten oder zu den schlechten Dingen rechnen soll ... Treffliche Männer nämlich brauchen sie gut, und ihnen sind sie nützlich, schlechte aber schlecht, und ihnen sind sie unnütz ... Deshalb ist es nicht recht und billig, sie ihrer Stellung und Würde, die sie unter den Gütern einnehmen, zu berauben. Wenn einer aber sie schlecht anwendet, so werden sie darum noch nicht zu Recht Übel genannt. Denn welche guten Dinge können wir nicht gleichermaßen in übler wie in guter Weise gebrauchen?»

Wir erkennen, das Kulturproblem der Technik leuchtet hier auf.

Trotz mancher Widersacher bergbaulichen Schaffens, von deren Einwänden uns Agricola ein Bild gibt, entwickelte sich der Bergbau im 15. und 16.

Jahrhundert kräftig. Vor allem Deutschland war Zentrum reger berg- und hüttenmännischer Technik. Deutsche Bergleute wirkten seit dem 14. Jahrhundert, besonders aber im 15. und 16. Jahrhundert vielfach als Lehrmeister im Auslande. Je tiefer man in den Bergwerken die Schächte trieb, um so härter wurde allerdings der Kampf mit dem Grubenwasser. Die Suche nach wirksamen Maschinen zur Wasserförderung beschäftigte daher die Erfinder. Insbesondere trachtete man, die Wasserkraft in stärkerem Maße zum Antrieb der Fördermaschinen zu verwenden, ebenso wie man auch die durch Wasserräder bewegten Blasebälge der Hüttenwerke zu immer größeren Formen entwickelte, wovon wir bereits bei Filarete und Nicolas Bourbon hörten. Das riesenhafte Kehrrad mit 10,7 m Raddurchmesser, das uns Agricola

37: Kehrrad zur Wasserförderung. Raddurchm. 10,70 m. Holzschnitt, 1556.

38: Feldgestänge zur Übertragung der Energie eines Wasserrades zu zwei Bergwerkspumpen. Kupferstich, 1690.

in Wort und Bild beschreibt, zeugt anschaulich von dem Streben nach großen Kraftmaschinen (Abb. 37). Allerdings stand nun keineswegs immer dort die nötige Wasserkraft zur Verfügung, wo sie zum Antrieb von Pumpen oder anderen der Wasserhaltung dienenden Maschinen oder zum Betrieb von Erzfördereinrichtungen gerade gebraucht wurde. Die Technik des 16. Jahrhunderts fand hier eine Lösung durch die sogenannten Stangenkünste oder Feldgestänge, mittels deren die Energie eines Wasserrades auf einige Entfernung hin vom Tal auf die Höhe geleitet wurde (Abb. 38). Diese Stangenkünste, die um die Mitte des 16. Jahrhunderts im Erzgebirge erfunden wurden und die sich zuweilen bis über 7 km erstreckten, erfüllten in bescheidenem Maße die Funktion unserer heutigen elektrischen Überlandleitungen. Der Wirkungsgrad dieser Anlagen zur Übertragung mechanischer Energie war natürlich sehr gering. Neben dem Wasserrad benutzte man, von der Handhaspel abgesehen, als Kraftmaschine auch noch immer das von Menschen bewegte Tretrad oder aber den Pferdegöpel, der seit Ende des 15. Jahrhunderts im Bergbau angewandt wurde. Das wesentlichste Problem der Bergtechnik des Renaissancezeitalters, ebenso wie auch des 17. und teilweise noch des 18. Jahrhunderts, war eben eine brauchbare Wasserhaltung, wie uns auch die Erfinderprivilegien jener Tage bezeugen. Im Hüttenwesen trat schon damals, wie wir ebenfalls an Erfinderprivilegien ermessen können, das Bestreben zutage, die als Brennstoff gebrauchte Holzkohle möglichst sparsam zu verwenden. Die kaiserlichen und vor allem die kursächsischen Erfinderprivilegien des 16. Jahrhunderts lassen eine sehr fortschrittliche Rechtspraxis erkennen. Neu-

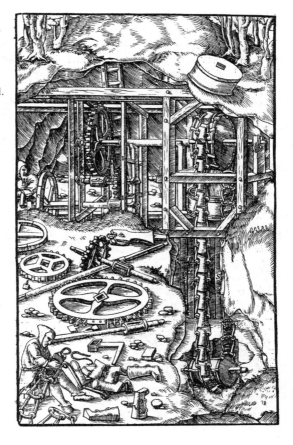

39: Becherwerk mit Handbetrieb zur Wasserförderung. Man beachte die Wiedergabe der Details, darunter das gußeiserne Rad, in das Stahlzähne eingeschraubt sind. Holzschnitt, 1556.

heit und gewerbliche Verwertbarkeit der Erfindung waren meist wesentliche Voraussetzungen für die Gewährung eines Privilegs.

Von den Bergwerksmaschinen, die uns Agricola in seinem Bergwerksbuch von 1556 darstellt, nannten wir bereits das große Kehrrad zur Wasserförderung. Wir heben an technisch Bedeutsamem noch hervor den mächtigen Pferdegöpel mit Bremsscheibe, die Bulgen- und Heinzenkünste zur Wasserhaltung, das erst 1512 erfundene Naßpochwerk, sinnreiche Drehkrane, den Antrieb verschiedener Arbeitsmaschinen durch ein Wasserrad, gußeiserne Zahnräder mit eingeschraubten Stahlzähnen (Abb. 39), Antifriktionsrollen, auf hölzernen Gleisen durch einen Spurnagel geführte Förderkarren (Hunde) und vieles mehr. Der auf hölzernen Gleisen laufende Bergwerkshund begegnet uns zuerst im Bilde in der zwischen 1535 und 1538 erschienenen Schrift Joh. Haselbergers über «Ursprung gemeiner Bergrecht» (Abb. 40). Maschinenbaustoff ist bei Agricola in erster Linie das Holz; nur besonders beanspruchte Teile, z. B. Lager, sind aus Eisen. Agricola beschreibt vielfach auch Detailstücke mit Größenangaben und stellt die Fertigung von Teilstücken dar. Ein besonderer Wesenszug von Agricolas «De re metallica» ist die Gegenstandstreue in Wort und Bild. Hier begegnet uns zum erstenmal die wirkliche technische Illustration, die ein getreues Abbild gibt der in der Praxis benutzten Maschinen und geübten Verfahren.

Kaum zwei Jahrzehnte nach Agricolas Bergwerksbuch erschien 1574 aus der Feder des Berg- und Hüttenmannes Lazarus Ercker ein mit anschaulichen Holzschnitten ausgestattetes Werk über das Hüttenwesen, besonders über die Erz-Probierkunde. Es fand außergewöhnliche Verbreitung bis weit ins 18. Jahrhundert hinein.

Das seit dem Spätmittelalter blühende deutsche Berg- und Hüttenwesen, das uns Agricola und Ercker (Abb. 41) bezeugen, erlebte allerdings von der Mitte des 16. Jahrhunderts an einen langsamen Niedergang. Die Umgruppierung der Handelswege im Zeitalter der Entdeckungen, die Einfuhr von Metallen aus dem neuentdeckten Amerika und schließlich auch die Entwicklung einer eigenen Eisenindustrie in England waren die Ursache.

Auch das gewerbliche Leben in den Städten Deutschlands und Italiens wurde von den wirtschaftlichen Umschichtungen, die auf die Epoche der

40: Holzschienenbahn für Grubenhunde im spätmittelalterlichen deutschen Bergbau. Aus diesem Hundelauf entwickelten sich in England seit dem 17. Jh. die ersten längeren Gleisbahnen zum Transport von Steinen, Kohle und Erzen. Eiserne Gleise und Dampfwagen führten zu Beginn des 19. Jhs. zur Dampfeisenbahn. Holzschnitt, 1535/38.

41: Seigerherde zur Gewinnung von Silber aus silberhaltigem Kupfer mittels Bleis. Holzschnitt, 1580.

Entdeckungen folgten, betroffen. Hinzu kommt, daß die Zünfte und Innungen, so wesentliche Bedeutung sie nicht nur als wirtschaftliche Zusammenschlüsse, sondern auch als Erziehungs- und Lebensgemeinschaften hatten, hie und da die technische Entwicklung hemmten. Es sei indes betont, daß wir dem Kreise des stark spezialisierten städtischen Handwerks der Renaissancezeit eine ganze Reihe bedeutsamer Einzelerfindungen verdanken, wir heben nur den Schraubstock (um 1500), die Taschenuhr (1510), das Münzwalzwerk (1550), zahlreiche feinmechanische Instrumente, bei deren Bau man vom Holz zum Metall überging (um 1550), und die verbesserte Supportdrehbank (1561) hervor. Aber der Ausbreitung mancher Erfindung wurden gerade durch die Innungen Schranken gesetzt.

So verbot schon 1412/13 der Rat der Stadt Köln die Herstellung eines besonderen Spinn- und Zwirnrades, da sonst viele Handwerker geschädigt werden könnten. Aus dem 16. Jahrhundert erfahren wir von Verboten in Nürnberg. Der Nürnberger Hans Spaichel hatte 1561 eine verbesserte Supportdrehbank erfunden. Der Rat von Nürnberg zerschlug 1578 eine solche Maschine, weil Spaichel sie einem Goldschmied verkaufen wollte. Spaichel gehörte zu den Rotschmieddrechslern, jenen Handwerkern, die gedrehte Gegenstände aus Kupfer und Messing herstellten. Weil 1590 Wolf Dibler, ebenfalls ein Rotschmieddrechsler, für den rühmlich bekannten Goldschmied

Hans Petzold eine Drehbank neuer Konstruktion, wohl eine Leitspindeldrehbank, gebaut hatte, wurde er für einige Tage in den Turm gesperrt. Es durfte eben keine neue Erfindung aus einem in einen anderen Handwerkszweig übertragen werden. Ganz allgemein fürchtete man, daß neue, zeitsparende Maschinen die Preise drücken könnten.

Aus den Nürnberger «Ratsverlässen» geben wir einige Einträge über die Drehbank in neuem Deutsch frei wieder:

«4. Juni 1561. Das künstliche Drehrad soll man von Hans Spaichel, Rotschmieddrechsler, um 60 Gulden käuflich annehmen und in des Herrn Baumeisters Verwahrung tun. Doch soll er fürderhin kein solches Rad mehr ohne Zulassung meiner Herren machen...» «15. Juni 1569. Hans Spaichel, dem Rotschmieddrechsler, soll man meiner Herren ernstlich Mißfallen anzeigen, daß er trotz des verhängten Verbotes noch weitere Mühlvisierungen und Muster gemacht...» «16. Juni 1569.... Weil aber meine Herren dieses seines neugemachten Mühlwerks nicht bedürften, auch dasselbe nicht hinauskommen lassen wollten, und ihm dann nicht gebührt, solche Künste zu machen, die gemeiner Stadt zum Nachteil gereichen, so wollen sie es also bei ihren Händen behalten...» «5. Februar 1578. Auf Sebald Kurtz', Rotschmieddrechslers, Ansage hin, daß Hans Spaichel, Rotschmied, trotz des verhängten Verbots, eine neue Drehmühle gemacht, dieselbe dem Chr. Straub, Goldschmied, verkauft, soll man den Spaichel und Straub fordern, sie beeidigen, wie es mit solcher Drehmühle beschaffen...» «10. Februar 1578. Auf der geschworenen Rotschmied und Rotschmieddrechsler verlesenen Bericht soll man das von Hans Spaichel gefertigte Mühlwerk zu Händen nehmen, ihm fünf Gulden dafür bezahlen und beeidigen, fürderhin ohne Wissen und Erlaubnis meiner Herren keines weiter zu machen, und das Mühlwerk zerschlagen.»

Unter Drehrad, Mühlwerk und Drehmühle ist dabei immer die Drehbank zu verstehen. Über den schon oben genannten Wolf Dibler und seine Leitspindeldrehbank lesen wir in den Ratsverlässen:

«24. Dezember 1590.... Und dieweil Wolf Dibler, Rotschmieddrechsler, dem Hans Petzold die Schraube oder Laufdocke, als das vornehmste Stück an seinem Werk, gemacht und ihn dazu, wie er das Rad spannen und die Dreheisen führen soll, unterrichtet hat und darin wider sein Handwerk gehandelt, soll man ihn, zum Abscheu der anderen, acht Tage mit dem Leib auf einen versperrten Turm strafen.»...«15. Januar 1591. Wolf Dibler, Rotschmieddrechsler, welcher acht Tage mit dem Leib auf einem Turm gestraft worden und bereits vier Tage daran erstanden und so nötige Arbeit für den Kurfürsten von Sachsen zu verfertigen hat, soll man die übrigen vier Tage mit Geld ablösen lassen.»

Wissenschaftliche Mechanik und Technik

Die Wissenschaft der Renaissancezeit ließ, wie wir schon hervorhoben, die mechanischen Schriften der Archimedes, Heron und Pappus ebenso wie die pseudo-aristotelischen «Mechanischen Probleme» lebendig werden. An die Antike und zum Teil auch an das Spätmittelalter, besonders an Jordanus Nemorarius (13. Jahrhundert) anknüpfend, suchten in der zweiten Hälfte des 16. Jahrhunderts als unmittelbare Vorgänger Galileis allen voran die Italiener Geronimo Cardano, Federigo Commandino, Guidobaldo del Monte und Giovanni Battista Benedetti, ein Schüler Tartaglias, und der Niederländer Simon Stevin, gleichbedeutend als Mathematiker, Physiker und Ingenieur, die Statik weiterzuentwickeln.

Guidobaldo del Monte, ebenso wie Commandino aus Urbino hervorgegangen, jener durch die Verbindung von mathematischen mit humanistischen Studien und durch die Aufgeschlossenheit für technische Probleme besonders ausgezeichneten Stadt, und rühmlich bekannt als Förderer Galileis, schrieb 1577 eine Mechanik, in der er die Theorie der einfachen Potenzen, das sind Hebel, Rolle, Wellrad, Keil und Schraube, verbesserte. Er wandte auch das bereits in den aristotelischen «Mechanischen Problemen» angedeutete allgemeine Prinzip der virtuellen Geschwindigkeiten erfolgreich auf Hebel, Wellrad und Flaschenzug an. Guidobaldo war in seiner Statik sowohl von Archimedes als auch von den aristotelischen «Mechanischen Problemen» abhängig, unbeschadet davon, daß Archimedes und die Problemata in grundsätzlich verschiedener Weise Mechanik treiben. Die allgemeine Behandlung der Statik ganz im euklidischen Sinne ist archimedisches Erbe. Die Auffassung Guidobaldos, daß die technische Anwendung der einfachen Maschinen ein Handeln wider die Natur, eine Überlistung der Natur sei, schließt sich an die aristotelischen Problemata an.

Wir zitieren einige Sätze aus Guidobaldo del Montes zuerst 1577 erschienenen «Mechanicorum libri VI» in freier Übersetzung:

«Aus der Verbindung von Geometrie und Physik kommt die edelste aller Künste, die Mechanik ... Sie verhilft nicht allein, wie Pappus bezeugt, der Geometrie zu ihrer Vollkommenheit, sondern herrscht auch über die natürlichen Dinge, weil doch alles das, was den Handwerkern, Lastträgern, Bauern, Schiffsleuten und vielen anderen zu Hilfe kommt, und sei es auch wider das Gesetz der Natur, dem Gebiete der Mechanik unterworfen ist ... Diese Kunst übt ihre mannigfaltigen Verrichtungen oft, wie schon gesagt, wider die Natur aus oder aber ahmt diese nach.»

Die Auffassung, daß die Benutzung der einfachen Maschinen zu praktischen Zwecken ein Handeln wider die Natur sei, wurde bald danach überwunden. Galileo Galilei in seinem Werk «Le meccaniche» (1593 geschrieben) und Francis Bacon in seinem «Novum Organum» (1620), weisen darauf hin, daß der Gebrauch von Maschinen kein Handeln gegen die Natur bedeute.

An die theoretischen Erörterungen Guidobaldos, namentlich über das allgemeine Prinzip von den virtuellen Geschwindigkeiten, knüpfte unter anderen der Praktiker Buonaiuto Lorini an, Kriegsingenieur im Dienste des Cosimo de' Medici und der Republik Venedig, der es meisterhaft verstand, praktische Erfahrungen mit theoretischen Kenntnissen zu verbinden. Mancher der Ingenieure der Spätrenaissance, man denke etwa an Agostino Ramelli (1588), erging sich in seinen Schriften in Konstruktionen auf dem Papier, die nicht Rücksicht nahmen auf das Eigengewicht der Maschinenteile, auf die Steifigkeit der Seile und auf die Reibung. Da erfreute man sich am kinematischen Spiel der Mechanismen kleiner Modelle und setzte sich mit kühnen Maschinenprojekten über Fragen des praktischen Effektes, der begrenzten Materialfähigkeiten und der beschränkten Herstellungsmöglichkeiten hinweg. Lorini indes war echter Ingenieur, der sich nicht mit der konstruktiven Planung auf dem Papier oder halbwegs funktionierenden kleinen Modellen begnügte, sondern immer auch an die praktische Ausführung im Großen dachte. Aus Lorinis Werk «Delle fortificationi» von 1597, das sich weit über die technischen Bücher der Zeit hob, geben wir eine bezeichnende Stelle wieder:

«... Ich werde nur zusammenfassend, so einfach und kurz, wie ich es vermag, die Wirkungen des Hebels bei Flaschenzügen, Schrauben, beim Wellbaum und Rade zeigen. Diese Erkenntnisse tragen am meisten zum Verständnis dessen bei, was wir über die Untersuchung und Herstellung von Maschinen zu sagen haben und wie diese nicht nur nach den richtigen Proportionen zusammenzusetzen und anzuordnen sind, sondern auch, wie man mit Hilfe des Zirkels die Kraft, das heißt die Vermehrung der Hebelwirkung, auf verständliche Weise finden kann, damit man sich dann bei der wirklichen Ausführung solcher Werke nicht über ihre Leistungsfähigkeit täusche, wie es denen oft begegnet, welche sich allein auf die Leichtigkeit verlassen, womit kleine Modelle laufen, ohne daß sie über die nötigen Grundsätze Bescheid wissen. Aber ehe wir weitergehen, muß ich auf den Unterschied hinweisen, der zwischen einem rein spekulativen Mathematiker und einem praktischen Mechaniker besteht. Dieser Unterschied liegt darin begründet, daß Beweise und Verhältnisse, die von Linien, Flächen und bloß eingebildeten, materielosen Körpern abgeleitet werden, nicht mehr genau gelten, wenn man sie auf materielle Gegenstände anwendet, weil die geistigen Vorstellungen des Mathematikers nicht jenen Hinderungen unterworfen sind, die von Natur aus der Materie eigen sind, mit der der Mechaniker arbeitet. Wenn zum Beispiel aus dem mathematischen Beweis notwendig folgt, daß man eine Last mit einer Kraft, die ein Viertel der Last beträgt, heben kann, wenn der Abstand zwischen Drehpunkt und Kraft viermal so groß ist wie der zwischen Last und Drehpunkt, so müßte man beim Operieren mit materiellen Körpern, etwa mit einem Balken als Hebel, dann doch auch das Gewicht dieses Balkens in Betracht ziehen. Man muß da berücksichtigen, daß der größte Teil des Balkens auf der Kraftseite und der kleinere auf der Lastseite liegt. So wird er mit seiner größten Schwere die Kraft vermehren, die dazu dient, die Last zu heben oder im Gleichgewicht zu halten. In anderen Fällen hingegen kann die Materie auch in starkem Maße hindern, so zum Beispiel, wenn man schwere Räder, die wegen ihres ungleichen Gewichtes Widerstand leisten, um ihre Achse laufen lassen wollte. Vor allem gilt das für Räder, die auf Achsen ... sitzen, welche nicht richtig justiert und zentriert sind, was eben alles die Bewegung stören kann ... Deshalb besteht die Einsicht des Mechanikers, der anordnen und denen, die ein Werk ausführen, befehlen soll, zum größten Teil darin, daß er die Schwierigkeiten voraussieht, welche in den ganz verschiedenen Eigenschaften der Stoffe begründet liegen, mit denen man arbeiten muß» (Übers. von Klemm).

Die mehr sachliche Einstellung in der Technik, die der Renaissanceepoche eigen war – Biringuccio, Agricola und Lorini sind Beispiele –, wich in der Folgezeit mehr und mehr. Bereits in der Spätrenaissance machte sich hier und da ein stärkerer Zug zu phantasiereicher Projektemacherei geltend, der manchmal, wenn auch einige positive Ergebnisse dabei nicht zu leugnen sind, den Boden der Wirklichkeit unter den Füßen verlor. Diese Betrachtung leitet über zur Barockzeit.

Vierter Teil

Die Barockzeit

Einleitung

Die Zeit des Barocks bedeutete in der Geschichte der Technik eine Epoche der Vorbereitung zu wesentlich neuen Entwicklungen. Die reichen Früchte jener Periode namentlich im Felde der physikalischen Wissenschaften sollten in der Folgezeit, vor allem der zweiten Hälfte des 18. Jahrhunderts, in ihrer Anwendung der Technik ungemeine Förderung bringen. Die großen Erfolge der neuen messenden, auf reiner Außenerfassung beruhenden Physik Galileis, die tiefen physikalischen und astronomischen Erkenntnisse Keplers, die ausgezeichneten theoretischen und experimentellen Ergebnisse der mathematischen und physikalischen Arbeiten eines Leibniz, Huygens und Newton rückten die mathematische Methode als ein hervorragendes Instrument der Welterkenntnis in den Vordergrund. Die großen Philosophen jener Zeit, voran die Descartes, Spinoza und Leibniz, bedienten sich ihrer, ein «klares und deutliches» Gesamtbild der Wirklichkeit zu gewinnen. Das 17. Jahrhundert war die Epoche der großen, mathematisch bestimmten, rationalen Systeme. Demgegenüber rückte das 18. Jahrhundert, zumindest seit seiner Mitte, von den großen rationalen Systemen ab, die doch der Fülle der Tatsachen nicht gerecht werden konnten, und wandte sich einem auf die Einzeltatsachen gerichteten empiristischen Rationalismus zu. Wir werden im Abschnitt über das Zeitalter der Aufklärung noch darauf zu sprechen kommen.

Der der Barockzeit eigene Einbruch des Dynamischen in die mehr durch statische Formelemente bestimmte Welt der Renaissance kennzeichnete sich ebenso in den von Kraft durchpulsten und von Spannungen erfüllten Schöpfungen der Kunst wie in der neuen Dynamik Galileis, der Blutkreislauflehre Harveys, der analytischen Geometrie Fermats und Descartes', der dynamistischen Körpervorstellung Leibnizens und dem von Newton und Leibniz erfundenen Infinitesimalkalkül. Das 17. Jahrhundert ersetzte die Spontaneität in der Natur mehr und mehr durch die Regeln des Mechanismus und gelangte so zuerst zur eigentlichen Konzeption einer Naturgesetzlichkeit. Zugleich wurde erkannt, daß auch das technische Schaffen im Einklang mit dem Naturgesetz stehen muß. Allerdings galt das Naturgesetz im 17. Jahrhundert noch als eine göttliche Satzung, eine lex divina. Erst im 18. Jahrhundert wurde auch dieser Begriff säkularisiert. Der Konzeption einer Naturgesetzlichkeit entsprach im politischen Bereiche das Streben nach allgemeingültigen Rechtssätzen, die keine individuelle Ausnahme zulassen. Dies war wichtig für die Ausbildung eines brauchbaren Privilegienwesens im Bereiche erfinderischer Tätigkeit, das seinerseits die Entwicklung der Technik wesentlich beeinflußte.

Aus der aufblühenden experimentellen Forschung im Barockzeitalter erwuchs eine Reihe wissenschaftlicher Instrumente und Apparate, von denen wir nur Mikroskop, Fernrohr, Barometer, Rechenmaschine, Luftpumpe, Pendeluhr und Thermometer nennen wollen. Der Einzug eines solchen Instrumentariums, das in jenen Tagen noch vom Forscher selbst oder unter dessen Leitung hergestellt wurde, bedeutete eine weitgehende Technisierung der Forschung. Hinzu kam als ein weiteres Geschenk des Barocks aus dem ihm eigenen Geiste der Dynamik und Kontinuität an die reine und angewandte Forschung der neue Infinitesimalkalkül, der sich in seiner Anwendung auf physikalische und später technische Probleme als ungemein nützliches Geisteswerkzeug erwies.

Im Forschungsbetrieb der zweiten Hälfte des 17. Jahrhunderts traten auch die ersten wirklich bedeutsamen wissenschaftlichen Gesellschaften, wie die Londoner Royal Society und die Pariser Akademie der Wissenschaften, und die ersten gelehrten Zeitschriften hervor. Es zeigte sich überhaupt ganz allgemein das Streben zum Zusammenschluß, das sich auch in den mehr privater Initiative zu dankenden Handelsgesellschaften der Zeit ausdrückte. Experimentelle Naturforschung und technisches Schaffen, zumindest soweit es sich um wesentliche Neuerungen handelte, die den aufs Nützliche gerichteten Bestrebungen der Zeit entgegenkamen, spielten bei den wissenschaftlichen Korporationen und in den gelehrten Journalen eine hervorragende Rolle.

Gegenüber der Renaissance machte sich in der Barockzeit, namentlich in Deutschland, ein größerer Reichtum an Phantasie und ein stärkerer Sinn für das Sonderliche und Rätselhafte geltend. Die blühende Phantasie der Zeit offenbarte sich zuweilen auch im Technischen, besonders in der Neigung zu krausen Projekten und mannigfaltigen technischen Spielereien, die vornehmlich in höfischen Kreisen beliebt waren. Aber neben Ideenreichtum, Phantasie und Hang zum Übersinnlichen war dem Menschen des Barocks zugleich doch auch rationaler Sinn mit praktisch wirtschaftlicher Einstellung eigen.

Hinsichtlich der angewandten Vorrichtungen und Materialien bewegte sich die Technik des 17. Jahrhunderts noch ganz in den Bahnen der vorausgehenden Zeit. In den einfachen Kraftmaschinen der Wasserräder, Windmühlen, Trettrommeln und Göpelwerken wurden die elementaren Kräfte des Wassers, des Windes und der menschlichen und tierischen Muskeln angewandt. Das Holz war in überragendem Maße der Werkstoff, aus dem man diese einfachen Maschinen baute. Wo im Rahmen der kriegerischen, höfischen oder merkantilistischen Erfordernisse der absolutistischen Fürsten jener Zeit große technische Aufgaben zu lösen waren, suchte man durch bloße

Multiplizierung der einfachen technischen Mittel und entsprechende Organisation zum Ziele zu gelangen, wenn auch die zweite Hälfte des 17. Jahrhunderts bereits die ersten Versuche der Entwicklung wesentlich neuer technischer Vorrichtungen, insbesondere völlig andersgeartete Antriebsmittel, hervortreten ließ. Die Mechanisierung des Weltbildes überhaupt und die merkantilistischen Tendenzen des 17. Jahrhunderts führten auch zu einer Mechanisierung der menschlichen Arbeit. In den sich stärker entwickelnden Manufakturen, die an sich noch im allgemeinen mit den herkömmlichen einfachen technischen Mitteln arbeiteten, wurde durch Arbeitszerlegung und Organisation eine Produktionssteigerung erstrebt. Die Arbeit des einzelnen verlor in der Manufaktur, wohl abgesehen von den rein kunstgewerblichen Unternehmungen, an Inhalt; wesentlich wurde mehr oder weniger die Quantität des Geleisteten. Die Manufaktur, besonders da, wo nicht der Staat, sondern ein einzelner als Unternehmer auftrat, bedeutete eine Durchkreuzung der alten statischen Wirtschaftsordnung mit ihren festen Grenzen der Erwerbsmöglichkeiten durch die Dynamik eines fortschreitenden, unbeschränkten Erwerbsstrebens.

Einen wesentlichen Faktor bei der Intensivierung der experimentellen Naturforschung, bei der Steigerung des Strebens, Macht über die Natur durch technisches Wirken zu erlangen, und bei der starken Aktivierung wirtschaftlicher Kräfte namentlich seit der zweiten Hälfte des 17. Jahrhunderts muß man in der besonderen praktischen Ethik des Calvinismus mit seiner ausgesprochenen Weltzugewandtheit erblicken. Die Länder mit ganz oder teilweise calvinistischer Bevölkerung, voran die nördlichen Niederlande, England mit seinen puritanischen Freikirchen, die vornehmlich mittlere Schichten umfaßten, und Frankreich bis 1685 mit seinem wissenschaftlich und wirtschaftlich regsamen Hugenottentum waren Gebiete bedeutsamer wissenschaftlicher, technischer und wirtschaftlicher Entwicklung. Auch an den schon erwähnten wissenschaftlichen Gesellschaften und gelehrten Zeitschriften des letzten Drittels des 17. Jahrhunderts hat das calvinistische Element überragenden Anteil. Es waren also religiöse Kräfte, die hier im Bereiche einer ausgesprochenen vita activa wirksam wurden. Wir werden auf diese Zusammenhänge noch zurückkommen. Im 18. Jahrhundert trat im Zuge fortschreitender Säkularisierung das religiöse Moment allerdings zurück, wie auch im übrigen der der Barockzeit eigentümliche Hang zum Metaphysischen, der sich allerdings immer zugleich mit starkem Sinn für das Reale, Wirtschaftliche und Rationale verband, einem einseitigen Utilitarismus und empiristischen Rationalismus weichen mußte.

Technik und Patentwesen

Für die Entwicklung der Technik war die Ausbildung eines geregelten Patentwesens von hervorragender Bedeutung. Privilegien auf Erfindungen, die dem Erfinder Schutz vor Nachahmung gewähren sollten, begegnen uns vereinzelt bereits im Mittelalter. Doch erst zu Beginn der Neuzeit entwickelte sich ein Patentsystem, so in Venedig zu Ende des 15. Jahrhunderts. Im 16. Jahrhundert bildeten sich besonders in den Niederlanden und in Kursachsen feste Formen der Gewährung von Erfinderfreiheiten heraus, wobei meist Neuheit und Nützlichkeit der Erfindung verlangt wurden, wie wir schon oben hervorhoben. Auch kaiserliche Patente für das ganze Reichsgebiet wurden bereits seit dem 16. Jahrhundert erteilt. Die bedeutsame Entwicklung des deutschen Erfindungsschutzes in der zweiten Hälfte des 16. Jahrhunderts wurde im 17. Jahrhundert durch den Dreißigjährigen Krieg unterbunden. In England führte das Unterhaus vom Ende des 16. Jahrhunderts an einen Kampf gegen den Mißbrauch der Krone, Privilegien nach Belieben auch für den Handel mit allen möglichen Waren, besonders solchen des täglichen Bedarfs, zu vergeben. In einem Streit E. Darcys, der ein königliches Privileg von 1598 auf Einführung, Herstellung und Verkauf von Spielkarten besaß, gegen Th. Allen, der dieses Privileg verletzte, hielt Allens Advokat Fuller vor Gericht eine bedeutsame Rede, in der er mit Nachdruck hervorhob, daß Privilegien einzig und allein berechtigt seien für den, der mit einer eigenen neuen Erfindung hervortrete, die dem Staate nütze. Der Kampf gegen die Krone in der Frage der mißbräuchlichen Privilegienerteilung zeigt, wie der englische Bürger schon früh bestrebt war, um seine natürlichen Rechte zu streiten. Aus Fullers historisch bedeutsamer Rede von 1602 vor dem Königlichen Gerichtshof in London bringen wir einen Passus:

«... Künste und Fertigkeiten der handwerklichen Betätigung leiten sich nicht von der Königin her, sondern von der Arbeit und von dem Gewerbefleiß der Menschen. Durch Gottes Gaben führen sie zum Wohle des Staates und des Königs; und es ist die rechte Pflicht eines Königs, sagt H. Bracton, niemand zu verschmähen, sondern jedermann dem Gemeinwesen nutzbar zu machen ...
Alle Patente, die den König und seine Untertanen betreffen, müssen eine richterliche Erklärung und Bewilligung erhalten, inwieweit sie rechtmäßig sind oder nicht, und die Richter müssen sich bei der Ausstellung der Patentbriefe leiten lassen nicht von den genauen Worten der Bewilligung, sondern von den Gesetzen des Königreichs und denen Gottes sowie von der Rücksicht auf die alte Freiheit ...
Ich will Ihnen zeigen, wie die Richter ehemals Monopolpatente gebilligt haben. Sie billigten sie, wo jemand durch seine eigene Mühe und Betriebsamkeit auf eigene Kosten kraft seines Erfindungsgeistes in das Königreich ein neues Gewerbe oder eine Maschine einführte, die der Förderung eines Gewerbes diente und vorher nicht benutzt worden war. Wenn dies zum Wohl des Staates geschieht, so möge der König in einem solchen Falle dem Erfinder, in Erwägung des Nutzens, den er durch seine Erfindung dem Gemeinwesen bringt, ein Monopolpatent auf angemessene Zeit gewähren,

bis die Untertanen diese Erfindung erlernt haben. In einem anderen Falle aber nicht» (Übers. von Klemm).

Unter Jakob I. fand 1624 im «*Statut über die Monopole*» die Privilegienfrage ihre gesetzliche Regelung, indem bestimmt wurde, daß die Krone nur dem ersten Erfinder neuer Erzeugnisse oder Verfahren, die zudem dem Staate nützlich sind, Patente erteilen darf:

«... Patente und Privilegien sind künftig innerhalb dieses Königreichs auf die Dauer von vierzehn Jahren oder weniger nur für die Herstellung irgendwelcher Art neuer Gewerbeerzeugnisse oder die Anwendung neuer Verfahren dem wirklichen und ersten Erfinder dieser Produkte oder Prozesse zu gewähren, die von anderen zur Zeit des Erlasses des Patents nicht benutzt werden. Dies gilt, insoweit die Patente nicht dem Gesetze zuwiderlaufen oder dem Staate dadurch schaden, daß sie die Preise der heimischen Bedarfsgüter in die Höhe treiben, den Handel benachteiligen oder im allgemeinen unzuträglich sind. Die besagten vierzehn Jahre sind vom Zeitpunkt der ersten Patenterteilung oder Privilegiengewährung an zu rechnen ...» (Übers. von Klemm).

Allerdings blieb die Vergebung eines Erfinderprivilegs noch immer ein Gnadenakt der Krone; erst Ende des 18. Jahrhunderts wurde dem Erfinder ein Rechtsanspruch auf ein Patent für seine Erfindung eingeräumt. Immerhin wirkte sich die frühe einheitliche Regelung der Privilegienfrage fördernd auf die Entwicklung der Technik in England aus. Goethe konnte so mit Recht vom Engländer sagen:

«Das Erkennen und Erfinden sehen wir als den vorzüglichsten selbsterworbenen Besitz an und brüsten uns damit. Der kluge Engländer verwandelt ihn durch ein Patent sofort in Realitäten und überhebt sich dadurch alles verdrießlichen Ehrenstreits.»

An anderer Stelle hob er hervor:

«Der Engländer ist Meister, das Entdeckte gleich zu nutzen, bis es wieder zu neuer Entdeckung und frischer Tat führt. Man frage nur, warum sie uns überall voraus sind?»

Wissenschaft und Technik

Im 17. Jahrhundert trat das Naturreich gleichwertig neben die Menschenwelt, während ihm das Mittelalter nur eine untere Stufe eingeräumt hatte. Die Naturwissenschaft löste sich mehr und mehr von der Theologie. Die Natur wurde zum ausgesprochenen Wirkungsfeld des Menschen. Allerdings waren zunächst auch hier noch religiöse Bindungen wirksam. Schon am Anfang des Jahrhunderts suchte Francis Bacon einer Naturwissenschaft, deren eigentliches Ziel die Machtentfaltung über die Natur durch technische Mittel sein sollte, theoretisch den Weg zu weisen. In seinem «Novum Organum» schreibt er 1620:

«Es handelt sich nicht bloß um das Glück der Wissenschaften, sondern in Wahrheit um die Lage und das Glück der Menschheit und um die Macht zu allen Werken. Denn der Mensch, als Diener und Dolmetscher der Natur, wirkt und erkennt nur so viel, als er von der Ordnung der Natur durch seine Werke oder seinen Geist beobachtet hat; darüber hinaus weiß und vermag er nichts. Denn keine Kraft vermag die Kette der Ursächlichkeit zu lösen oder zu brechen, und sie wird nur besiegt, wenn man ihr gehorcht. Deshalb fallen jene Zwillingsziele, die menschliche Wissenschaft und die menschliche Macht, in eins zusammen, und die meisten Werke mißlingen aus Unkenntnis der Ursachen.

Wissen und Können fallen bei dem Menschen in eins, weil die Unkenntnis der Ursache die Wirkung verfehlen läßt. Die Natur wird nur durch Gehorsam besiegt.

Das wahre und rechte Ziel der Wissenschaften ist aber, das menschliche Leben mit neuen Erfindungen und Mitteln zu bereichern.

Nun beruht aber die Herrschaft des Menschen über die Dinge bloß auf den Künsten und Wissenschaften. Denn man kann der Natur nur gebieten, wenn man ihr gehorcht» (Übers. von J. H. von Kirchmann, 1870).

In seiner Utopie «New Atlantis» wagte Bacon 1627 einen Blick in die Zukunft eines auf Grund emsiger empirischer Forschung erweiterten Herrschaftsbereiches der Menschheit:

«*Beschreibung des Hauses Salomos.* Zweck unserer Gründung ist die Erkenntnis der Endursachen und verborgenen Bewegungen der Dinge und die Erweiterung der Grenzen menschlicher Herrschaft . . .

Wir besitzen auch Maschinenhäuser, wo Maschinen und Vorrichtungen für jede Art von Bewegungen bereitstehen. Dort versuchen wir schnellere Bewegungen zu bewirken, als ihr sie in euren Musketen oder durch irgendeine andere Maschine erzeugt. Wir bemühen uns, die Bewegungen durch Räder und andere Mittel reibungsloser und wirksamer zu erhalten, und wir streben danach, sie stärker und kräftiger zu machen, als ihr das mit euren größten Geschützen und Feldschlangen vermögt. Wir stellen auch schwere Geschütze, Kriegsgeräte und Maschinen aller Art her sowie neue Pulvermischungen, griechisches Feuer, das auf dem Wasser brennt und nicht verlöscht, und die verschiedensten Feuerwerkskörper, sowohl für vergnügliche als auch für nützliche Zwecke. Auch den Flug der Vögel ahmen wir nach. Wir haben verschiedene Vorkehrungen für den Flug durch die Luft. Wir haben Schiffe und Boote, die unter Wasser fahren können und besonders seetüchtig sind. Auch Schwimmgürtel und andere Tragevorrichtungen fürs Wasser besitzen wir. Wir haben verschiedene kunstreiche Uhren und andere Instrumente mit hin- und hergehender und sogar immerwährender Bewegung. Wir ahmen auch die Bewegung lebender Wesen nach durch Nachbildungen von Menschen, vierfüßigem Getier, Vögeln, Fischen und Schlangen. Auch zahlreiche andere Triebwerke besitzen wir, die durch Gleichmäßigkeit, Eleganz und Feinheit auffallen» (Übers. von Klemm).

Wie bei Bacon, so nahm im Denken auch vieler anderer bedeutender Philosophen und Naturforscher des 17. Jahrhunderts die Technik eine wesentliche Stellung ein. Galileo Galilei, der Begründer der neuen Dynamik, ging bei seinen Arbeiten zum guten Teil von technischen Fragestellungen aus. In seinem Schaffen war die Tradition der Florentiner Werkstätten der experimentierenden Meister der Renaissance noch wirksam. In Pisa und Florenz trieb er mancherlei physikalische Studien, welche die Vereinigung von experimenteller Forschung und technischer Anwendung erkennen lassen, und später in Padua, wo er seit 1592 an der Universität lehrte, beschäftigte ihn nebenher eine Fülle technischer Probleme, wie Fortifikationswesen, Bewässerungstechnik, die Mechanik einfacher Maschinen, ein vielseitig brauchbarer Proportionalzirkel und die Materialprüfung. Die berühmten «Discorsi e dimostrazioni matematiche intorno a due nuove scienze attenente alla meccanica ed ai movimenti locali» (Unterredungen und mathematische Demonstrationen über zwei neue Wissenschaften, die Mechanik und die Ortsbewegung) von 1638 handeln, wie es schon der Titel angibt, von zwei neuen Wissensgebieten, der Physik des bewegten Körpers und der Mechanik, worunter Galilei hier die technische Mechanik versteht. Die «Discorsi» beginnen im werktätigen Milieu des Arsenals von Venedig, das schon 1104 gegründet wurde und das bereits gegen Ende des Mittelalters als einer der größten geschlossenen Industriebetriebe 1000 bis 2000 Arbeiter beschäftigte. Galilei hatte das Arsenal oft besucht. Wir geben den Anfang des ersten Dialogs der «Discorsi» wieder, wo dargelegt wird, daß die Festigkeit kleiner Maschinen größer ist als die der großen Maschinen gleichen Materials und gleicher Proportionen:

Salviati: Die unerschöpfliche Tätigkeit Eures berühmten Arsenals, Ihr meine Herren Venetianer, scheint mir den Denkern ein weites Feld der Spekulation darzubieten, besonders im Gebiete der Mechanik, da fortwährend Maschinen und Apparate von zahlreichen Künstlern ausgeführt werden, unter welch letzteren sich Männer von umfassender Kenntnis und von bedeutendem Scharfsinn befinden.
Sagredo: Sie haben vollkommen recht, mein Herr; und ich, der ich von Natur wißbegierig bin, komme häufig hierher, und die Erfahrung derer, die wir wegen ihrer hervorragenden Meisterschaft ‹die Ersten› nennen, hat meinem Verständnis oft den Kausalzusammenhang wunderbarer Erscheinungen eröffnet, die zuvor für unerklärbar und unglaublich gehalten wurden. Und wirklich war ich oft verwirrt und verzweifelt darüber, daß so viele Dinge der Erfahrung nicht erklärt werden konnten, Dinge, die sogar sprichwörtlich bekannt sind, wie denn manche vulgäre Meinung geäußert wird, um etwas über Dinge zu sagen, die die guten Leute selbst nicht fassen können.
Salviati: Sie denken vielleicht an jenen Satz, den ich Ihnen neulich vortrug, als wir ein Verständnis dafür suchten, weshalb man ein so viel größeres Gerüste erbaut, um jene große Galeere vom Stapel zu lassen, während man sie lange nicht in demselben Maße kleiner für kleinere Schiffe gebraucht, wobei Sie bemerkten, es geschehe das, um die Gefahr des Zerbrechens durch den Druck der ungeheuren Last zu vermeiden, ein Umstand, dem die kleinen Holzmassen nicht ausgesetzt seien.
Sagredo: Deshalb und besonders aus Ihrem letzten Argument, welches das gewöhnliche Volk falsch auffaßt, habe ich nun eingesehen, daß in diesen und anderen ähnlichen Fällen man nicht ohne weiteres vom kleinen Maßstab auf den großen schließen dürfe; manche Maschine gelingt im kleinen, die im großen nicht bestehen könnte. Indes alle Begründung der Mechanik basiert auf Geometrie. In dieser aber gelten die Sätze von der Proportion aller Körper. Wenn nun eine große Maschine in allen Teilen ähnlich der kleinen gebaut wird und die letztere als fest und widerstandsfähig erwiesen ist, so sehe ich doch nicht ein, warum dennoch eine Gefahr gefürchtet wird.

Salviati: ... Ich will von aller Unvollkommenheit absehen und will die Materie als ideal vollkommen annehmen und als unveränderlich und will zeigen, daß bloß, weil es eben Materie ist, die größere Maschine, wenn sie aus demselben Material und in gleichen Proportionen hergestellt ist, in allen Dingen der kleinen entsprechen wird, außer in Hinsicht auf Festigkeit und Widerstand gegen äußere Angriffe: je größer, um so schwächer wird sie sein. Und da ich die Unveränderlichkeit der Materie voraussetze, kann man völlig klare, mathematische Betrachtungen darauf bauen. Geben Sie daher, Herr Sagredo, Ihre von vielen Mechanikern geteilte Meinung auf, als könnten Maschinen aus gleichem Material, in genauester Proportion hergestellt, genau gleiche Widerstandsfähigkeit haben. Denn man kann geometrisch beweisen, daß die größeren Maschinen weniger widerstandsfähig sind als die kleineren, so daß schließlich nicht bloß für Maschinen und für alle Kunstprodukte, sondern auch für Objekte der Natur eine notwendige Grenze besteht, über welche weder Kunst noch Natur hinausgehen kann: wohlverstanden, wenn stets das Material dasselbe und völlige Proportionalität besteht» (Übers. von A. von Oettingen, 1890).

Im zweiten Dialog seiner «Discorsi» gab Galilei unter anderem eine für die Entwicklung der Festigkeitslehre grundlegende Ableitung der Bruchfestigkeit eines einseitig eingespannten (unbiegsamen) Balkens. Hier wurde versucht, technischen Problemen in wissenschaftlicher Weise quantitativ zu Leibe zu rücken. An Galileis neue, für eine rationale Technik grundlegende Wissenschaft von der Festigkeit der Materialien knüpften Coulomb 1773 und Navier 1826 mit bedeutsamen Untersuchungen an. Sie berücksichtigten dabei auch die Elastizität des Materials, was Galilei noch nicht getan hatte.

Ein Jahr vor Galileis «Discorsi» war der «Discours de la méthode» (1637) René Descartes' erschienen. Descartes entwickelte darin die Grundlagen einer rationalistischen, mathematischen Naturerkenntnis. Die durch diese Methode gewonnenen wissenschaftlichen Erkenntnisse aber galt es für ihn anzuwenden zum Zwecke einer Naturbeherrschung. Wir zitieren nur zwei charakteristische Sätze:

«Einige allgemeine Begriffe in der Physik haben mir die Möglichkeit gezeigt, Ansichten zu gewinnen, die für das Leben sehr fruchtbringend sein würden, und statt jener theoretsichen Schulphilosophie eine praktische zu erreichen, wodurch wir die Kraft und die Tätigkeit des Feuers, des Wassers, der Luft, der Gestirne, der Himmel und aller übrigen uns umgebenden Körper ebenso deutlich als die Geschäfte unserer Handwerker kennenlernen und also imstande sein würden, sie ebenso praktisch zu allem möglichen Gebrauch zu verwerten und uns auf diese Weise zu Herrn und Eigentümern der Natur zu machen. Und das ist nicht bloß wünschenswert zur Erfindung unendlich vieler mechanischer Künste, kraft deren man mühelos die Früchte der Erde und alle deren Annehmlichkeiten genießen könnte, sondern vorzugsweise zur Erhaltung der Gesundheit, die ohne Zweifel das erste Gut ist und der Grund aller übrigen Güter dieses Lebens» (Übers. von Kuno Fischer).

Descartes' strenge Methode rationalistischer Erkenntnis war, wie die naturwissenschaftliche Philosophie des 17. Jahrhunderts überhaupt, zum Teil von dem durch seine konsequente und strenge Art der Lebensführung und sein Verlangen nach nützlicher Betätigung ausgezeichneten Calvinismus beeinflußt, wie andererseits der Cartesianismus besonders im calvinistischen Holland Boden fand. Der gemeinsame Zug des Calvinismus jener Zeit und des Cartesianismus zum Nützlichen, zur technischen Wirksamkeit, die den Menschen zum «Herrn und Eigentümer der Natur» machen sollte, spielte dabei eine wesentliche Rolle.

Bei der praktischen Ausführung nützlicher Maschinen für technische Arbeit und brauchbarer Apparate und Instrumente für die naturwissenschaftliche Forschung ergaben sich allzuoft Schwierigkeiten. Die Verwirklichung der konstruktiven Idee fand vielfache Hindernisse im ungeeigneten Material und in den beschränkten Bearbeitungsmöglichkeiten. So mühte sich Guericke mit seinen Handwerkern, in einem zylindrischen Gefäß einen Kolben dicht einzupassen. Und Blaise Pascal klagte darüber, wie schwierig es war, eine von ihm erdachte Rechenmaschine wirklich auszuführen.

In einem Widmungsbrief, mit dem der 22jährige Pascal dem Kanzler Séguier 1645 eine Rechenmaschine überreichte, sagt er:

«... Da ich nicht die Geschicklichkeit besaß, mit Metall und Hammer ebenso umzugehen wie mit Feder und Zirkel, und da die Handwerker mehr vertraut waren mit der praktischen Ausübung ihrer Kunst als mit den Wissenschaften, auf denen sich diese gründet, so sah ich mich genötigt, mein ganzes Vorhaben aufzugeben, das mir nur vielerlei Mühe, aber keinen Erfolg brachte. Jedoch Ew. Gnaden, mein Herr, gaben mir wieder Mut, der schon im Sinken gewesen war, und erwiesen mir die Gnade, von der einfachen Zeichnung, die Ihnen meine Freunde vorgelegt hatten, mit Worten zu sprechen, welche mich alles ganz anders sehen ließen, als es mir vorher erschienen war. Mit den neuen Kräften, die Ihre Lobsprüche mir gaben, machte ich neue Anstrengungen, und indem ich jede andere Arbeit aufgab, hatte ich nur noch den Bau dieser kleinen Maschine im Sinn, die ich Ihnen, gnädiger Herr, zu überreichen gewagt habe, nachdem ich sie so hergerichtet habe, daß sie aus sich allein und ohne irgendwelche geistige Arbeit die Operationen aller Gebiete der Arithmetik ausführt, ganz wie ich mir das vorgenommen hatte ...» (Übers. von Klemm).

Der Pascalschen Rechenmaschine (Abb. 42) von 1645 zum Addieren und Subtrahieren war schon 1623 eine Rechenmaschine vorausgegangen, die der Tübinger Orientalist und Astronom Wilhelm Schickard geschaffen hatte. Sie diente der Addition und – mit Hilfe zusätzlicher Rechenstäbchen – auch der Multiplikation (Abb. 43). Später, von 1671 bis 1694, entwickelte G. W. Leibniz eine Rechenmaschine mit Staffelwalze zur Ausführung von Vervielfältigungsaufgaben. Leibniz kannte übrigens auch das Sprossenrad, das später ebenfalls in Rechenmaschinen angewandt wurde. Die Rechenmaschinenerfindungen des 17. Jahrhunderts zeugen von dem Streben, dem Menschen durch die Maschine nicht nur körperliche Arbeit, sondern auch einfache geistige Tätigkeit abzunehmen. Die großen elektronischen Rechenmaschinen von heute mit ihren vielfachen Möglichkeiten sind Nachfahren der einfachen Apparate Pascals und Leibnizens.

42: Pascals Rechenmaschine. Kupferstich, 1735.

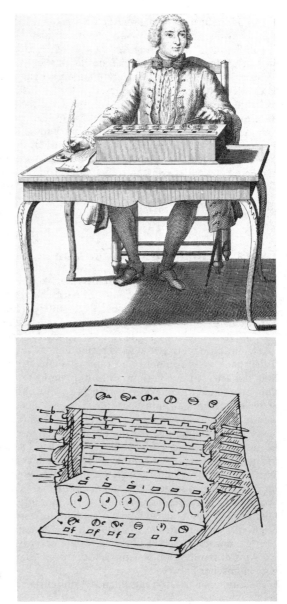

43: Rechenmaschine von Wilhelm Schickard. Zeichnung, 1624.

Das 17. Jahrhundert dehnte die Gedanken der neuen Mechanik auch auf die Lebewelt aus. Santorre Santorio unternahm es 1614, die Perspiratio insensibilis, die Ausdünstung der menschlichen Haut, mit der Waage zu bestimmen. Harvey, der Entdecker des Blutkreislaufs, suchte 1628 die Blutbewegung als einen in der Zeit verlaufenden Vorgang quantitativ, also ganz im Sinne der Dynamik, zu erfassen. Das Herz wurde mit einer hydraulischen Maschine verglichen. Giovanni Alfonso Borelli schickte sich 1680/85 an, auf die Bewegung der Organismen die Grundsätze der Mechanik anzuwenden. Der Arm wurde als Hebel, das Herz als Pumpe aufgefaßt. Bei seinen Betrachtungen betonte Borelli 1680, daß man aus der Kenntnis der mechanischen «Kunstgriffe», welche die Natur bei den verschiedenen tierischen Organismen anwendet, Nutzen ziehen könne für die Fragen der menschlichen Technik. Auch hier tritt also der dem 17. Jahrhundert eigene Gedanke einer technischen Anwendung wissenschaftlicher Erkenntnisse zu allgemeinem Nutzen wieder hervor.

Phantasie und Wirklichkeitssinn

Im Menschen des Barocks wohnten Wirklichkeitssinn und verstiegene Phantasie oft eng beieinander. Gerade der deutschen Barockgeistigkeit war eine Zweiheit von tief ins Metaphysische gerichtetem Sinn und stark aufs Wirtschaftliche und Nützliche abgestimmten Tendenzen eigen. So trachtete der um die Glastechnik verdiente Johann Kunckel, der 1679 seine einflußreiche «Ars vitraria experimentalis» veröffentlichte, bei seiner Arbeit mit Nachdruck nach «Experimenta und rationes» und strebte mit wirtschaftlichem Sinn danach, mit den geringsten Mitteln und Kosten das bestmögliche Produkt zu erzeugen. Und doch vermochte sich Kunckel an anderer Stelle von Schwärmerei und alchimistischen Neigungen nicht zu befreien. Geistig verwandt mit Kunckel waren zwei deutsche Chemiker und Technologen, der ältere J. R. Glauber und der über 30 Jahre jüngere Johann Joachim Becher. Beide, temperamentvoll und unstet, wirkten auf technischem und chemisch-technologischem Gebiete immer im Hinblick auf eine Hebung der deutschen Wirtschaftskraft. Glauber suchte während der Notzeiten nach dem Dreißigjährigen Krieg in seinem «Opus minerale» und in dem Werk «Teutschlands Wohlfahrt» mit beredten Worten «Gott zu Ehren und dem Vaterland zu Diensten» für eine ausgedehnte Verwendung der einheimischen Rohstoffe Deutschlands einzutreten. Auch sein hochtönend angepriesenes sal artis oder sal mirabile, das Glaubersalz, wollte er wirtschaftsnützlich anwenden. Zu Amsterdam betrieb er sein Laboratorium Glauberianum, eine Art kleiner chemischer Fabrik.

In Glaubers Schrift «Teutschlands Wohlfahrt» (Tl. 5, 1660) lesen wir:

«Deutschland ist von Gott sonderlich hoch begabt mit allerhand Bergwerken vor anderen Ländern und Königreichen ... Warum sind wir so schlecht, daß wir unser Kupfer nach Frankreich oder Spanien und das Blei nach Holland und Venedig schikken, Spanischgrün und Bleiweiß daraus zu machen, denen wir es hernach so teuer wiederum abkaufen müssen. Ist unser Holz, Sand und Asche in Deutschland nicht so gut, kristallinisches Glas daraus zu machen, als jenes zu Venedig oder Frankreich? Und was dergleichen Dinge viel sind, welche besser in Deutschland zu zeugen als in anderen Königreichen ... Woher ist sonst vordem Venedig und zu unserer Zeit Amsterdam in Holland so groß und mächtig geworden als durch erfahrene und verständige Menschen, welche sie zu sich gezogen, gute Inventionen und künstliche Manufakturen dadurch erlernet, welche sie in großer Menge in die ganze Welt durch ihre Schiffahrt ausgeführt und das Gold und Silber dagegen mit Haufen ins Vaterland gebracht? Es ist viel besser, daß man andern zu verkaufen habe als von andern kaufen müsse. Was mangelt uns in Deutschland, das uns Gott und die Natur nicht reichlich und überflüssig zu aller Notdurft dareingegeben, wenn wir's nur verstünden oder verstehen wollten?... Ich werde ... aller Welt bekanntmachen, daß ich die nützlichsten und vornehmsten geheimen Mittel ... dieses Jahr in meinem Laboratorio publico et privato hohen und auch niedrigen Personen zu demonstrieren vorgenommen ... Erstlich, wie aus unbeachteten und allenthalben zu findenden Substanzen ein guter Salpeter zu bereiten. Zum andern, wie durch den Salpeter das flüchtige und auch fixe Gold, Silber und Kupfer ohne zu schmelzen aus den Erzen mit großem Nutzen leicht in Fülle zu ziehen. Zum dritten soll auch gezeigt werden, daß die Alchimie wahrhaftig und kein Traum, Phantasie oder Betrug sei, gleichwie dieselbe bisher von dem größten, unwissenden Haufen fälschlich ausgerufen worden. Sondern daß alle geringen und unbeachteten Metalle und Mineralien, als da sind Blei, Eisen, Kupfer, Zinn, auch Wismut, Kobalt, Zink, Galmei, Markasit oder Schwefelkies und andere flüchtige unbeachtete Bergarten, allein durch Feuer und Salz, fix und zeitig (reif) zu machen, daß mit großem Nutzen und doch wenig Kosten viel beständig Gold und Silber darauszuziehen ... Und erstlich den Salpeter betreffend, was für eine nützliche und auch sehr notwendige Substanz er sei, ja aller Welt genug bekannt ist, also daß dessen nimmer zuviel sein könnte, der nicht mit gutem Nutzen sollte können angewandt und verbraucht werden. Zu schweigen, daß man solchen zur Bereitung des Büchsenpulvers als eine starke Waffe gegen des Landes Feind gar nicht entbehren kann. So sind doch große Schätze von Gold und Silber dadurch aus allen armen Erzen, welche die Schmelzkosten nicht ertragen können, dem Vaterland zum Besten häufig auszuziehen ... Und es wächst das Korn, Wein und alle Baumfrüchte viel häufiger, wenn das Korn vor dem Säen darin eingeweicht und nur ein wenig davon den Wurzeln der Bäume und Weinstöcke beigetan wird, und es werden auch alle Früchte, so davon hervorwachsen, viel eher zeitig (reif) ...»

Die Barockzeit war die Epoche der von Hof zu Hof ziehenden Projektemacher, bei denen zwischen der Idee und den praktischen technischen Möglichkeiten oft eine unüberbrückbare Kluft lag. Den alchimistischen Strebungen der Zeit entsprachen auf dem Gebiete der Maschinentechnik die Planungen oft krauser Mechanismen, unter denen auch das Perpetuum mobile, die Maschine mit immerwährender Bewegung, nicht fehlte (Abb. 44).

44: Perpetuum mobile (Wirbel- oder Schneckenkunst mit Schleifrädern). Bei dieser Vorrichtung mit Wasserrad, archimedischer Schraube und Schleifrädern ist immer dieselbe bestimmte Wassermenge im Umlauf. Kupferstich, 1629.

Technik und Freikirchentum

Wir betonten schon oben, daß im 17. Jahrhundert die Länder mit reformierten Kirchen und Sekten, in denen die Lehre Calvins wirksam war, einen wesentlichen Anteil am Aufschwung der experimentellen Naturwissenschaften und ihrer Anwendung zu nützlichen Zwecken sowie am allgemeinen wirtschaftlichen Aufstieg hatten. Es waren weniger die Thesen der gelehrten Theologie als die Sätze der praktischen Ethik, die in einer Zeit des späteren Calvinismus, eben des 17. Jahrhunderts, auf die Beschäftigung mit naturwissenschaftlichen, technischen und wirtschaftlichen Fragen stimulierend wirkten. Zuerst hat Max Weber 1904/05 auf die Zusammenhänge zwischen calvinistischer Ethik und Wirtschaftsentwicklung hingewiesen. E. Troeltsch, W. Cunningham, R. H. Tawney, A. Müller-Armack u. a. haben diesem Gebiete weitere Untersuchungen gewidmet. In welch hohem Maße die calvinistische Ethik naturwissenschaftliche Forschung und technisches Schaffen förderte, hat neben A. Lecerf besonders eindringlich R. K. Merton 1938 dargelegt.

Calvin entwickelte in seiner Lehre die Doktrin von der Prädestination bis zur äußersten Konsequenz. Zwischen Gott und Welt besteht eine Kluft, die nur von Gott her überbrückt werden kann. Der Mensch ist von Gott vorbestimmt zum Heil oder zur Verdammnis. Weder durch gute Werke noch durch den Glauben, noch durch Gnadenmittel einer Kirche kann Gott in seinem Ratschluß beeinflußt werden. Dem Menschen, dessen bange Frage nach seinem Seelenheil nicht beantwortet werden konnte, blieb nur strengster Gehorsam gegenüber Gottes Geboten und unaufhörliche, mühevolle Arbeit in dieser Welt. Ja, der spätere Calvinismus sah geradezu im Erfolg der Arbeit auf dieser Erde ein äußeres Zeichen eines inneren Gnadenstandes. Erfolgreiche Arbeit hieß aber hier unermüdliches Schaffen nützlicher Werke zum Wohle der Menschen und zur Verherrlichung Gottes. Dies ist die «innerweltliche Askese» (Weber) des calvinistischen Puritanismus. Diese Einstellung mußte eine auch für die naturwissenschaftliche Forschung und technische Wirksamkeit günstige Haltung schaffen. Der Calvinismus verwarf auch die platonischen Ideen. Das bedeutete für die Naturwissenschaften, daß der Weg frei wurde für das Experiment. 1663 waren von den 68 Mitgliedern der besonders die experimentelle Forschung betonenden Royal Society – wie R. K. Merton gezeigt hat – allein 42 Puritaner, darunter Sam. Hartlib, Sir William Petty, Robert Boyle und Th. Sydenham. Besonders im englischen Berg- und Hüttenwesen und später in der Textilindustrie spielten die Puritaner als Unternehmer oder als technisch Schaffende eine hervorragende Rolle.

Die praktische Ethik des Puritanismus mit den Forderungen einer überaus strengen Lebensführung und einer unermüdlichen Arbeitsamkeit, die eben in hohem Maße auch dem technischen Schaffen zugute kam, wird uns deutlich aus Richard Baxters 1664/65 geschriebenem «Christian Directory», aus dem wir einige Stellen zitieren:

«Arbeite hart in deinem Berufe, damit dein Schlaf sanft sein möge ... Ermüde deinen Körper in täglicher Arbeit ... Trachte danach, daß du einen Beruf erwählst, der dich alle die Zeit beschäftigt, welche der unmittelbare Gottesdienst übrigläßt ...

Wenn auch in den Sprüchen Salomonis (Kap. 23, V. 4) gesagt wird: Bemühe dich nicht, reich zu werden, so bedeutet das nur, daß du den Reichtum nicht zu deinem Hauptziele erhebst. Reichtum für unsere leiblichen Belange soll letztlich nicht beabsichtigt sein oder gesucht werden. Aber es darf sein, wenn man dabei höhere Dinge im Auge hat. Das heißt, du sollst auf jene Weise arbeiten, die am meisten auf deinen Erfolg und deinen rechtmäßigen Gewinn abzielt. Du bist gehalten, alle deine dir von Gott verliehenen Fähigkeiten auszunutzen. Aber dann muß es dein Ziel sein, daß du dadurch besser geeignet wirst zum Dienste an Gott und daß du noch mehr Gutes tust mit dem, was du besitzt. Wenn Gott dir einen Weg zeigt, auf dem du rechtmäßig, ohne Schaden für deine Seele oder für deinen Nächsten, mehr gewinnen kannst als auf einem anderen, und wenn du dies zurückweist und den weniger gewinnbringenden Weg wählst, so durchkreuzt du eines der Endziele deiner Berufung, und so weigerst du dich, Gottes Haushälter zu sein und seine Gaben anzunehmen, um sie für ihn gebrauchen zu können, wenn er es fordert. Du darfst arbeiten, um reich zu sein für Gott, nicht aber um reich zu sein für ein Leben der Fleischeslust und der Sünde.

Gebrauche deine Zeit mehr, um deine Pflicht zu tun, als dazu, nach deinem Zustand zu forschen. Frage nicht soviel: Wie kann ich wissen, ob ich erlöst werde? Frage vielmehr: Was soll ich tun, um erlöst zu werden?

... Befleißige dich eines heiligen, himmlischen Lebens, und tue alles Gute, dessen du in dieser Welt fähig bist. Suche nach Gott, wie er in und durch unseren Erlöser offenbar wird. Indem du das alles tust, wird die Gnade stärker sichtbar werden.

Wenn beispielsweise ein Mensch sich Trost aus seiner Gelehrsamkeit und Weisheit verschaffen wollte, so wäre dazu ein Weg, sein Wissen kritisch zu beurteilen und dann auf seine eigene Glückseligkeit zu schließen. Aber ein anderer Weg ist es, Gelehrsamkeit und Weisheit, die er besitzt, zu gebrauchen, indem er einige ausgezeichnete Bücher liest und über sie nachdenkt und indem er Entdeckungen einiger geheimnisvoller Vortrefflichkeiten in den Künsten und Wissenschaften macht. Diese Entdeckungen beglücken ihn durch das wirkliche Gestalten mehr als ein bloßer Gedankenschluß.»

Der Puritaner soll seine Zeit bis zum äußersten nützen. Gott ist es ja, der zur Arbeit ruft. Mit immer neuen Worten wiederholte Baxter dies.

«Die Zeit gut anwenden heißt darauf achten, daß wir sie nicht für nichtige Dinge vergeuden, sondern jede Minute als höchst kostbar nutzen ... Die Zeit muß besonders auf Werke der öffentlichen Wohlfahrt verwandt werden ... Gott ist es, der dich zur Arbeit ruft. Willst du etwa ruhen oder andere Dinge tun, wenn Gott Pflichterfüllung von dir erwartet?...

Denke daran, wie unwiederbringlich die Zeit ist, wenn sie vergangen. Ergreife sie, oder sie ist für immer verloren. Alle Menschen auf dieser Erde mit all ihrer Kraft und ihrer Klugheit können nicht eine Minute zurückrufen, die vergangen ist» (Übers. von Klemm).

Hier im Puritanismus hieß es nicht nur: «Nutze die Zeit!»; die Forderung lautete bereits: «Nutze die Minute!» Die kleine Zeiteinheit der Minute trat jetzt ins allgemeine Bewußtsein. Die öffentliche Uhr mit Minutenzeiger ist äußerer Ausdruck dieser Einstellung. Die Forderung: «Verliere keine Minute Zeit!» war hier im 17. Jahrhundert noch religiös verwurzelt. Gerade deshalb vermochte sie so viele Kräfte zu aktivieren. Im 18. Jahrhundert ging die religiöse Bindung verloren. Es blieb das kalte «Zeit ist Geld!».

Es sei hier übrigens auch auf den Zusammenhang des Calvinismus mit der Genfer Uhrenerzeugung und mit dem englischen Uhren- und Instrumentenbau des 17. und 18. Jahrhunderts hingewiesen.

Die reformierten Kirchen und Sekten in England, deren Angehörige wir unter dem Sammelnamen Puritaner zusammenfassen, standen außerhalb der anglikanischen Staatskirche. Die Angehörigen dieser Freikirchen durften vielfach keine öffentlichen Ämter bekleiden. Sie wurden aus diesem Grunde in wirtschaftliche und industrielle Tätigkeitsgebiete abgedrängt, wo sie eben mit ihrem besonderen Arbeitsethos eine breite Wirksamkeit entfalten konnten.

Zu den im 17. und 18. Jahrhundert wirtschaftlich besonders rührigen Sekten gehörte auch die der Quäker, die nach vielen Verfolgungen 1689 in England geduldet worden war. An der Entwicklung des englischen Berg- und Hüttenwesens hatten Quäkerfamilien großen Anteil. Demokratische Gesinnung und Drang zu rastloser praktischer Arbeit zeichneten auch diese Menschen aus. Die streng geregelte Lebensführung war einfach. Bezeichnend ist es, daß als Beschäftigung für Erholungspausen in der «Apologie der wahren christlichen Theologie» des Quäkers R. Barclay 1678 auch geometrische Untersuchungen hervorgehoben werden.

Die große Aktivität und die mannigfaltigen Erfolge in Wissenschaft und Technik beseelten das Puritanertum mit einem starken Fortschrittsglauben. Aber, und darin liegt der Unterschied zum säkularisierten Fortschrittsglauben späterer Zeiten, man glaubte im 17. Jahrhundert im Zusammenhang mit dem technischen Fortschritt auch noch an einer Vervollkommnung in der Moral und christlichen Einstellung der Menschen.

Technische Großaufgaben

Die Maschinentechnik des 17. Jahrhunderts arbeitete, wie wir schon mehrfach darlegten, noch mit den herkömmlichen einfachen Mitteln. Besonders große und schwierige technische Aufgaben, wie sie zuweilen an den barocken Höfen gestellt werden mochten, löste man durch Zusammenfassung vieler einfacher Kräfte zu einer von einem Willen gelenkten Arbeit. Schon am Anfang der Barockzeit steht eine eindrucksvolle technische Leistung, bei der allerdings mehr bewundernswerte Organisation als raffinierte Technik im Spiele war. Papst Sixtus V. ließ 1586 durch den hervorragenden Ingenieur und Architekten Domenico Fontana einen einst unter Kaiser Caligula um 40 n. Chr. von Heliopolis nach Rom gebrachten 23 m hohen und 327 t schweren Obelisken von dem Platz hinter der Peterskirche nach der Piazza San Pietro versetzen. Es wurden dabei nur einfache Göpel und Flaschenzüge unter Anwendung menschlicher und tierischer Muskelkraft benutzt. Bei Aufstellung des Kolosses wurden an die 800 Menschen und 140 Pferde gebraucht (Abb. 45). Alles mußte wohlorganisiert sein, und niemand durfte bei der Arbeit – wollte er nicht strengster Strafe verfallen – aus der Reihe tanzen. Fontana, der Leiter des ganzen Unternehmens, hatte sich bei seiner Planung keineswegs nur auf sein Gefühl verlassen; er hatte vielmehr das Gewicht des Kolosses und die Anzahl der für die Hebung notwendigen Göpel berechnet. Richtiggehende statische Berechnungen konnten damals natürlich noch nicht durchgeführt werden, da die Wissenschaft der technischen Statik ja erst viel später entwickelt wurde. Nach der Niederlegung und der Verschiebung des horizontal liegenden Obelisken auf Rollen um einige 100 m konnte der riesige Monolith wieder aufgerichtet werden. Der ganze Obeliskentransport

45: Aufrichtung des Vatikanischen Obelisken in Rom. Anwendung von 40 Göpeln, 140 Pferden und 800 Arbeitern. Kupferstich, 1694.

dauerte etwa ein halbes Jahr. Über die Aufhebung des Obelisken schreibt Fontana:

«Am 10. September 1586, da alles an seiner Stelle stand, vor Tages Anbruch, wurden in der Kirche im Palaste des Priorates zwei Messen gelesen, und jeder, der zu arbeiten hatte, ging zur Kommunion, wie bei der Niederlegung geschehen war, und bat Gott um guten Erfolg. Man stellte jeden an seinen Platz. Bei Tagesanbruch war alles in Ordnung, und man begann mit 40 Göpeln, 140 Pferden und 800 Mann zu arbeiten, mit denselben Trompeten- und Glockensignalen zum Arbeiten und Stillehalten wie zuvor. Während die Spitze des Obelisken sich hob, wurde sein Fuß durch vier Göpel, die auf der gegenüberliegenden Seite standen, angezogen, so daß die Seile, die die Spitze aufzogen, immer senkrecht blieben. Die zu hebende Last verminderte sich immer mehr, je mehr die Spitze sich hob und der Fuß darunter gezogen wurde. Als der Obelisk halb aufgerichtet war, hielt man inne und unterstützte ihn, um die Arbeiter zu Mittag essen zu lassen. Nach dem Essen begab sich jeder wieder mit großem Eifer an die Arbeit. In 52 Bewegungen wurde der Obelisk aufgerichtet, und es war ein sehr schönes Schauspiel in vielen Beziehungen. Unzählig viel Volk war zusammengelaufen, und viele blieben, um ihren Platz zum Sehen nicht zu verlieren, ohne Mittagessen bis zum Abend stehen. Andere machten Tribünen für die Leute, die zusammenströmten, und verdienten viel Geld. Bei Sonnenuntergang stand der Obelisk aufrecht, aber die Schleife, welche, während er sich hob, daruntergezogen worden war, war noch darunter. Sofort gab man mit Böllern auf dem Gerüst das Signal hiervon, was durch viele Geschütze beantwortet wurde, und die ganze Stadt war in großer Freude. Bei dem Hause des Architekten liefen wieder alle Trommler und Trompeter von Rom zusammen und ließen ihren Applaus erschallen. Als von dem Gerüste die Freude verkündet wurde, befand sich Seine Heiligkeit in einer Sitzung, da er sich von Monte Cavallo nach St. Peter begeben hatte, um den Gesandten von Frankreich in öffentlichem Konsistorium zu empfangen. Hier wurde Seiner Heiligkeit die Nachricht überbracht, daß der Obelisk aufgerichtet sei, was ihn mit großer Freude erfüllte.»

Zu den besonders beachtlichen technischen Leistungen des 17. Jahrhunderts gehörten vor allem in Holland und England große neuartige Schiffsbauten und im Frankreich Ludwigs XIV. neben umfassenden Festungsbauten – man denke an S. Vaubans Wirken – der große, zwei Meere verbindende, 240 km lange Canal du midi, den Voltaire als das eindrucksvollste technische Werk der Zeit des Sonnenkönigs pries, und die riesige Wasserhebemaschine von Marly, die den Fontänen in den Gärten von Versailles Wasser zuführte.

Die Maschine von Marly, 1681–1685 unter ungeheurem Kostenaufwand erbaut, war ein typisches Werk unumschränkter Fürstenmacht des Barockzeitalters. Vierzehn große, von der Seine angetriebene Wasserräder von je 12 m Durchmesser betätigen 221 Pumpen, die das Wasser durch gußeiserne Rohre stufenweise um insgesamt 162 m hoben (Abb. 46). Unten wirk-

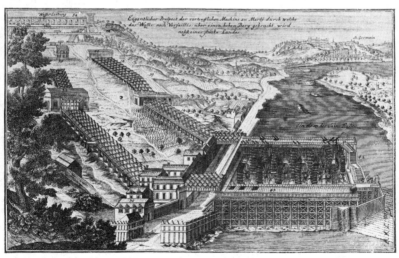

46: Wasserhebewerk Marly, 1681–1685. 14 Wasserräder heben mittels 221 Pumpen täglich 3200 cbm Wasser 162 m hoch. Kupferstich, 1725.

ten 64 Pumpen, um das Wasser in einen 48,5 m höhergelegenen Zwischenbehälter zu treiben. Von da wurde es durch 79 Pumpen um weitere 56,5 m in einen zweiten Zwischenbehälter gehoben. In dieser Höhe waren 78 Pumpen in Funktion, die das Wasser nochmals um 57 m aufsteigen ließen. Die Pumpen bei den zwei hochgelegenen Zwischenbehältern wurden von den Wasserrädern in der Seine mittels gutkonstruierter Stangenkünste angetrieben, jener Transmissionsanlagen also, die wir bereits im deutschen Bergbau des 16. Jahrhunderts kennenlernten (vgl. Abb. 38). Die Nutzleistung der gewaltigen Anlage, deren Unterhaltungskosten außerordentlich hoch waren, betrug nur etwa 80 PS. Der Wirkungsgrad belief sich auf gegen 6,7%. Vom obersten Wasserbehälter wurde das Wasser durch einen 17 km langen Aquädukt nach den Gärten von Versailles geführt. Diese riesenhafte und kostspielige Anlage von Marly und ihre relativ doch so geringe Leistung zeigt uns anschaulich die Grenzen der alten Kraftmaschinentechnik. Eine Kraftmaschine zu suchen, die leistungsfähiger und zuverlässiger war als die herkömmlichen Wind- und Wasserräder, mußte in der Tat zur dringenden Aufgabe der Technik jener Zeit werden.

Der Kampf um eine neue Kraftmaschine

Die Frage der Wasserförderung, vor allem der Hebung des Grubenwassers, dessen man, je tiefer man die Schächte trieb, mit den üblichen Kraftmaschinen der Zeit nicht mehr Herr werden konnte, beschäftigte seit dem ausgehenden 17. Jahrhundert zahlreiche Köpfe, wir nennen nur Chr. Huygens, G. W. Leibniz, D. Papin, Th. Savery und Th. Newcomen.

Leibniz, nicht nur Philosoph und Mathematiker, sondern auch auf naturwissenschaftlichem und technischem Gebiete tätig, suchte 1681 im Harz, wo die Wasserkräfte nicht ausreichten, mit Hilfe einer von ihm konstruierten Windkraftmaschine die Grubenwasser zu heben. Leibnizens Bemühungen, durch Windkraft die Gruben besser zu entwässern, waren indes erfolglos. H. Calvör teilt uns 1763 mit, daß Leibnizens Maschine zwar einige Tage gearbeitet habe, aber bei schwachem Winde stehenblieb und bei starkem am Flügel, am Kunstpleuel oder am großen Kammrade Schaden litt.

Inzwischen hatte man in Frankreich bereits Wege angebahnt, die bald zu einer ersten primitiven Maschine führten, in der nicht mehr die im tierischen oder menschlichen Muskel, im Wind und im fallenden Wasser gegebenen elementaren Kräfte, sondern solche anderer Art wirksam waren.

Schon 1666 hatte Chr. Huygens dem Minister J.-B. Colbert, dem Begründer des merkantilistischen Wirtschaftssystems in Frankreich, besonders dringliche, von der französischen Akademie durchzuführende Aufgaben vorgeschlagen, darunter auch Versuche, die Kraft des Schießpulvers und des Wasserdampfes zu nutzen. Huygens machte sich folgende Notiz:

47: O. v. Guericke zeigt 1661, daß ein Kolben, der durch den Luftdruck in einen evakuierten Zylinder hineingetrieben wird, zur Arbeitsleistung benutzt werden kann; er mißt dieses Arbeitsvermögen. Kupferstich, 1672.

«Vornahme von Versuchen mit dem luftleeren Raum mit Hilfe der Maschine (Luftpumpe) und anderswie und Bestimmung des Gewichts der Luft. Untersuchung der Kraft des Schießpulvers, von dem eine kleine Menge in eine sehr dicke eiserne oder kupferne Kapsel eingeschlossen wird. Untersuchung der Kraft des durch das Feuer verdampften Wassers auf dieselbe Weise. Untersuchung der Kraft und Geschwindigkeit des Windes und des Nutzens, den man daraus für die Schiffahrt und die Maschinen zieht. Untersuchung der Kraft des Stoßes oder der Mitteilung der Bewegung beim Zusammentreffen der Körper, worüber ich, wie ich glaube, als erster die wahren Regeln angegeben habe.»

Die im Anschluß an die Vorschläge durchgeführten Versuche bereiteten die Entwicklung einer neuen Kraftmaschine vor. Otto von Guericke hatte schon 1661 gezeigt, daß ein Kolben, der durch den Luftdruck in einen evakuierten Zylinder hineingetrieben wird, zur Arbeitsleistung benutzt werden kann (Abb. 47). Guerickes Zylindergefäß hatte 39 cm Durchmesser und 56 cm Höhe; mittels einer Luftpumpe – Guericke ist ja deren Erfinder – war es evakuiert worden. Über Guerickes Versuche mit dem durch den Luftdruck in einem Metallzylinder bewegten und Arbeit leistenden Kolben hatte Caspar Schott bereits 1664 der gelehrten Welt Nachricht gegeben.

Huygens suchte nun 1673 in einem Metallzylinder durch Explosion von Schießpulver Unterdruck zu erzeugen, ähnlich wie es vielleicht schon Leonardo da Vinci 1504/09 versucht hatte (vgl. Abb. 33). Der Kolben mußte dann durch den Luftdruck hineingetrieben werden und konnte, wie bei Guerickes Versuch, Arbeit leisten (Abb. 48). Die gelungenen Experimente mit der kleinen Schießpulvermaschine regten Huygens zu vorausschauenden Gedanken über die Verwendung solcher Art Kraftmaschinen an, wenn sie nur erst in der rechten Weise weiterentwickelt sein werden. Er dachte mit sicherem technischen Gefühl auch an den Antrieb von Wagen, Schiffen und Flugzeugen. Hören wir Huygens selbst:

«Die Kraft des Schießpulvers hat bisher nur zu gewaltsamen Wirkungen gedient..., und obgleich man seit langer Zeit schon gewünscht hat, daß man die zu große Geschwindigkeit und Heftigkeit für die Anwendung zu anderen Zwecken mäßigen könne, hat es niemand, soviel ich weiß, bis jetzt mit Erfolg verwirklicht...

Vor etwa drei Monaten kam mir das, was ich für diese Wirkung vorzuschlagen habe, in den Sinn; ich habe seit dieser Zeit an der Erfindung gearbeitet, um sie zu vervollkommnen, indem ich vielerlei versuchte und eine Unzahl von Experimenten machte, deren Erfolg mich schließlich so sehr befriedigt hat, daß ich noch zu der Zeit, da sie nur im kleinen ausgeführt worden waren, wagte, daraus zu schließen, daß die Sache ebenso im großen gelingen werde, und zwar noch besser aus Gründen, die man nach der Erklärung der Maschine erkennen wird.

Die heftige Wirkung des Pulvers ist durch diese Erfindung auf eine Bewegung eingeschränkt, welche sich beherrscht ebenso wie die eines großen Gewichts, und sie kann nicht nur zu all den Zwecken dienen, wo das Gewicht angewandt wird, sondern auch bei der Mehrzahl der Fälle, wo man die Kraft der Menschen und Tiere gebraucht, derart, daß man sie anwenden könnte, um gewaltige Steine für die Bauwerke in die

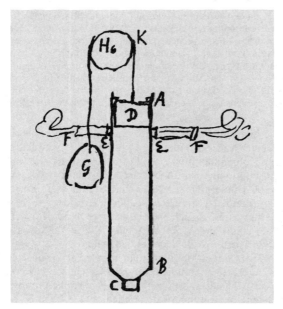

48: Schießpulvermaschine von Chr. Huygens. Zeichnung, 1673.

Höhe zu bringen, um Obelisken aufzurichten, um die Wasser für die Springbrunnen aufsteigen zu lassen und um Mühlen zum Getreidemahlen anzutreiben, wo man nicht die Bequemlichkeit oder genügend Raum hat, Pferde zu benutzen. Dieser Motor hat das Gute, daß er keine Unterhaltungskosten verursacht, während der Zeit, wo man ihn nicht gebraucht.

Man kann sich seiner noch bedienen als einer sehr mächtigen Schnellkraft, derart, daß man durch dieses Mittel Maschinen konstruieren könnte, die Kanonenkugeln, große Pfeile und Bomben vielleicht mit einer ebenso großen Kraft werfen wie die der Kanone oder der Mörser. Selbst nach meiner Überschlagsrechnung erspart dieser Motor einen großen Teil Pulver, den man jetzt anwendet. Diese Maschinen würden im Gegensatz zur Artillerie von heute leicht zu transportieren sein, weil bei dieser Erfindung die Leichtigkeit mit der Kraft verbunden ist.

Diese letztere Besonderheit ist sehr wesentlich und gestattet, durch dieses Mittel neue Arten von Fahrzeugen für Wasser und Land zu erfinden.

Obgleich es vielleicht widersinnig klingen wird, scheint es nicht unmöglich, irgendein Gefährt zu finden, um sich in der Luft zu bewegen, da ja das große Hindernis bei der Kunst des Fliegens bis jetzt in der Schwierigkeit bestand, sehr leichte Maschinen zu bauen, die eine recht gewaltige Bewegung erzeugen können. Aber ich gestehe, daß es noch ein gut Teil an Wissenschaft und Erfindung erfordern wird, um ans Ziel eines solchen Unternehmens zu kommen.

Es bleibt noch ungefähr zu sagen, wie weit die Kraft des Pulvers bei dieser Erfindung steigen kann. Ich finde durch die Rechnung, welche sich auf die von mir gemachten Versuche gründet, daß ein Pfund Pulver die Kraft zu liefern vermag, um 3000 Pfund Gewicht wenigstens 30 Fuß in die Höhe heben zu lassen, woraus man irgendwie die Wirkung dieses neuen Motors zu würdigen vermag, die ich für größer halte als die, welche das Pulver beim gewöhnlichen Gebrauch erzeugen kann ... Die Erfindung kann überall da Dienste leisten, wo man große Kraft zusammen mit Leichtigkeit benötigt, wie beim Fliegen, das nicht mehr als unmöglich abgelehnt werden kann, obgleich noch viel Arbeit erforderlich sein wird, es zu verwirklichen» (Übers. von Klemm).

Die Möglichkeit einer neuen, friedlichen Verwendung des Schießpulvers fand Widerhall. In einem anonymen Artikel, der sich auf einen Brief Huygens' über die Schießpulvermaschine bezog, feierte der Stiftshauptmann zu Zödtenburg 1687 begeistert die neue Erfindung, in der er in echt calvinistischem Geist ein technisches Werk ad maiorem Dei gloriam et ad hominis bonum sah.

Huygens' Schießpulvermaschine – sie war als Versuchsmaschine wirklich gebaut worden – war indes nicht entwicklungsfähig; die Schwierigkeit, ein gutes Vakuum zu erzeugen und «die Kraftwirkung dauernd aufs neue hervorzubringen», ließ sich nicht überwinden. Die Handhabung mit dem Schießpulver war gefährlich. Da kam Huygens' Gehilfe Denis Papin 1690 auf den Gedanken, den Zylinder durch die Kondensation von Wasserdampf zu evakuieren (Abb. 49). Wie Guericke, so bereitete auch Papin die Herstellung eines exakten Zylinders, in denen sich der Kolben dicht bewegte, große Schwierigkeiten. Er ermittelte auch durch Versuche, wie stark die dem Dampfdruck ausgesetzten Teile einer Dampfmaschine sein müssen. Papin,

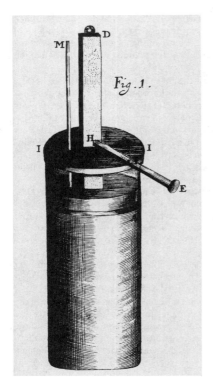

49: D. Papins atmosphärische Versuchs-Dampfmaschine. Kupferstich, 1695.

französischer Protestant, der nach der Aufhebung des Edikts von Nantes seiner Heimat fernbleiben mußte, berichtete 1698 von Kassel aus über eine Dampfpumpe mit vom Zylinder getrenntem Kessel, bei der beim Arbeitshub nicht wie bei der Maschine von 1690 der Luftdruck, sondern der Dampf selbst den Kolben trieb:

«... Die Art und Weise, wie ich jetzt das Feuer benutze, um Wasser zu heben, beruht stets auf dem Prinzip der Verdampfung des Wassers. Allein ich mache es jetzt auf eine viel leichter auszuführende Art... Überdies wende ich, außer dem Ansaugen, dessen ich mich bediene, auch die Kraft des Druckes an, den das Wasser, indem es sich ausdehnt, auf andere Körper ausübt. Diese Wirkungen sind nicht beschränkt wie jene des Ansaugens. So bin ich überzeugt, daß diese Erfindung, wenn man sie in der nötigen Weise vorantreibt, sehr beträchtlichen Nutzen bringen wird... Ich persönlich glaube fast, daß man diese Erfindung bei viel mehr anderen Gelegenheiten anwenden kann, als nur um Wasser zu heben. Ich habe ein kleines Modell eines Wagens gebaut, das sich durch diese Kraft vorwärtsbewegt. Und er zeigt in meinem Ofen die erwartete Wirkung. Doch ich glaube, daß die Unebenheiten und Krümmungen der großen Straßen die Vervollkommnung dieser Erfindung für die Landfahrzeuge sehr schwierig gestalten werden; aber in Hinsicht auf die Wasserfahrzeuge gebe ich mich der Hoffnung hin, früh genug ans Ziel zu kommen, wenn ich mehr Unterstützung fände, als es jetzt der Fall ist ...»

1706 baute Papin erneut eine direktwirkende Dampfpumpe, die mit Hochdruck arbeitete (Abb. 50). Papins Dampfmaschinen, so richtungweisend auch seine Erfindungsgedanken waren, kamen wegen technologischer Schwierigkeiten nicht über das Versuchsstadium hinaus.

In England erfand Thomas Savery 1698 eine Dampfpumpe, bei der ein Wechselspiel stattfand von direkter Arbeit des Dampfes und indirekter Wirkung durch Erzeugung eines Vakuums (Abb. 51). Als «The Miner's Friend» – so nannte Savery 1702 eine kleine Schrift über seine Erfindung – sollte die Maschine dem mit dem Grubenwasser kämpfenden Bergmann helfen. Doch sie konnte dieses Versprechen nicht erfüllen, da die Förderhöhen in den Bergwerken zu groß waren. In einigen Landhäusern wurde sie allerdings zur Wasserversorgung angewandt. Praktische Arbeit in Bergwerken leisteten seit 1711/12 erst die von Th. Newcomen, wohl im Anschluß an Papins Versu-

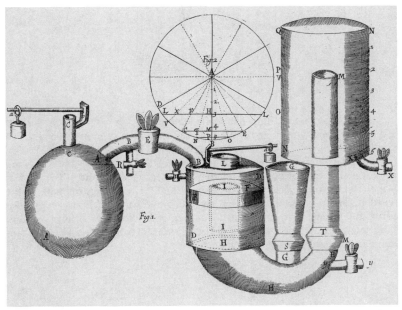

50: Papins direktwirkende Hochdruckdampfpumpe (ohne Kondensation). Kupferstich, 1707.

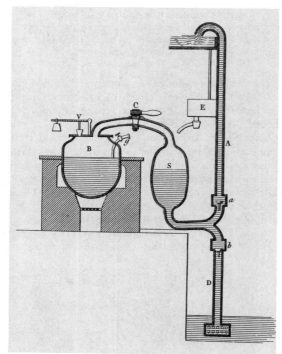

51: Dampfpumpe Thomas Saverys von 1698. Schemazeichnung: B Kessel; S Dampfgefäß; C Hahn; D Saugrohr; A Steigrohr; a, b Ventile; v Sicherheitsventil; E Reservoir für Kühlwasser.

che, gebauten großen atmosphärischen Dampfmaschinen (Abb. 52). Sie hatten einen vom Zylinder getrennten Kessel und einen großen Balancier. An einem Ende hing der Kolben, am anderen war ein Gegengewicht befestigt, mit dem die Pumpenstange verbunden war. Die Newcomensche Maschine funktionierte. Sie wurde in zahlreichen Bergwerken eingeführt. Doch sie war wegen ihrer großen Energieverluste unrationell. Ungeheure Mengen Kohle wurden von ihr verschlungen. Erst als man die Wärmeverhältnisse des Wasserdampfes genauer erkannt hatte, konnten neue Wege beschritten werden. Hier setzte die Arbeit Watts ein, die bereits der im folgenden zu betrachtenden Periode der Aufklärung angehört.

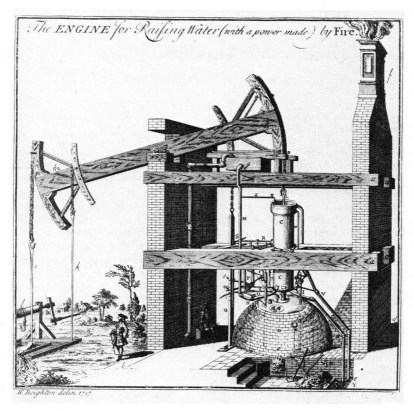

52: Th. Newcomens atmosphärische Dampfmaschine. Kupferstich, 1717.

Fünfter Teil

Das Zeitalter der Aufklärung

Einleitung

Seit dem ersten Viertel des 18. Jahrhunderts begann jene Geistigkeit, die wir als die typisch barocke umrissen, zu verflachen. Der Hang zum Unerklärlichen, der Sinn für das Metaphysische gingen verloren. Die religiösen Bindungen lockerten sich weiter. Um so mehr trat eine gegenüber der vorhergehenden Epoche stark einseitige rationale Einstellung hervor. Wir sprechen von einem Zeitalter des Rationalismus. Doch der Rationalismus des 18. Jahrhunderts war nicht mehr der der großen Systeme der Barockzeit. Die Ratio war vielmehr auf die Einzeltatsachen gerichtet. Ein empiristischer Rationalismus war so das Zeichen der Zeit. Mit dem Werkzeuge des Verstandes suchte man ebenso die Fragen der Religion wie die überkommenen Verfahren technischer Arbeit zu durchdringen. Dabei verlief die Entwicklung in den einzelnen Ländern ungleich. In Frankreich brach sich die rationalistische Weltanschauung besonders breite Bahn, während England auch weiterhin mehr dem reinen Empirismus zuneigte. Auch in Deutschland fand der Rationalismus Eingang. Doch schützte die Philosophie Leibnizens, die auch Raum ließ für metaphysische Regungen, noch lange vor Einseitigkeit, wenn auch Christian Wolff, der Leibnizens Anschauungen systematisch zusammenfaßte, mehr einem bloßen Rationalismus huldigte. Kant vermochte die rationalistische Philosophie zu läutern und zu vertiefen. Und die Bewegungen der deutschen Klassik und später der Romantik bewahrten vor rationalistischer Überwucherung.

Wo man sich den westlichen Einflüssen weit öffnete, wurden diese doch stark gewandelt, indem der Vernunftgebrauch aus dem Reiche des Denkens und Wissens mehr ins Gebiet des sittlichen Tuns verlegt wurde. Trotz aller Verschiedenheiten und abweichenden Entwicklungen zeigte sich aber doch allenthalben eine Betonung der Verstandeskräfte, die der Zeit das Gesicht gab.

Das 18. Jahrhundert war aber auch, zumindest seit seiner Mitte, das Säkulum der Aufklärung. Man meinte, wenn man den Menschen darüber unterrichte, was die Wissenschaften zutage gefördert haben, was wahr, schön und gut ist, dann werde er auch tugendhafter und glücklicher werden. Die Aufklärung des 18. Jahrhunderts rückte die Vernunft aus dem Bereich der Wissenschaft ins Leben. Die Aufnahme der Naturwissenschaften und der

Technik in die allgemeine Bildung bereitete einen günstigen Boden für den weiteren Fortschritt der Technik.

Die durch die Verbindung von Erfahrung und Verstand bestimmte quantitative Naturwissenschaft trat ihren Siegeszug an. Damit eröffnete sich auch für die Technik ein neuer Zeitabschnitt. Das vornehmlich durch überkommene Übung und Erfahrung bestimmte technische Schaffen suchte man jetzt verstandesmäßig zu durchdringen, wissenschaftlich zu erfassen. Eine systematische, auf wissenschaftlichen Erkenntnissen bauende, rationale Technik begann damit ihren Weg in der Kulturgeschichte der Menschheit. Doch es ist bemerkenswert, daß erst in der zweiten Hälfte des 18. Jahrhunderts große fruchtbare technische Schöpfungen entstanden, während die erste Hälfte mehr auf Sammlung, Systematisierung und wissenschaftliche Durchdringung bereits vorhandenen technischen Wissens gerichtet war.

Die Naturwissenschaften, die sich in der Barockzeit kräftig entwickelt hatten, schritten im 18. Jahrhundert weiter voran. Die Infinitesimalrechnung wurde systematisch ausgebildet. Die Mechanik baute man unter Verwendung des neuen Kalküls zu einer geschlossenen Wissenschaft aus, die schließlich eine Vielheit von Erscheinungen unter wenige Grundformeln zu subsumieren vermochte. Die Wärmelehre führte nach der Erfindung eines brauchbaren Instruments für die Wärmemessung schließlich zur klaren Unterscheidung von Wärmegrad und Wärmemenge und damit auch zu dem für die Weiterentwicklung ungemein fruchtbaren Begriff der spezifischen Wärme. Damit war erst die Ausbildung einer rationellen Wärmekraftmaschine möglich.

Schließlich wurde die Chemie, die eigentlich erst in der Barockzeit zu einer selbständigen Wissenschaft geworden war und die am Ende dieses Zeitabschnitts in der Phlogistonlehre eine Theorie erhielt, der es bei allen Mängeln doch gelang, eine Fülle von Einzelerscheinungen unter einem einheitlichen Gesichtspunkt zusammenzufassen, im 18. Jahrhundert stark gefördert durch eine Reihe wichtiger Entdeckungen auf dem Gebiete der Gase. Diese Entdeckungen der phlogistischen Zeit standen in engem Zusammenhang mit den Arbeiten über die Fragen der Wärmelehre. Der Konnex von kalorischen Betrachtungen, phlogistischen Anschauungen und Gasuntersuchungen leuchtet ein, wenn man bedenkt, daß die Phlogistontheorie das Phlogiston, jene hypothetische Wärmematerie, selbst als einen subtilen gasförmigen Stoff betrachtete, ja daß man schließlich den Wasserstoff mit dem Phlogiston identifizierte. So verstehen wir es denn auch, daß der Chemiker Black, von der Phlogistontheorie herkommend, sich intensiv mit Fragen der Gaschemie und Wärmelehre beschäftigte. Diese kalorischen Arbeiten aber beeinflußten in hohem Maße Watt und die Entwicklung der Dampfmaschine. Erst gegen Ende des Jahrhunderts, als unter dem Drucke neuer experimenteller Daten die Phlogistontheorie nicht mehr den Anforderungen zu genügen vermochte, trat in den siebziger Jahren eine gegenüber der phlogistischen Zeit veränderte logische Bewertung der chemischen Erscheinungen in den Vor-

53: Walkmühle der Textilmanufaktur Oberleutensdorf in Böhmen. Die Walkerei ist der einzige Teil der Manufaktur, der mit Wasserkraft arbeitet. Kupferstich, 1728.

dergrund. Das Augenmerk wurde jetzt in erster Linie auf die Gewichtsverhältnisse der an den Vorgängen beteiligten Stoffe gelenkt. Damit mündete auch die Chemie, wenn auch später als die Physik, ein in den Strom der auf das Meßbare zielenden rationalen Naturwissenschaft.

All die genannten wissenschaftlichen Erfolge wirkten sich früher oder später fördernd auf die Technik aus, die gerade im 18. Jahrhundert teilweise zur angewandten Naturwissenschaft zu werden begann. Diese Wandlung kennzeichnete sich auch darin, daß z. B. jetzt der Maschinenbau mehr denn bisher als Teil der Mathematik behandelt wurde, wohingegen er in der Renaissancezeit noch als Anhängsel der Architektur erschien. Auch die Renaissancezeit zeigte einen Zug nach wissenschaftlicher Durchdringung des technischen Schaffens. Aber da waren es doch im großen und ganzen die Empiriker, die von sich aus eine wissenschaftliche Klärung der technischen Arbeit erstrebten. Die zünftige Wissenschaft stand ziemlich abseits. Im Jahrhundert des Rationalismus aber waren es – zumindest auf dem Kontinent – meist Männer der Wissenschaft, die nach rationaler Durchleuchtung des technischen Tuns verlangten. Seit dem Barock hatte eben die rationalistische Philosophie sich die Katheder der hohen Schulen erobert und den Einfluß mathematischen Denkens auf allen Gebieten der geistigen und materiellen Kultur geltend zu machen versucht.

Die Zeit von der Mitte des 17. bis weit über die Mitte des 18. Jahrhunderts hinaus war die Blütezeit der merkantilistischen Wirtschaftsgesinnung. Der Staat war bestrebt, möglichst viel Geld ins Land zu ziehen. Durch staatliche Förderung der Gewerbe und Manufakturen und Steigerung der Ausfuhr suchte man dies zu erreichen. Schutzzölle mußten die Einfuhr von Fertigprodukten einschränken. Die private Manufaktur (Abb. 53) wurde durch besondere Privilegien begünstigt; vielfach trat auch der Staat selbst als Unternehmer auf. In England allerdings lagen die Verhältnisse anders. Schon seit dem 17. Jahrhundert traten ja hier, wie wir im Abschnitt über die Barockzeit bereits ausführten, besonders freikirchliche Kreise hervor, die sich in Verfolg einer «Askese» der irdischen Arbeit mit Eifer dem technischen Fortschritt verschrieben und dem Staate gegenüber nach und nach all die Freiheiten zu erkämpfen suchten, die der Verwirklichung ihres ungestümen Unternehmertums dienten. Diese Pioniere des technischen und industriellen Fortschritts in England standen mehr oder weniger in Opposition zum Staate. So bildete sich in England eine stark auf privatem Unternehmertum fußende, vom Staate unabhängige technische und industrielle Betätigung heraus. Die Technik entwickelte sich hier zunächst ganz nach der bloß praktischen Seite. Aus der Reihe der Handwerker gelang es den besonders fähigen, viel ungehinderter emporzusteigen als auf dem Kontinent, wo das Handwerk mehr seinem engen, altüberkommenen, durch Zunftbestimmungen und Standesschranken begrenzten Wirkungskreise verhaftet blieb. So wurde auf dem Kontinent von oben her, von Staats wegen eine Förderung von Technik und Gewerbewesen angestrebt.

England erreichte auf technischem Gebiete bald einen sehr beachtlichen Vorsprung gegenüber dem Kontinent. Die im allgemeinen vorteilhafte politische Situation, die zur Verfügung stehenden Kapitalien, wie sie England aus seinen Kolonien gewann, der natürliche Reichtum des Landes an Rohstoffen und ein günstiger Erfindungsschutz waren neben dem rastlosen Unternehmergeist des Puritanertums wesentliche Triebfedern dieser außergewöhnlichen Entwicklung. An der Spitze der großen technischen Errungenschaften der zweiten Hälfte des 18. Jahrhunderts stand die mit genialem technischen Sinn und wissenschaftlichem Geist konstruierte Dampfmaschine Watts. Sie erst ermöglichte eine ungeahnte Steigerung der Erz- und Kohlenförderung. Die Einführung des Kokses in den Hochofenprozeß, die Erfindung des Tiegelgußstahles, des Zylindergebläses und des Flammofenfrischens brachen dem Eisen als wichtigstem Werkstoff die Bahn. Verbesserte Werkzeugmaschinen und neue Arbeitsmaschinen, besonders im Gebiete der Textiltechnik, führten bald zusammen mit der Dampfmaschine als Antriebskraft zu einer völligen Umgestaltung der industriellen Verhältnisse. Die handwerkliche Heimarbeit, sei es selbständig oder im Verlagssystem betriebene, mußte namentlich in der Textilproduktion immer mehr der mechanisierten Erzeugung in zentralen Werkstätten weichen. Der durch den rapiden Aufstieg der Textiltechnik, insbesondere durch die Zunahme der Baumwollverwendung, gesteigerte Bedarf an Chemikalien gab der technischen Chemie kräftigen Auftrieb, die in der zweiten Hälfte des Jahrhunderts die ersten Verfahren zur Herstellung von Schwefelsäure und Soda im großen, das Bleikammer- und das Leblanc-Verfahren, entwickelte. Diese wichtigen chemischen Stoffe sind wirtschaftlich ja fast von der Rangordnung der Kohle. Die Zunahme der Erz- und Kohlenförderung und die Steigerung der Produktion in Manufakturen und Fabriken im Laufe des 18. Jahrhunderts, daneben aber auch kriegstechnische Erfordernisse beeinflußten die Entwicklung der Verkehrswege und Beförderungsmittel. Der Straßen-, Brücken- und Kanalbau, jetzt nicht mehr allein auf Grund praktischer Erfahrungen, sondern auch wissenschaftlicher Erkenntnisse betrieben, wurde belebt. In den englischen Bergwerksgegenden legte man für den Transport von Kohlen und Erzen Bahnen an. Die von Pferden gezogenen Wagen wurden sicher auf hölzernen oder seit dem letzten Drittel des Jahrhunderts bereits gußeisernen Gleisen geführt. Diese Bahnen hatten sich aus dem Hundelauf der spätmittelalterlichen deutschen Bergbautechnik entwickelt, die ja das englische Bergwesen beeinflußte. Die Verbindung von eiserner Gleisbahn und Dampfwagen – beide in ihren Anfängen noch dem 18. Jahrhundert angehörend – führte zu Beginn des 19. Jahrhunderts zur ersten Dampfeisenbahn.

Die erste Wattsche Dampfmaschine wurde 1776 in einem Hüttenwerk in Betrieb genommen. 1786 zogen Watts Maschinen in die Baumwollspinnerei ein; hier stieg ihre Zahl bis zum Jahrhundertende auf 84. Die Erzeugung von Roheisen vervierfachte sich in England in der kurzen Spanne von 1788 bis 1806. So wurde in der zweiten Hälfte des 18. Jahrhunderts der Boden bereitet für eine umfassende Industrialisierung, die sich dann im 19. Jahrhundert breit entfaltete. Die allgemeine Mechanisierung durch neue, zunächst mit Wasserkraft betriebene Arbeitsmaschinen, später dann die Einführung der Dampfmaschine als Antriebskraft, blieben nicht ohne soziale Auswirkungen, über die noch zu sprechen sein wird.

Kunstmeister und Mühlenärzte

Das Streben nach einer gegenüber dem 17. Jahrhundert stärkeren rationalen Durchdringung des technischen Schaffens tritt uns im ersten Drittel des 18. Jahrhunderts besonders eindringlich bei dem geschickten Leipziger Mechaniker, Maschinenbauer und Bergwerkskommissar Jakob Leupold entgegen, der in glücklicher Weise wissenschaftlichen Sinn mit praktischer Fertigkeit verband. Er schrieb ein umfassendes Werk über Apparatebau und Maschinentechnik seiner Zeit, das neunbändige, große «Theatrum machinarum» (1724ff), das vornehmlich dem Mechaniker und Kunstmeister, dem eigentlichen Maschineningenieur jener Periode, dienen und das darüber hinaus im nationalwirtschaftlichen Sinne die Wohlfahrt des Landes durch Förderung der «Künste, Bergwerke und Manufakturen» steigern sollte. Die Aufgaben des Ingenieurs umriß Leupold 1725 wie folgt:

«Was vor alten Zeiten diese Mechanici waren, das sind heute zu Tage unsere Ingenieurs, welchen nicht nur allein zukömmt, eine Festung aufzureißen und dann zu erbauen, sondern auch nach mechanischen Fundamenten allerlei Maschinen anzugeben, so wohl auch eine Fortresse zu defendieren, als solche zu emportieren. Ingleichen mancherlei compendieuse Maschinen zu erfinden, die Arbeit zu erleichtern und was öfters unmöglich scheinet, dennoch möglich zu machen.»

Mit Eifer wandte sich Leupold gegen großsprecherische Projektemacher, Inventionsmeister, «Perpetuomobilisten» und «Entrepreneure» von Wunderwerken, jene oft ebenso unwissenden wie betrügerischen Menschen, die bei ihren Planungen nicht einmal «Kraft, Last und Zeit» zu berechnen wissen. So richtete sich Leupolds sachlich-rationaler Geist gegen die bloß papierene Projektemacherei, wie sie vielen Maschinenbüchern des 17. Jahrhunderts mit ihren oft komplizierten, aber letztlich unbrauchbaren Mechanismen eigen war. So sagte er 1725:

«Etliche wollen mit wenig Kraft große Gewalt tun, und zwar eben in solcher Zeit. Mit wenig Worten: Sie suchen dasjenige, was schon vor undenklichen Jahren ihrer verschiedene mit entsetzlichen Kosten, Sorgen und Mühe zwar in Gedanken gefunden, aber, ehe es zum Effekt gekommen, zu ihrem großen Leidwesen wieder verloren, nämlich das Perpetuum mobile; denn wer da suchet mit der Kraft mehr auszurichten, als unser bisheriger Calculus oder Theorie bei der Mechanic ausweiset, der suchet wie wohl vergeblich das Perpetuum mobile, und wird es auch nicht finden ... Also gehet mein Absehen und Bemühung einzig und alleine dahin, denjenigen, der einen Mechanisten abgeben will, zu lehren: wie er sich weiter um nichts zu bekümmern, als daß er gründlich weiß, was seine Maschine theoretice tun sollte und was ihm in Praxi hieran fehlet, ja daß er weiß, welche Art der Theorie am allernächsten kommt oder auf was vor Manieren er darzu gelangen kann, nämlich: durch Vermeidung oder Abschaffung der Friction und rechter Application der Kraft...»

In echtem Ingenieurgeist widmete sich Leupold auch den wichtigen Fragen der Fertigung und zeigte, wie Federn, Schrauben, Zahnräder und Kolben sowie geeignete Schmierstoffe zu machen seien. Mehrfach behandelte er auch einzelne Mechanismen und Elemente ausführlich, wie z. B. die verschiedenen Arten von Ventilen und Kolben. Damit wird im Maschinenbau der wichtige, schon bei Leonardo da Vinci und G. Cardano teilweise angebahnte Schritt getan, «das Allgemeine im Besonderen zu sehen» – wie F. Releaux in seiner «Kinematik» (Bd. 1, 1875) sagt – und die Maschine nicht wie bisher nur im ganzen zu betrachten, sondern einzelne Mechanismen loszulösen und für sich, zunächst nur mit nebensächlicher Rücksicht auf ihre spezielle Verwendung, zu behandeln. Leupolds Einfluß war groß. Auch James Watt studierte seine Werke. Um ihretwillen lernte er sogar bei einem Deutsch-Schweizer in Glasgow die deutsche Sprache.

Zu den besonders erfahrenen Maschinentechnikern in der Zeit vor der allgemeinen Ausbreitung der Dampfmaschine gehörten neben den Kunstmeistern, denen vornehmlich der Bau und die Betreuung der Bergwerksmaschinen oblag, die Mühlenbauer. Der Beruf des Mühlenbauers, der sich ebenso wie der des Kunstmeisters aus dem Zimmermannsstande entwickelt hatte – das Holz war ja zunächst noch der wesentlichste Maschinenbaustoff –, war zum Teil bereits über die engen Zunftschranken hinausgewachsen. Diese Mühlenbauer waren in allerlei Handwerkssparten zu Hause und verfügten auch über einige theoretische Kenntnisse. Die holländischen Mühlenbücher der ersten Hälfte des 18. Jahrhunderts, so die Werke von P. Linperch (1727), J. van Zyl (1734) sowie L. van Natrus, J. Polly und C. van Vuuren (1734/36), legten Zeugnis ab von dem ausgezeichnet fundierten technischen Können dieser Männer. Der englische Ingenieur William Fairbairn, selbst aus diesem Stande hervorgegangen, gab 1861 eine treffliche Schilderung der vielfachen Fertigkeiten jener Mühlenbauer und Mühlenärzte:

«Der Mühlenbauer vergangener Tage war bis zu einem gewissen Grade der alleinige Vertreter der Maschinenbaukunst; er wurde als Autorität in allen Fragen der Anwendung von Wind und Wasser betrachtet, wie auch immer diese Kräfte als Antrieb in den Werkstätten gebraucht werden mochten. Er war der Ingenieur des Gebiets, in dem er wohnte; er war eine Art Hansdampf in allen Gassen. Mit derselben Fertigkeit vermochte er an der Drehbank, am Amboß oder an der Hobelbank zu arbeiten. In ländlichen Bezirken, fern von der Stadt, mußte er alle diese handwerklichen Betätigungen ausüben. So wurde er zu einem erfinderischen und ausgelassenen umherstreifenden Gesellen, der überall Hand anlegen konnte. Wie andere wandernde Handwerker früherer Zeiten zog er durch das Land, von Mühle zu Mühle, mit dem alten Spruch ‹Kessel zu flicken!›, der sich hier aber auf die Bruchschäden an Maschinen bezog.

So war der Mühlenarzt des vergangenen Jahrhunderts ein umherziehender Ingenieur und Mechaniker, der hohes Ansehen genoß. Er konnte Axt, Hammer und Hobel mit gleicher Geschicklichkeit und Genauigkeit handhaben; er verstand zu drehen, zu bohren oder zu schmieden, so leicht und so schnell wie einer, der in jedem dieser Handwerke ausgebildet worden wäre. Er vermochte die Riefen eines Mühlsteins aufzureißen und einzuschneiden mit einer Genauigkeit, die der des Müllers gleichkam oder sie sogar übertraf. Diese verschiedenen Dienste auszuüben, rief man ihn, und er arbeitete selten vergeblich, da er gewohnt war, sich bei der Ausübung seines Berufs hauptsächlich auf sich selbst zu verlassen. Im allgemeinen war er ein tadelloser Rechner; er wußte einiges aus der Geometrie und Vermessungskunde. Vielfach besaß er auch entsprechende Kenntnisse in der praktischen Mathematik. Er konnte Geschwindigkeit, Widerstandsfähigkeit und Kraft der Maschinen berechnen; er wußte Risse und Schnittzeichnungen zu fertigen und verstand Häuser, Rohrleitungen oder Wasserrinnen zu bauen, von jeder Art und unter all den Bedingungen, welche die Praxis stellte. Er vermochte Brücken zu errichten, verstand Kanäle zu bauen und konnte vielerlei Arbeiten ausführen, die jetzt von Bauingenieuren geleistet werden. Von solcher Art also waren die Männer, die in unserem Lande bis hin zur Mitte und zum Ende des vergangenen Jahrhunderts (18. Jh.) den größten Teil der Maschinenbauten planten und ausführten. In einem primitiveren Gesellschaftszustand lebend als wir heute, gab es wohl nie eine nützlichere und selbständigere Menschenklasse als diese ländlichen Mühlenbauer. Das ganze mechanische Wissen des Landes fand in ihnen seinen Mittelpunkt» (Übers. von Klemm).

Merkantilismus und Kameralismus

Das 18. Jahrhundert stand – wie wir bereits oben betonten – weithin unter dem Einfluß merkantilistischer Tendenzen. Zu besonderer Entfaltung gelangte der Merkantilismus in Frankreich. Bereits J.-B. Colbert hatte der 1666 gegründeten Pariser Akademie der Wissenschaften im Rahmen der merkantilistischen Erfordernisse jener Zeit zahlreiche praktische Aufgaben gestellt, die der Förderung von Gewerbe und Manufakturen dienen sollten. So entschloß man sich um 1695, unter Leitung der Akademie eine bis in die feinsten Details eindringende, umfangreiche wissenschaftliche Beschreibung der handwerklichen Verfahren und technischen Vorrichtungen in Wort und Bild vorzunehmen, um besonders rationelle, wenig bekannte Prozesse zum allgemeinen Nutzen des Landes ans Licht zu bringen, um die einzelnen Praktiken, die vielfach geheimgehalten wurden, miteinander vergleichen zu können und um das ganze handwerkliche Schaffen überhaupt zum Wohle des Staates mit wissenschaftlichem Geist zu durchdringen. Im Jahre 1711 wurde der junge R. A. F. de Réaumur damit beauftragt, das gesammelte Material zu sichten und die Arbeiten für diese «somme de l'état des arts» vorwärtszutreiben. Erst nach Réaumurs Tod (1757) begann das große Werk 1761 als «Descriptions des arts et métiers» zu erscheinen. 121 Teile mit über 1000 Kupfern kamen bis 1789 heraus.

Etwa gleichzeitig mit den «Descriptions» erschien die der Initiative D. Diderots und J. Le Rond d'Alemberts entsprungene große französische Enzyklopädie der Aufklärung. Der Grundzug dieses Werkes war die Verbindung von logisch-analytischem Geist mit Tatsachengeist. Das große rationale Welt- und Menschenbild, das man hier entwickelte, schuf erst die Grundlage zu einer allgemeinen Bildung. Die Enzyklopädisten erstrebten die Wissenschaft als Instrument für die Erschaffung einer öffentlichen Meinung. Die Aufklärung weiter Kreise durch die «Encyclopédie» führte einen Bildungsausgleich herbei, teils erhebend und kulturell und sozial befreiend, teils allerdings auch abflachend in der Wirkung. Daß man auch die Technik mit einbezogen hatte, und zwar in ganz hervorragender Weise, half der umfassenden Verbreitung technischer Kenntnisse zum Nutzen praktisch technischen Schaffens. Diderot insbesondere verdankt man die technischen Abschnitte. Er erlahmte nicht, Manufakturen und Werkstätten aufzusuchen und das, was er dort an Maschinen und Verfahren gesehen, wissenschaftlich durchdacht wiederzugeben. Durch die «Encyclopédie», die weite Verbreitung fand, drang die Technik erst ins allgemeine Bewußtsein ein. Allerdings hatten auch vor der «Encyclopédie» in der höheren Allgemeinbildung des 18. Jahrhunderts Naturwissenschaften und Technik eine nicht unbedeutende Stellung eingenommen. Die großen Erfolge besonders der Physik im 17. und 18. Jahrhundert hatten in dieser aller Erfahrungs- und Verstandeswissenschaft günstig gesinnten Zeit bewirkt, daß auch einiges Wissen aus diesem Gebiete in die sogenannte Allgemeinbildung der höheren Kreise aufgenommen wurde. So schrieb denn F. Algarotti 1737 über Newtonsche Physik für Frauen, und L. Euler gab 1768/72 Briefe an eine deutsche Prinzessin über Naturlehre heraus. Die «Encyclopédie» aber dehnte naturwissenschaftliche und technische Allgemeinbildung auf weitere Kreise aus.

Diderot betonte 1755 im Artikel «Encyclopédie» des fünften Bandes der großen französischen Enzyklopädie, daß es das Ziel einer Enzyklopädie sei,

«die über die Oberfläche der Erde verstreuten Erkenntnisse zu sammeln, daraus den Menschen, die mit uns leben, das allgemeine System darzulegen und es den Menschen, die nach uns kommen, zu überliefern, damit die Arbeiten der verflossenen Jahrhunderte nicht nutzlos gewesen sind für die folgenden, damit unsere Nachkommen, indem sie besser unterrichtet werden, auch tugendhafter und glücklicher werden und damit wir nicht sterben, ohne uns um das menschliche Geschlecht verdient gemacht zu haben».

«Descriptions» und «Encyclopédie» mochten im sachlich Technischen ganz ähnlich sein, doch verschieden war der geistige Boden, aus dem die beiden Werke erwuchsen. Die «Descriptions» entstammten der Atmosphäre der im Geiste Colberts auf staatliche Hebung von Handwerk und Industrie merkantilistisch eingestellten Pariser Akademie. Die Anfänge zu diesem Werke gingen, wie wir schon sagten, noch bis ins ausgehende 17. Jahrhundert zurück. Die «Encyclopédie» hingegen, liberal aufklärerisch orientiert, wies in die Zukunft. Réaumur, der Direktor der Akademie, der lange Zeit hindurch das Unternehmen der «Descriptions» vorbereitet hatte, und Diderot, der Hauptträger des Enzyklopädiegedankens, waren Gegenspieler. Nach Réaumurs Zeugnis haben die Enzyklopädisten einige ihrer Bildtafeln in Anlehnung an Stiche der «Descriptions» anfertigen lassen. Mit beißendem Spott bemerkte der greise Réaumur von Diderot, der ja die technischen Abschnitte der «Encyclopédie» bearbeitete:

«Der Sohn des Messerschmieds folgte einem Atavismus, indem er sich die Abschnitte über die technischen Künste vorbehielt.»

Mehrfach hob er im Hinblick auf die «Encyclopédie» hervor, daß es gefährlich sei, Wissenschaft und Politik zu verbinden.

Deutschland zeigte im 18. Jahrhundert, namentlich in den einzelnen lutherischen Territorien – wie Müller-Armack hervorhebt –, die überaus starke Entwicklung einer staatlichen Wirtschaftspolitik mit einem hauptsächlich von Professoren und Theologen abgefaßten Schrifttum, in dem auch das Gewerbewesen eine Rolle spielte. Dieser sogenannten kameralistischen Literatur haftete etwas von der Enge der deutschen Kleinstaaten an. Besonders Joh. Beckmann, Professor der ökonomischen Wissenschaften in Göttingen, der Begründer der Gewerbekunde oder Technologie als Hochschulwissenschaft, bemühte sich in Deutschland um die Sammlung und wissenschaftliche Darlegung technischer und gewerblicher Kenntnisse. «Gelehrte werden Ge-

54: Stecknadel-Manufaktur, Kupferstich, 1762.

werbe erheben helfen» war 1777 seine programmatische Meinung. Der Universitätsunterricht in Technologie im Rahmen der Staatswissenschaften, wie wir ihm im 18. Jahrhundert vielfach begegnen, sollte besonders den künftigen Verwaltungsmann der fürstlichen Kammern mit Fragen des Gewerbe- und Manufakturwesens vertraut machen. Schon 1727 hatte Friedrich Wilhelm I. an den Universitäten Halle und Frankfurt a. d. O. die Technologie innerhalb der Staats- und Kameralwissenschaft in den akademischen Lehrplan eingeführt. Dieser aus dem Kameralismus hervorgegangene Ansatz einer Behandlung technologischer Gebiete an den Universitäten war nicht kräftig genug, sich zu entfalten. Für den höheren Verwaltungsbeamten trat mit dem Ausklang des kameralistischen Zeitalters und dem Heraufkommen der liberalistischen Wirtschaftsgesinnung im 19. Jahrhundert zunächst ausschließlich die juristische Ausbildung in den Vordergrund. Die technischen Disziplinen aber erhielten auf eigenen Hochschulen eine Pflegestätte.

In den schon genannten «Descriptions des arts et métiers» lieferte der französische Ingenieur J. R. Perronet 1762 auch eine arbeitswissenschaftliche Untersuchung über die Stecknadel-Manufaktur (Abb. 54). Hier erreichte man durch rationelle Arbeitszerlegung eine wesentliche Produktionssteigerung, obwohl die angewandten Maschinen noch recht einfach waren. Das Schaffen des einzelnen wurde zu einer reinen Quantitätsarbeit. Die einzelnen Handgriffe begann man zeitmäßig zu erfassen.

Wirtschaftlicher Liberalismus

Gegenüber der staatlichen Bevormundung bei Wirtschaft, Gewerbe- und Manufakturwesen im Merkantilismus und Kameralismus zeigte sich, wir betonen es bereits, im englischen Unternehmertum, aber auch im Kreise der französischen Enzyklopädisten und Physiokraten der kräftige Zug zum wirtschaftlichen Liberalismus. Dieser individualistischen und liberalistischen wirtschaftlichen Einstellung, die freien Wettbewerb und Freihandel als Grundlagen eines gesunden Wirtschaftssystems forderte, verlieh Adam Smith 1776 in seinem Werk über den Reichtum der Nationen literarischen Ausdruck. Er meinte, daß ein freier Wettbewerb der wirtschaftlichen Kräfte von selbst zu gesellschaftlicher Harmonie und zu sozialem Ausgleich führe. In erster Linie, sagt Smith, gelte es, das Arbeitsquantum zu steigern. Dies aber könne nur durch Förderung des Manufakturwesens, insbesondere durch weitgehende Arbeitsteilung in den Manufakturen, erreicht werden. Über die Arbeitsteilung lesen wir bei Smith:

«Die große, durch die Arbeitsteilung herbeigeführte Vervielfältigung der Produkte in allen verschiedenen Künsten bewirkt in einer gutregierten Gesellschaft jene allgemeine Wohlhabenheit, die sich bis zu den untersten Klassen des Volkes erstreckt. Jeder Arbeiter hat über das Quantum seiner eigenen Arbeit hinaus, welches er selbst braucht, noch einen großen Teil zur Verfügung, und da jeder andere Arbeiter sich völlig in derselben Lage befindet, so ist er imstande, einen großen Teil seiner eigenen Waren gegen einen großen Teil oder, was auf dasselbe hinauskommt, gegen den Preis eines großen Teils der ihrigen zu vertauschen. Er versorgt sie reichlich mit dem, was sie brauchen, und sie helfen ihm ebenso vollkommen mit dem aus, was er bedarf, und es verbreitet sich allgemeiner Wohlstand über die verschiedenen Stände der Gesellschaft.»

Von Smiths Betonung eines freien, selbstverantwortlichen Schaffens zeugen die folgenden Sätze:

«Das natürliche Bestreben jedes Menschen, seine Lage zu verbessern, ist, wenn es sich mit Freiheit und Sicherheit geltend machen darf, ein so mächtiges Prinzip, daß es nicht nur allein und ohne alle Hilfe die Gesellschaft zum Wohlstand und Reichtum führt, sondern auch hundert unverschämte Hindernisse überwindet, mit denen die Torheit menschlicher Gesetze es nur allzuoft zu hemmen suchte. Freilich ist die Wirkung solcher Hindernisse jederzeit mehr oder weniger die, die Freiheit dieses Prinzips zu beschränken oder seine Sicherheit zu vermindern. In Großbritannien ist das Gewerbe vollkommen sicher, und ob es gleich weit davon entfernt ist, vollkommen frei zu sein, so ist es doch ebenso frei oder noch freier als in irgendeinem Teile von Europa» (Übers. von E. Grünfeld).

Die Loslösung von der staatlichen Bevormundung und die Hinwendung zum freien, selbstverantwortlichen Schaffen vollzog sich auf dem Kontinent sehr langsam. England ging hier, wie gesagt, weit voran. Verbunden mit dieser Entwicklung war das Streben des technisch schaffenden Bürgertums, sich selbst Institutionen der technischen Schulung und Weiterbildung zu schaffen. Aus freier Wirtschaftsgesinnung heraus wurde bereits 1754 in England eine «Society for the encouragement of arts, manufactures and commerce» gegründet, keine staatliche Einrichtung, sondern eine Vereinigung von Männern zur Förderung ihrer eigenen freien technischen Arbeit.

Der Vorsprung Englands in der Technik

Der dem Puritanertum eigene Geist intensiver wirtschaftlicher und technischer Regsamkeit war auch in den englischen Kolonien Amerikas wirksam. Bereits der erste bedeutsame Wissenschaftler und Techniker Amerikas, Benjamin Franklin, zugleich ein großer Staatsmann, ist uns Zeuge eines starken Dranges nach wirtschaftlicher Aktivität und eines ausgeprägten Erwerbsstrebens, wenn auch hier – gegenüber dem Puritanertum des 17. Jahrhunderts – das religiöse Moment mehr zurücktrat. Franklin schreibt 1748:

«Bedenke, daß Zeit auch Geld ist! Wer den Tag zwei Taler mit Arbeiten verdienen kann und die Hälfte dieses Tages spazierengeht oder müßig sitzt, der darf, gibt er gleich auf seinem Spaziergange oder in seiner Untätigkeit nur sechzehn Groschen aus, diese nicht als den einzigen Aufwand betrachten. Er hat, in der Tat, außerdem noch einen Taler und acht Groschen vertan oder richtiger weggeworfen ...

... Der Weg zum Reichtume ist, wenn du nur willst, so eben wie der Weg zum Markte. Er hängt meistens von zwei Wörtchen ab: Tätigkeit und Sparsamkeit; das heißt: verschwende weder Zeit noch Geld, sondern mache von beiden den besten Gebrauch! Ohne Tätigkeit und Sparsamkeit kommst du mit nichts, bei denselben mit allem aus. Wer alles erwirbt, was er mit Ehren erwerben kann, und (notwendige Ausgaben abgerechnet) alles erhält, was er erwirbt, der wird sicherlich reich werden – und wenn anders jenes Wesen, das die Welt regiert und von dem jeder Segen zu seinem ehrlichen Fleiße erflehen sollte, seiner weisen Vorsicht nach es nicht anders beschlossen hat.»

Von den großen technischen Fortschritten des englischen Mutterlandes im 18. Jahrhundert war oben schon kurz die Rede. Grundlage der rapiden technischen Entwicklung in der zweiten Hälfte des 18. Jahrhunderts war zu einem **wesentlichen Teil der Aufschwung des Eisenhüttenwesens**, der durch eine Kette bedeutsamer Erfindungen gekennzeichnet wird, deren wichtigste aber die Auffindung eines Verfahrens war, brauchbares Roheisen aus dem Erz mit Steinkohlenkoks, anstelle der immer schwerer zu beschaffenden Holzkohle, zu erschmelzen. Abraham Darby dem Älteren verdanken wir die ersten Anfänge dieser Erfindung (um 1709). Sein Sohn, Abraham Darby der Jüngere, hat am Ausbau des Verfahrens, das seit 1735 mit Erfolg angewandt wurde, wesentlichen Anteil. Es waren vor allem sittenstrenge, arbeitsame und dem technischen Fortschritt zugetane Quäkerfamilien, die im Eisenhüttenwesen eine wesentliche Unternehmerrolle spielten. Nicht nur die Familie Darby, auch Benjamin Huntsman, Sampson Lloyd, Jeremiah Homfray, die Familie Reynolds und manche andere, die sich um das englische Eisenhüttenwesen verdient machten, waren Quäker.

Seit John Kay 1733 durch die Erfindung der Schnell-Lade zur Schiffchenbewegung den Webvorgang beschleunigte, setzte ein Wechselspiel ein zwischen fortschreitender Mechanisierung des Spinnens und des Webens. Eine leistungsfähigere Webvorrichtung erzeugte Garnhunger und damit das Bedürfnis nach einer Beschleunigung des Spinnprozesses. Eine weiterentwikkelte Spinnmaschine wiederum verlangte nach einer stärkeren Mechanisierung des Webstuhls. Die einzelnen Erfindungen dieses Gebietes, von denen die eine die andere herausforderte, sollen hier nicht näher betrachtet werden. Bei dieser Entwicklung, die besonders beschleunigt wurde, indem das englische Parlament 1774 den Gebrauch im Lande gefertigter, ganz baumwollener Stoffe gestattete, machte sich bald das Bedürfnis nach einem besseren Antrieb als den durch menschliche Muskelkraft geltend. Der Wasserkraftantrieb für Spinnmaschinen, der um 1775 eingeführt wurde, war eine Verbesserung; doch Wasserkräfte standen nicht überall und nicht immer in genügendem Maße zur Verfügung. So wuchs das Verlangen nach einer wirksamen, von Wetter und Jahreszeit unabhängigen Kraftquelle. Hier brachte die Wattsche Dampfmaschine mit Drehbewegung Hilfe.

Ausgehend von Th. Newcomens atmosphärischer Dampfmaschine, die wenig rationell arbeitete, gelang es James Watt, eine Maschine zu entwerfen, deren Kohlenverbrauch nur ein Viertel der alten Newcomen-Maschine betrug. Watt erreichte dies 1765, indem er in seiner Maschine nicht mehr, wie bei Newcomen, die Atmosphäre, sondern den Dampfüberdruck die Arbeit leisten ließ, indem er weiter den Zylinder mit einem Dampfmantel umgab, wodurch die schädliche Eintrittskondensation des Dampfes verhindert wurde, und indem er schließlich einen vom Zylinder getrennten Kondensator einführte. In Watts erfolgreichem Ringen um eine brauchbare Dampfmaschine begegnen sich zwei Entwicklungslinien: die konstruktive, die von O. von Guericke über D. Papin, Th. Savery und Th. Newcomen lief, und die physikalische, die durch die Arbeiten des 17. und 18. Jahrhunderts über die Wärmeerscheinungen gekennzeichnet wird. Watts Maschine, die von ihm noch weiter vervollkommnet wurde, ist ebenso das Ergebnis genialen konstruktiven Sinnes wie auch – und insofern ist sie im Unterschied zu Newcomens Maschine Produkt einer wissenschaftlich betriebenen Technik – der Anwendung physikalischer Kenntnisse über die durch Versuch und Messung bestimmten Eigenschaften des Wasserdampfes.

Die Übertragung des genialen Erfindungsgedankens in die Wirklichkeit war nicht leicht. Besondere Schwierigkeiten bereitete auch bei Watt die Herstellung präziser Zylinder. Hier half erst John Wilkinsons Erfindung eines verbesserten Bohrwerkes. Schließlich trug die glückliche Verbindung Watts mit einem fähigen Unternehmer, Matthew Boulton, noch wesentlich zum

Siegeszug der neuen Erfindung bei. In Wilkinsons Eisenwerk lief 1776 die erste Wattsche Dampfmaschine. Bald leistete sie im Bergbau, in Hüttenwerken und seit den achtziger Jahren als Maschine mit Drehbewegung besonders in Textilunternehmungen als Antriebskraft vielerorts ersprießliche Arbeit. Die Ausbildung immer neuer Werkzeug- und Arbeitsmaschinen von steigender Größe und Kapazität war erst durch Watts Dampfmaschine möglich, die in hinreichendem Maße Antriebskraft zur Verfügung stellte.

Aus Watts berühmtem erstem Dampfmaschinenpatent von 1769, einem der bedeutendsten Dokumente aus der Geschichte der Technik des 18. Jahrhunderts, zitieren wir einige Sätze:

«Allen denjenigen, welchen dieses Schriftstück zu Gesicht gelangt, sende ich, James Watt, aus Glasgow in Schottland, Kaufmann, meinen Gruß ...

Mein Verfahren der Verminderung des Verbrauches an Dampf und, hierdurch bedingt, des Brennstoffes in Feuermaschinen setzt sich aus folgenden Prinzipien zusammen:

Erstens, das Gefäß, in welchem die Kräfte des Dampfes zum Antrieb der Maschine Anwendung finden sollen, welches bei gewöhnlichen Feuermaschinen Dampfzylinder genannt wird und welches ich Dampfgefäß nenne, muß während der ganzen Zeit, wo die Maschine arbeitet, so heiß erhalten werden, als der Dampf bei seinem Eintritte ist, und zwar erstens dadurch, daß man das Gefäß mit einem Mantel aus Holz oder einem anderen die Wärme schlecht leitenden Material umgibt, daß man dasselbe zweitens mit Dampf oder anderweitigen erhitzten Körpern umgibt und daß man drittens darauf achtet, daß weder Wasser noch ein anderer Körper von niedrigerer Wärme als der Dampf in das Gefäß eintritt oder dasselbe berührt.

Zweitens muß der Dampf bei solchen Maschinen, welche ganz oder teilweise mit Kondensation arbeiten, in Gefäßen zur Kondensation gebracht werden, welche von den Dampfgefäßen oder -zylindern getrennt sind und nur von Zeit zu Zeit mit diesen in Verbindung stehen. Diese Gefäße nenne ich Kondensatoren, und es sollen dieselben, während die Maschinen arbeiten, durch Anwendung von Wasser oder anderer kalter Körper mindestens so kühl erhalten werden als die die Maschine umgebende Luft.

Drittens, sobald Luft oder andere durch die Kälte des Kondensators nicht kondensierte elastische Dämpfe den Gang der Maschine stören, so sind dieselben mittels Pumpen, welche durch die Maschine selbst betrieben werden, oder auf andere Weise aus den Dampfgefäßen oder Kondensatoren zu entfernen ...» (Übers. von M. Geitel, 1913).

Zu derselben Zeit, da die ersten Wattschen Dampfmaschinen ihre Glieder regten, trat J. Smeaton mit der verbesserten atmosphärischen Dampfmaschine hervor. Smeaton hatte, ohne an der Wirkungsweise der Newcomen-Maschine etwas Wesentliches zu ändern, durch Versuch und Rechnung die günstigsten Abmessungen der Maschine bestimmt und alle Einzelteile besonders sorgfältig ausführen lassen. Im Geiste einer wissenschaftlich betriebenen Technik gelang es so dem berühmten Ingenieur, die atmosphärische Maschine zur höchstmöglichen Vollendung zu führen. Aber die Wattsche Maschine brauchte dank dem genialen Erfindungsgedanken Watts doch nur halb soviel Kohlen für die gleiche Leistung wie Smeatons atmosphärische Maschine.

Englands Vormachtstellung in Technik und Industrie war für jene Zeit unbestreitbar. Auf dem Kontinente ging die Entwicklung viel langsamer vor sich. In Deutschland wurde zwar bereits 1785 die erste im Lande gebaute Wattsche Dampfmaschine, eine einfach wirkende Niederdruckmaschine, im Bergbau bei Hettstedt unweit Mansfeld zur Wasserförderung in Betrieb genommen, aber in andere Zweige der Technik drang sie hier erst nach der Jahrhundertwende ein.

Deutsche Englandreisende des ausgehenden 18. Jahrhunderts standen voller Bewunderung vor den für ihre Zeit riesenhaften technischen Wunderwerken der englischen Eisenhütten, Manufakturen und Fabriken. 1791 sah

55: Senkrechte Zylinderbohrmaschine für Dampfzylinder aus der Soho Foundry, der ersten Fabrik, in der man Maschinen benutzte, um Maschinen herzustellen, um 1800. Stahlstich, 1895.

56: Doppeltwirkende Wattsche Dampfmaschine mit Drehbewegung. Länge des Waagebalkens etwa 4,75 m. Zeichnung, 1791.

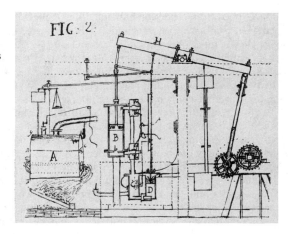

der junge, zwanzigjährige Georg Reichenbach, der später zusammen mit J. Utzschneider und Jos. Liebherr in München ein mathematisch-mechanisches Institut gründete, auf einer Englandreise, die er mit dem bayerischen Maschineninspektor Joseph von Baader zum Studium des englischen Maschinenwesens unternommen hatte, in der Fabrik von Boulton & Watt zu Soho (Abb. 55) Watts doppeltwirkende Dampfmaschine für rotierende Bewegung. In seinem Tagebuch berichtet Reichenbach, daß Boulton über die Besucher, die sich die Wattsche Dampfmaschine näher betrachten wollten, nicht sehr erfreut war. Reichenbach aber gelang es durch kleine Trinkgelder, sich «eine vorteilhafte Gelegenheit zu verschaffen, den Mechanismus der Wattischen Feuer- oder Dampfmaschine vollkommen zu studieren» (Abb. 56).

Technik und Wissenschaft

Im 18. Jahrhundert war man bestrebt, die Wissenschaft auf das technische Schaffen anzuwenden. So suchte der französische Ingenieur B. F. de Bélidor schon im zweiten Drittel des 18. Jahrhunderts mehr als bisher «die Theorie der Mechanik auf die Maschinen zu applizieren», wie Christian Wolff 1740 sagte. Hier bei Bélidor sah Wolff sein und seiner Zeit Bemühen verwirklicht, die Künste durch die mathematischen Wissenschaften zu verbessern und dadurch die menschliche Glückseligkeit zu fördern. Bélidor gebrauchte auch bereits die junge Infinitesimalrechnung zur Lösung hydrotechnischer Probleme, also solcher Aufgaben, «welche die lautere, reine, praktische Ausübung betreffen». Bélidor half mit, den Ruhm der angewandten Wissenschaft in Frankreich zu begründen, die im letzten Drittel des Jahrhunderts von Ch. A. de Coulomb, J. R. Perronet und M. R. de Prony, um nur diese drei Namen zu nennen, weitergeführt wurde. England ging mehr die Wege bloßer praktischer Erprobung. Wir wollen aber die wesentliche Bedeutung, die wissenschaftliche Untersuchungen aus der Wärmelehre für Watts rationelle Dampfmaschine hatten, nicht übersehen.

Die Anwendung der Wissenschaft in der Technik stieß allzuoft auf den Widerstand der reinen Praktiker, zumal man manches Mal nicht den gewünschten Erfolg erreichte. Papst Benedikt XIV. ließ 1742/43 die Peterskuppel, die Schäden zeigte, statisch untersuchen. Eine Kommission von drei Mathematikern, Th. Le Seur, F. Jacquier und G. Boscowich, gab u. a. ein Gutachten ab über die Ursachen der Schäden und die Wege, sie zu beheben. Dabei suchte man das Problem durch beachtenswerte mechanische Betrachtungen – allerdings, von heute aus gesehen, ungenügende – rechnerisch zu lösen. Gar manche Stimme erhob sich gegen die «mathematische» Methode. So äußerte ein Kritiker 1744: «Wenn man die Peterskuppel ohne Mathematiker ersinnen, entwerfen und ausführen konnte, und namentlich auch ohne die heutigentags so sehr gepflegte Mechanik, wird man sie auch wiederherstellen können, ohne daß nun in erster Linie die Mathematiker und die Mathematik erforderlich wären.»

Friedrich der Große machte sich 1778 in einem Brief an F. M. Voltaire über ein nach mathematischen Grundsätzen von L. Euler berechnetes Wasserhebewerk, das nicht funktionierte, in köstlicher Weise lustig. Er schrieb:

«Die Engländer haben Schiffe mit dem nach Newtons Meinung vorteilhaftesten Querschnitt gebaut; ihre Admirale aber haben mir versichert, daß diese Schiffe längst nicht so gute Segler seien wie die nach den Regeln der Erfahrung gebauten. Ich wollte in meinem Garten einen Springbrunnen anlegen; Euler berechnete die Leistung der Räder, die das Wasser in einen Behälter heben sollten, damit es dann, durch Kanäle geleitet, in Sanssouci in Springbrunnen wieder in die Höhe steige. Mein Hebewerk ist nach mathematischen Berechnungen ausgeführt worden, und doch hat es keinen Tropfen Wasser bis auf fünfzig Schritt vom Behälter heben können. Eitelkeit der Eitelkeiten! Eitelkeit der Mathematik!»

In Frankreich hob sich durch seine klassischen Steinbrücken (u. a. Pont de Neuilly 1768–1774 und Pont de la Concorde 1787–1791) der schon genannte J. R. Perronet, Reformator der berühmten École des Ponts et Chaussées, besonders hervor. Mit ihm ging der Brückenbau von der «Kunst» zur Ingenieurwissenschaft über. Durch genaue Beachtung der Möglichkeiten des Baumaterials, über die ihm Widerstands- und Tragkraftversuche Auskunft gaben, und durch die Konstruktion wichtiger Baumaschinen vermochte Perronet seine so meisterhaften Brückenbauten zu schaffen.

Zeugnis erfolgreicher Anwendung der auf Experiment und Berechnung fußenden Wissenschaft auf technische Probleme sind auch die Arbeiten

Ch. A. de Coulombs aus dem letzten Viertel des 18. Jahrhunderts. Coulomb suchte insbesondere 1776 mit Scharfsinn die mathematischen Sätze über Maxima und Minima auf Probleme der Baustatik anzuwenden. So vermochte er die relative Festigkeit eines an einem Ende eingemauerten, waagerechten, *biegsamen* Balkens von rechteckigem Querschnitt richtig zu errechnen, was G. Galilei noch nicht gelungen war. Beispiele von Coulombs lichtvoller Arbeit sind auch die Bestimmung des Erddrucks gegen Futtermauern (1776) und die Berechnung von Gewölben.

Die französische Technik, ausgezeichnet durch die Anwendung wissenschaftlicher Prinzipien bei der Lösung praktischer Aufgaben, fand am Ende des Jahrhunderts in der École Polytechnique zu Paris eine würdige Lehr- und Pflegestätte. Vornehmlich aus den kriegstechnischen Erfordernissen des Frankreich der Revolutionskriege entstand 1794/95 diese hohe Schule einer wissenschaftlich betriebenen Technik. A. F. de Fourcroy, der um die Ausbreitung der Lehre Lavoisiers besonders verdiente Chemiker, umriß kurz die zahlreichen Sparten des Ingenieurberufs, denen die École Polytechnique die wissenschaftliche Grundausbildung vermitteln sollte. An die École Polytechnique schlossen dann einzelne hohe Spezialschulen an. Fourcroy schrieb 1794:

«Wir brauchen: 1. Kriegsingenieure für den Bau und die Unterhaltung von Befestigungsanlagen, für den Angriff und für die Verteidigung von Orten und Lagern, für den Bau und die Unterhaltung militärischer Gebäude, wie Kasernen, Arsenale usw. – 2. Brücken- und Straßenbauingenieure für den Bau und die Unterhaltung der Verbindungswege zu Land und zu Wasser, wie Straßen, Brücken, Kanäle, Schleusen, Seehäfen, Dämme, Leuchttürme, Gebäude für die Marine. – 3. Vermessungsingenieure für die Aufnahme allgemeiner und besonderer Karten des Landes und des Meeres. – 4. Bergingenieure für das Aufsuchen und die Nutzung der Mineralien, für die Behandlung der Metalle und für die Vervollkommnung der Hüttenprozesse. – 5. Schiffsingenieure für die Marine, die den Bau aller Wasserfahrzeuge leiten, die den Schiffen die für ihren besonderen Dienst vorteilhaftesten Eigenschaften geben und die die Versorgung der Häfen mit Bauholz und allen Arten von Materialien überwachen.»

Die erste deutsche polytechnische Schule, die 1825 zu Karlsruhe gegründet wurde, ließ im Aufbau zum Teil eine gewisse Abhängigkeit von der Pariser polytechnischen Schule erkennen.

Es sei hier noch kurz der Blick gelenkt auf das dem lutherischen Pietismus in Deutschland eigene Streben, die naturwissenschaftliche und technische Bildung in der Jugend zu heben. Der Pietismus stand der philosophischen Spekulation mißtrauisch gegenüber, da sie doch nicht den Sinn der Welt erfassen könne; dieser sei eher zu erkennen aus den Werken Gottes, aus der Natur. Daraus folgte die Vorliebe für das empirische Einzelwissen. Die Betrachtung technischer und naturwissenschaftlicher Gegenstände sollte im Pietismus primär zwar der Frömmigkeit dienen, kam aber auch der allgemeinen Neigung jener Zeit für diese Gebiete entgegen. Die 1708 errichtete Realschule Christoph Semlers in Halle und die 1747 gegründete Berliner «Ökonomisch-mathematische Realschule» Joh. Jul. Heckers wurzelten in diesem geistigen Boden. Die Erkenntnis der Bildungswerte der Arbeit und die Betrachtung der Arbeit als asketischen Mittels zeitigten eine Reihe von Unterrichtswerken mit stark realistischer Einstellung, die sich mit Eifer technischer und technologischer Gegenstände annahmen. Vornehmlich Männer des Erziehungswesens, in erster Linie pietistische Theologen, waren die Verfasser. Die dem Pietismus eigene Betonung des Studiums der Natur zur Ehre Gottes und das Bemühen, Rationalismus und Empirie zu vereinen, rückten diese Strebungen in eine gewissen Nähe zum englischen Puritanismus.

Sechster Teil

Die Zeit der Industrialisierung

Einleitung

Das 19. Jahrhundert war die Epoche einer raschen Industrialisierung. Dieser Prozeß wurde von mannigfaltigen ökonomischen und sozialen Erschütterungen begleitet. Die Dampfmaschine als Antriebsmittel, zahlreiche neuerfundene Arbeitsmaschinen und das Eisen als wesentlichster Werkstoff traten ihren Siegeszug an. Träger der Technisierung war das von dem Gedanken des Liberalismus erfüllte Bürgertum, das in der Französischen Revolution seinen Aufbruch erlebt hatte. Mit der Industrialisierung schwand die alte Gewerbeverfassung mit ihren patriarchalischen Verhältnissen. Der Stand der besitzlosen Industriearbeiter bildete sich heraus. Eine soziale Bewegung entstand.

Während die Industrialisierung in England das Werk eines freien Unternehmertums war, mußte in Deutschland bei der Ausbildung einer nationalen Industrie der Staat mitwirken. Der Aufbau eines Industriestaates war in Deutschland, wie insbesondere Franz Schnabel in seiner «Deutschen Geschichte im 19. Jahrhundert» (Bd. 3, 2. Aufl. 1950) anschaulich dargelegt hat, nicht zuletzt eine umfassende Bildungsaufgabe, und zwar in doppelter Weise. Einmal galt es ganz allgemein, den Bildungsstand im Volke zu heben, um die geistigen und damit auch materiellen Bedürfnisse zu steigern und um das Verständnis des einfachen Arbeiters für das neue Maschinenwesen zu fördern, und zum anderen mußte eine den erhöhten wissenschaftlichen und technischen Anforderungen, die die Industrie stellte, gerecht werdende höhere Technikerschaft ausgebildet werden. Diese große Bildungsaufgabe aber bedurfte der Wahrnehmung durch den Staat. Des weiteren galt es, das industrielle Unternehmertum zu fördern. Freien Unternehmergeist zum Wohle des Staates konnte man aber nur erwarten, wenn man überhaupt die Anteilnahme des einzelnen am Gemeinwesen belebte. Industrielles Unternehmertum zugunsten des Staates hatte daher zur Voraussetzung, daß man den Unternehmer an den Geschicken des Staates mehr Anteil nehmen ließ als bisher. So hingen Industrieentwicklung und konstitutionelle Bestrebungen eng zusammen. Ebenso stand es ja auch mit den Volksheeren. Auch hier konnte man den Einsatz des Volkes nur verlangen, wenn man ihm Mitbestimmung, Selbstachtung und Selbstverwaltung gab.

Die Dampfmaschine, die der Epoche der Industrialisierung das Gesicht gab, griff auch auf das Verkehrswesen über. Dampfschiff und Dampfeisenbahn waren die neuen Transportmittel, ohne welche die gewaltige Produktionssteigerung in den Fabriken nicht möglich gewesen wäre. Der den galvanischen Strom nutzende Telegraf half im Nachrichtenwesen Raum und Zeit überwinden, und die neue Beleuchtungsart des Gaslichts ermöglichte es, daß man in den Fabriken auch abends und nachts arbeiten konnte. «Hell muß es sein, wo *ein* Arbeiter 840 Fäden übersehen muß», sagte Chr. Peter Wilhelm Beuth 1823 von den mit Gaslicht beleuchteten Baumwollspinnereien in Manchester. Neben die Dampfmaschine traten im letzten Drittel des 19. Jahrhunderts Kraftmaschinen anderer Art, von denen aber erst später die Rede sein soll.

Das 19. Jahrhundert brach der wissenschaftlich betriebenen Technik in immer stärkerem Maße Bahn. Besonders die Bautechnik – wir denken an die französischen Bauingenieure –, aber auch die feinmechanische und optische Industrie – wir heben hier vor allem Jos. von Fraunhofer hervor – bedienten sich in der ersten Hälfte des Jahrhunderts wissenschaftlich-technischer Methoden. Ein wissenschaftlich betriebener Maschinenbau begann in Deutschland erst um die Jahrhundertmitte. Frankreich mit seiner École Polytechnique war hier vorausgegangen. Die Technisierung des 19. Jahrhunderts wirkte auch auf die wissenschaftliche Forschung zurück. Die Technik lieferte der Forschung Werkzeuge, die ganz neue Wege zu gehen erlaubten.

Das Bürgertum des 19. Jahrhunderts war trotz mancher kulturkritischer Gegenstimmen und trotz der brennenden sozialen Frage besonders im Gefolge des raschen Aufstiegs der Technik von dem festen Glauben an einen unaufhaltsamen Fortschritt in Wissenschaft und Technik beseelt, der gleichsam bis ins unendliche von selbst weiterlaufe. Dieser Glaube an die Kraft des Fortschritts befähigte zu den kühnsten technischen Leistungen.

Mit der Industrialisierung ging eine überaus starke Bevölkerungszunahme einher. Zwischen 1800 und 1940 hat sich die Bevölkerung in den romanischen Ländern verdoppelt, in den germanischen sogar verdreifacht. Man sieht in der rapiden Entwicklung der Wirtschaft, Technik und Hygiene gern die Ursache dieses raschen Bevölkerungsanstieges. Wir möchten indes annehmen, daß diese äußeren Einflüsse auf die demographischen Verhältnisse nicht ausschlaggebend waren. Hier mögen eher gewisse innere Faktoren wirksam gewesen sein. In den slawischen Ländern, wo der technische Fortschritt viel geringer war, haben wir zwischen 1800 und 1940 sogar eine Vervierfachung der Bevölkerungszahl zu verzeichnen. In Asien hat sich die Menschenzahl in den vergangenen eineinhalb Jahrhunderten ebenso erhöht wie im abendländischen Kulturkreis. Die schnell fortschreitende industrielle Produktion mag also wenigstens zum Teil erst durch die rasche Bevölkerungszunahme möglich gewesen sein.

Der Individualismus und Liberalismus in der Zeit der ersten Entwicklung des Industriewesens wich später neuen Bedingungen, die sich bei den Arbeitern in Arbeiterorganisationen und bei den Unternehmern in verschiedenartigen Zusammenschlüssen, wie Syndikaten, Kartellen und Trusts, kundtaten. In der Bildung von Aktiengesellschaften machte sich eine Demokratisierung des Kapitalismus geltend.

Die Ausbreitung der Dampfmaschine

Watts doppeltwirkende Dampfmaschine mit Drehbewegung war die Voraussetzung der raschen Entwicklung des Industriewesens. Wir erwähnten bereits, daß die Dampfmaschine 1786 in die Baumwollspinnerei einzog. In Deutschland konstruierte zwischen 1794 und 1825 vor allem der Maschinenmeister August Friedrich Wilhelm Holtzhausen zunächst atmosphärische, dann Wattsche einfach wirkende und schließlich auch doppeltwirkende Dampfmaschinen. Holtzhausen baute seine Maschinen in Gleiwitz in Oberschlesien. Auch die erste Dampfmaschine des westfälischen Steinkohlenbergbaus kam 1801 aus Schlesien. Sie regte den fähigen westfälischen Tischler und Mechaniker Franz Dinnendahl an, seit 1801 selbst Dampfmaschinen

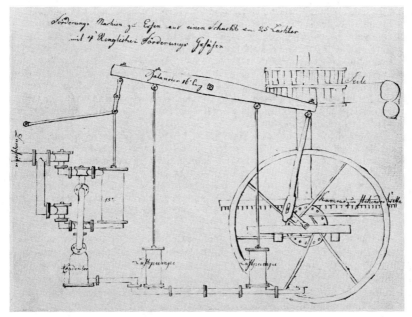

57: Franz Dinnendahls 15zöllige, doppeltwirkende Dampfmaschine zur Kohlenförderung für eine Steinkohlengrube auf der Röttgersbank bei Essen. Zeichnung, 1807.

zu bauen (Abb. 57). Von den großen Schwierigkeiten, die die Herstellung dieser Maschinen, zunächst einer atmosphärischen, dann solcher «nach dem neuen Prinzip» Watts, und namentlich die Fertigung der einzelnen Teile bereiteten, gibt uns Dinnendahl in seiner Selbstbiographie ein anschauliches Bild. Er schreibt:

«Das ganze Personal am Märkischen Bergamte..., selbst fremde Bergleute, welche Dampf-Maschinen zu sehen Gelegenheit gehabt hatten, zweifelten daran, daß ich ein solches Werk zustande bringen würde. Einige schwuren geradezu, daß es unmöglich sei, und andere prophezeiten mir, weil es mir als gemeinem Handwerker jetzt wohl ging, meinen Untergang, weil ich mich in Dinge einließ, die über meine Sphäre hinausgingen. Freilich war es ein wichtiges Unternehmen, besonders, weil in der hiesigen Gegend nicht einmal ein Schmied war, der imstande gewesen wäre, eine ordentliche Schraube zu machen, geschweige andere zur Maschine gehörige Schmiedeteile, als Steuerung, Zylinderstange und Kessel-Arbeit pp. hätte verfertigen können oder Bohren und Drechseln verstanden hätte. Schreiner- und Zimmermanns-Arbeiten verstand ich selbst; aber nun mußte ich auch Schmiede-Arbeiten machen, ohne sie jemals gelernt zu haben. Indessen schmiedete ich fast die ganze Maschine mit eigener Hand, selbst den Kessel; so daß ich 1–1½ Jahr fast nichts anders als Schmiede-Arbeiten verfertigte, und ersetzte also den Mangel an Arbeitern der Art selbst. Aber es fehlte auch an gut eingerichteten Blechhammern und geübten Blechschmieden in der hiesigen Gegend, weshalb die Platten zum ersten Kessel fast alle unganz und kaltbrüchig waren. Ebenso unvollkommen waren diejenigen Stücke der Maschine, welche die Eisenhütte liefern mußte; als Zylinder, Dampfröhren, Schachtpumpen, Kolben und dgl. Auch dieses Hindernis wurde überwunden ... Das Bohren der Zylinder setzte mir neue Hindernisse entgegen, allein auch dadurch ließ ich mich nicht abschrecken, sondern verfertigte mir auch eine Bohrmaschine, ohne jemals eine solche gesehen zu haben.

So brachte ich es also nach unsäglichen Hindernissen, die vielleicht manchen andern an meiner Stelle abgeschreckt haben würden, endlich so weit, daß die erste Maschine, nach altem Prinzip, fertig wurde ...

Während dieser Zeit hörte ich, daß man auch Maschinen nach einem neuen Prinzip oder nach Watt und Boulton baue, hatte aber davon jemals weder etwas gelesen noch gesehen, und sann daher Tag und Nacht darüber nach, ob und wie ich diese zustande bringen könnte. Endlich vernahm ich, daß eine solche Maschine auf der Saline zu Königsborn bei Unna gebaut wäre. Ich ging also dahin, nahm die Maschine in Augenschein, und kaum hatte ich dieselbe eine Stunde betrachtet, so war ich mit derselben so bekannt, daß ich mich stark genug fühlte, eine ebensolche Maschine zu bauen.»

In Deutschland verwandte man die Dampfmaschine zunächst vornehmlich im Berg- und Hüttenwesen. Als Antrieb in Fabriken drang sie hier gegenüber England anfangs nur langsam vor. Die erste Betriebsmaschine Deutschlands wurde 1800 in der Berliner Königlichen Porzellanmanufaktur aufgestellt. Etwa seit den zwanziger Jahren nahm die Anwendung der Dampfmaschine in den Fabriken des Festlandes stärker zu.

Als Sadi Carnot 1824 seine bedeutsame Schrift über «Die bewegende Kraft des Feuers» schrieb, ging er von der Dampfmaschine seiner Zeit aus, jener

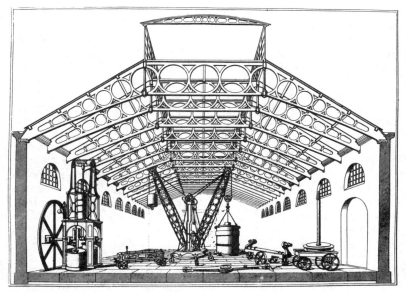

58: Fabrik für Schiffsdampfmaschinen von Maudslay, Sons and Field in London. Stahlstich, 1834.

vielbewunderten Kraftquelle, die die ganze Technik umzugestalten begann. Aber er vermißte bei allem Erfolg der Dampfmaschine eine brauchbare Theorie dieses so «allgemeinen Motors». Carnot suchte nun die allgemeinen Bedingungen zu ergründen, unter denen aus Wärme mechanische Arbeit gewonnen werden kann. Durch das Gedankenexperiment des umkehrbaren Kreisprozesses gelangte er zur Erkenntnis des idealen Arbeitsmaximums, das lediglich abhängig ist von der übergeführten Wärmemenge und den Temperaturen, zwischen denen die Überführung stattfindet, nicht aber vom Arbeitsmittel. Carnots Kreisprozeß als allgemeines Prinzip jeder Wärmemaschine wurde für die weitere Entwicklung der Wärmekraftmaschine von großer Bedeutung. Der an Carnot anschließende Ausbau der Thermodynamik schuf die Grundlage für die neuere wissenschaftliche Behandlung des Wärmemotors, um die sich zunächst seit 1860 Gustav Zeuner besonders bemühte.

Eine besonders tiefgehende Umwälzung rief die Dampfmaschine im Gebiete des Verkehrs hervor. Robert Fulton baute 1807 das erste brauchbare Dampfschiff «Clermont», das zwischen New York und Albany verkehrte. Die Strecke von 240 km wurde in 32 Stunden zurückgelegt. Schon 1819 konnte das erste größere Dampfschiff, das allerdings auch noch Segel führte, die «Savannah», in 29½ Tagen den Atlantik überqueren. Seit den vierziger Jahren nahm die Dampfschiffahrt einen raschen Aufschwung. Große Reedereien wurden gegründet, die Schiffsschraube wurde eingeführt, und das Eisen brach sich als Schiffsbaumaterial Bahn. Der transozeanische Handel wurde ungemein belebt. Die Erdteile rückten näher aneinander.

In der Frühzeit der Dampfschiffahrt ragte die Maschinenfabrik von «Maudslay & Field» durch ihre mit größter Genauigkeit hergestellten Schiffsmaschinen hervor. Meisterhaft konstruierte Werkzeugmaschinen gestatteten hier eine ungemein präzise Fertigung der Maschinenteile (Abb. 58).

An die Seite des Dampfschiffs trat als neues Beförderungsmittel die Dampfeisenbahn, die erst den umfangreichen Gütertransport ermöglichte, den das aufsteigende Fabrikwesen erforderte. Eiserne Gleisbahnen für von Pferden gezogene Transportwagen gab es bereits in den englischen Hüttenwerken im letzten Drittel des 18. Jahrhunderts. Vordem hatte man Holzgleise, wie schon im spätmittelalterlichen deutschen Bergbau; aber der Mangel an Holz und der Aufstieg des Eisenwesens legten die eisernen Bahnen nahe. Die Verbindung von eiserner Bahn und Dampfwagen führte zur Schienendampflokomotive. Der geniale Engländer Richard Trevithick, der schon 1798 eine brauchbare Hochdruckdampfmaschine konstruiert hatte, baute 1803/04 die erste Schienenlokomotive der Welt. Doch erst Robert Stephenson schuf 1829 im Anschluß an die Arbeiten seines Vaters, George Stephenson, eine entwicklungsfähige Dampflokomotive (Abb. 59). Schon 1830 konnte die erste Personendampfeisenbahn der Erde, die Linie von der Hafenstadt Liverpool nach der 53 km entfernten Baumwollstadt Manchester eröffnet werden. Die Anlage dieser Bahn war in bautechnischer Hinsicht ein schwieriges Unternehmen, galt es doch 63 Brücken und Viadukte zu errichten, 5½ km Moorgebiet zu durchschneiden, 3 km Hohlwege auszuheben und einen Tunnel von 2 km Länge zu bohren. Allen Widerständen zum Trotz verbreitete sich der Eisenbahngedanke außerordentlich rasch. Die Eisenbahnlinien wurden die Blutbahnen der Industrie.

In Deutschland bemühte sich als einer der ersten der große Industriebegründer Friedrich Harkort um die Anlage von Eisenbahnen zur Belebung von Gewerbefleiß und Handel. Schon 1825 sagte er:

«Die Eisenbahnen werden manche Revolution in der Handelswelt hervorbringen. Man verbinde Elberfeld, Köln und Duisburg mit Bremen oder Emden, und Hollands Zölle sind nicht mehr! ... Möge auch im Vaterlande bald die Zeit kommen, wo der Triumphwagen des Gewerbefleißes mit rauchenden Kolossen bespannt ist und dem Gemeinsinne die Wege bahnet!»

Auch in einer eigenen Denkschrift über die «Schienenwege» trat Harkort 1826 lebhaft für das Eisenbahnwesen ein.

Die Vorschläge Harkorts fanden zunächst wenig Widerhall. Als Vorkämp-

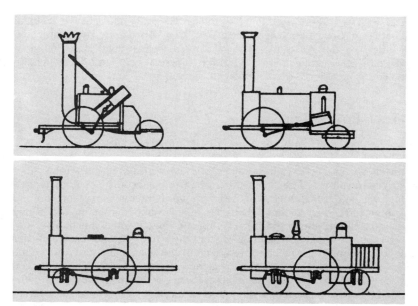

59: Dampflokomotiven R. Stephensons, 1829 bis 1835. Die schematischen Zeichnungen zeigen die Entwicklung von der «Rocket» (1829) zur «Patentee»-Bauart (1834/35), der große Erfolge beschieden waren. Auch die «Adler» der Nürnberg-Fürther Eisenbahn (1835) war eine Stephensonsche Lokomotive der Patentee-Type.

fer des Eisenbahnwesens in Deutschland müssen wir ihm den großen Nationalökonomen Friedrich List an die Seite stellen. Lists Streben war auf die wirtschaftspolitische Einheit des so zersplitterten Deutschlands gerichtet. Er hob schon 1819 hervor, daß die Kraft der Deutschen durch 38 Maut- und Zollsysteme zugrunde ginge. List, der 1825 nach Nordamerika hatte auswandern müssen, verband 1833 nach seiner Rückkehr aus der Neuen Welt seine Lehre von der nationalen Wirtschaft mit dem Gedanken eines nationalen Eisenbahnsystems; denn ein einheitliches deutsches Wirtschaftsgebiet erforderte auch ein einheitliches, umfassendes deutsches Transport- und Verkehrswesen, dem über die Hebung der Wirtschaft hinaus auch die Bedeutung zukomme, Kultur zu verbreiten, den Partikularismus zu überwinden und alle geistigen und politischen Kräfte zu stärken. In der Schrift «Über ein sächsisches Eisenbahnsystem als Grundlage eines allgemeinen deutschen Eisenbahnsystems» (1833) und in anderen Veröffentlichungen legte List seine Gedanken eindringlich dar. Die 115 km lange Bahnstrecke Leipzig–Dresden, die 1839, vier Jahre nach der Eröffnung der ersten deutschen Eisenbahn überhaupt, der 6,1 km langen Linie Nürnberg–Fürth, in Betrieb genommen wurde, war der Anregung Lists zu danken. Deutschland hatte 1840 erst 580 km Eisenbahnen, doch 1850 waren es bereits 5470 km, und 1904 hatte sich die Linienlänge von 1850 verzehnfacht auf 54430 km.

Das Fabrikwesen

Mit der Dampfmaschine als Antriebskraft erschienen auch neue Arbeitsmaschinen auf dem Plan. Das Zusammentreffen beider ermöglichte erst jene ungeheuer rasche Mechanisierung und Industrialisierung, die wir als industrielle Revolution bezeichnen. Aber die Maschine bedurfte zu ihrer Herstellung wieder der Maschine. Mit der Erzeugung immer leistungsfähigerer und komplizierterer Kraft- und Arbeitsmaschinen in immer größerer Anzahl ging die Ausbildung immer präziser arbeitender Werkzeugmaschinen, insbesondere für die Metallbearbeitung, einher. Auch hier leisteten die Engländer Pionierarbeit. Wir sprachen bereits davon, daß Watts Dampfmaschine ohne das Zylinderbohrwerk John Wilkinsons kaum zu verwirklichen gewesen wäre. Der Aufstieg des Maschinenwesens in der ersten Hälfte des 19. Jahrhunderts beruhte zu einem guten Teil mit auf der Verbesserung der Drehbank als der wesentlichsten aller Werkzeugmaschinen. Henry Maudslay gebührt der Ruhm, um 1800 die moderne selbsttätige Drehbank mit verbessertem Support, die ganz aus Eisen gebaut war und die auch schwere Werkstücke präzis zu bearbeiten vermochte, geschaffen zu haben (Abb. 60). Maudslays Schüler, der Schotte James Nasmyth, der 1839 den Dampfhammer erfand, hat uns autobiographische Aufzeichnungen hinterlassen, in denen er über die Zeit berichtet, da er als junger Mann 1829 in Maudslays Werkstatt eintrat. Selten drang ein Ingenieur so tief in die Möglichkeiten des Werkstoffs und seiner Bearbeitung ein wie Maudslay. Hören wir, was Nasmyth in begeisterten Worten über ihn sagt:

«Einer von Maudslays Lieblingsgrundsätzen war: ‹Gewinne erst einmal eine klare Vorstellung von dem, was du bewerkstelligen möchtest, dann wird es dir aller Wahrscheinlichkeit nach auch gelingen, es auszuführen.› Ein anderer Grundsatz war: ‹Wache streng über deine Werkstoffe; mache dich los von jedem Pfund Werkstoff, das du nicht unbedingt brauchst; stelle dir selbst die Frage: Welche Aufgabe hat der Werkstoff zu erfüllen? Vermeide das unnütz Komplizierte und mache alles so einfach wie nur möglich ...›

Er (Maudslay) gelangte dahin, weitläufig über die große Bedeutung der Gleichförmigkeit von Schrauben zu sprechen. Einige mögen dies als Verbesserung bezeichnen, aber es sollte das, was Herr Maudslay einführte, fast eine Revolution im Gebiete der mechanischen Technik genannt werden. Vor seiner Zeit war keinerlei System über das Verhältnis der Zahl der Gänge zum Durchmesser einer Schraube befolgt worden. Jede Schraubenspindel und -mutter war so eine Besonderheit für sich. Sie besaßen und gestatteten auch keinerlei Gemeinsamkeit mit ihren Nachbarn. Soweit war diese Praktik geführt worden, daß alle Spindeln und die entsprechenden Muttern als zueinander gehörig besonders bezeichnet werden mußten. Irgendeine Verwechslung, die bei ihnen vorkam, führte zu endlosem Verdruß und Zeitaufwand sowie zu fruchtloser Verwirrung, besonders wenn Teile zusammengesetzter Maschinen als Reparaturstücke verwandt werden mußten...

Überragende Geschicklichkeit oder hohes technisches Können waren bei ihm im weiten Maße Wissenschaft. Jedes Werkstück wurde nach unerschütterlichen wissenschaftlichen Grundsätzen betrachtet, die im Hinblick auf den Gebrauch und die Behandlung der Werkstoffe angewandt wurden. Das war es, was seinem Umgang mit Werkzeugen und Werkstoffen so viel Reiz und Genuß verließ...

Die angeborene Wahrheitsliebe und Genauigkeit, die Herrn Maudslay auszeichneten, ließen ihn in hohem Maße bei den Handwerkern jene Art technischer Gewandtheit beachten, die sie befähigte, Einzelteile von Maschinen und Mechanismen herzustellen, bei denen vollkommen ebene Oberflächen erforderlich waren. Dies war eine wesentliche Bedingung für die wirksame und dauerhafte Erfüllung ihrer Obliegenheiten. Zuweilen wurde das mit Hilfe von Drehbank und Support bewirkt. Aber in den meisten Fällen kam man zum Ziele durch den geschickten Gebrauch der Feile, so daß das Planfeilen damals, wie noch heute, eine der höchsten Fertigkeiten des gewandten Handwerkers war. Nicht einer von allen, mit denen ich je zusammentraf, konnte Henry Maudslay im geschickten Gebrauch der Feile übertreffen. Mit wenigen meister-

60: Handstahl und Maudslaysche Supportdrehbank. Zeichnungen, 1840.

lichen Strichen konnte er ebene Flächen erzeugen, so sauber, daß sie bei Überprüfung ihrer Genauigkeit mittels einer Standardebene absoluter Richtigkeit niemals für mangelhaft befunden wurden; sie waren weder konvex noch konkav, noch gewunden. Die Wichtigkeit, solche Standardebenen zur Hand zu haben, veranlaßte ihn, einige auf die Werkbänke in unmittelbarer Nähe des arbeitenden Handwerkers auflegen zu lassen. Sie konnten damit sogleich ihre Arbeit bequem überprüfen. Drei solcher Ebenen wurden zugleich hergestellt, in der Weise, daß durch abwechselndes Aufeinanderreiben jeder mit jeder anderen der drei die vorspringenden Oberflächenteile beseitigt wurden. Wenn die Flächen der wahren Ebene sehr nahe kamen, wurden die noch hervortretenden kleinen Spitzen sorgfältig mittels harter Stahlschaber abgetragen, bis man sich endlich der Standardebene sicher war ...

Diese Kunst, absolut ebene Oberflächen herzustellen, ist – wie ich glaube – ein sehr alter mechanischer Kniff. Aber so, wie sie von Maudslays Leuten angewandt wurde, trug sie in hohem Maße zur Verbesserung des hervorgebrachten Werkes bei. Sie wurde angewandt bei den Oberflächen von Schieberventilen oder wo immer absolut ebene Oberflächen wesentlich waren zur Erreichung des besten Ergebnisses ...» (Übers. von Klemm).

Ausdruck der großen Präzision, mit der Maudslay arbeitete, waren seine «Standardebenen absoluter Richtigkeit». Das oben gekennzeichnete Dreiebenenverfahren mochte vielleicht schon in der Renaissancezeit geübt worden sein; aber bei Maudslay wurde es nun beim Bau großer Maschinen angewandt. Die große Genauigkeit in der Herstellung von Maschinenteilen und die damit zusammenhängende Möglichkeit, genau gleiche Teile – zunächst handelte es sich um Schrauben – mehrfach zu erzeugen, so daß also ein Austausch vorgenommen werden konnte, waren revolutionierende Leistungen Maudslays.

Der wesentlichste Werkstoff für die neuen Maschinen, wie sie in den zahlreich entstandenen Fabriken liefen, war das Eisen. Große Fortschritte im Hüttenwesen erlaubten, es in immer größeren Mengen und in immer besseren Qualitäten herzustellen. Das 1784 von Henry Cort erfundene Puddelverfahren gestattete, brauchbares Schmiedeeisen mit Hilfe von Steinkohle im

61: Fabriken von Manchester. Zeichnung, 1826.

62: Mechanische Baumwollspinnerei mit Dampfantrieb, 1835.

Flammofen zu erzeugen. Der Koks als Reduktionsmittel im Hochofenprozeß brach sich weiter Bahn. Um die Mitte des 19. Jahrhunderts wurde der Stahlformguß erfunden, und 1856 gelang es Henry Bessemer, in der nach ihm benannten Birne Stahl durch bloßes Einleiten von Luft in flüssiges Roheisen zu produzieren. Eisen, die Grundlage der Industrie, stand in hinreichendem Maße zur Verfügung.

Als Propagator des Fabrikwesens erhob 1832 der Mathematiker und Mechaniker Charles Babbage seine Stimme. Er trat ein für ausgedehnte Arbeitszerlegung, für weitgehende Mechanisierung der Herstellungsverfahren und für Motorisierung, das heißt hier Antrieb der Arbeitsmaschinen durch eine zentrale Kraftmaschine, die Dampfmaschine. Babbage beschäftigte sich auch mit dem Problem, eine Maschine zur Berechnung numerischer Tafeln zu bauen. Er entwickelte dabei richtungweisend die Grundgedanken für Geräte, die eine Folge mathematischer Operationen ausführen. Die moderne Entwicklung konnte an ihn anschließen.

Die Vermählung von Dampf und Baumwolle, wie man damals zuweilen sagte, führte zu jenen riesenhaften Textilfabriken, die besonders der Stadt Manchester das Gesicht gaben (Abb. 61). Edward Baines stellte 1835 Werden und Wesen der englischen Baumwollindustrie lebendig dar (Abb. 62). Mit Eifer trat er denen entgegen, die sich über die Ausdehnung des Maschinenwesens beklagten.

«Der Manufaktur eröffnete die Maschinenspinnerei einen grenzenlosen Spielraum, denn von nun an stand ihr Garn zu Gebote, so viel und so fein und gut, als sie es nur verlangen mochte. Von linnenen Ketten war bald keine Rede mehr, denn baumwollene waren wohlfeiler; Callicos, Musseline und alle Arten ostindischer Gewebe konnten versucht werden, denn die Maschine lieferte zu allen das geeignete Garn; die Schnellschützen konnten mit rastloser Tätigkeit arbeiten, denn an Garn war Überfluß...
Und noch weitgreifender in ihren Wirkungen war vielleicht das neue Fabrik- oder sogenannte Faktoreisystem, das Arkwright ins Leben rief. Eine mechanische Spinnerei wurde nicht nur durch die Menge und Mannigfaltigkeit der Maschinen, ihre Produktivität und den Motor, den sie verlangten, zu einer großen Fabrikanstalt, sondern, wie keine andere es war, zu einem wahren organischen Ganzen. Die Tendenz des Maschinenspinners war nicht sowohl eine vollkommene Trennung der Arbeiten und eine zweckmäßige Verteilung unter die Arbeiter, als vielmehr eine solche Auflösung des Spinnprozesses in seine Elemente, daß mehr und mehr alle einzelnen Operationen automatisch durch Maschinen verrichtet werden, die eine fremde gemeinsame Triebkraft in Bewegung brachte, so daß dem Menschen zuletzt nichts als die Leitung der Arbeit übrigblieb, und dieses eigentümlich organische System mußte so vielfache Vorzüge darbieten, daß es bald auch in andern Zweigen der Fabrikation soviel wie möglich angenommen wurde...

Offenbar ist also die Dampfmaschine eine wahre Dienerin oder Gehilfin der Arbeiter, und weit entfernt, daß letztere durch sie zu größerer Anstrengung genötigt werden, nimmt sie mittels der Maschine, die sie in Bewegung setzt, ihnen vielmehr alle die Verrichtungen ab, die die größte Genauigkeit, anhaltende Mühe und viel Kraft erfordern, und die Arbeiter beschränken sich beinahe darauf, den verschiedenen Maschinen das Material darzureichen, sie zu beaufsichtigen und zu lenken und ihre etwaigen Fehler zu verbessern...» (Übersetzung von 1836).

Pathetischen Lobes voll für das neue Fabrikwesen war 1835 der Chemiker und Technologe Andrew Ure. Er sah in der Einführung der Maschine, die den Arbeiter schwerer und geisttötender Arbeit enthob, geradezu eine philanthropische Tat. Es mochte sein, daß manche der Fabriken zum Teil bessere Arbeitsverhältnisse boten als die alten Manufakturen. Aber er schoß doch in seinem Lobe auf die Mechanisierung und das Fabrikwesen übers Ziel; denn allenthalben seufzten die arbeitenden Menschen über den langen Arbeitstag, die schlechte Entlohnung und die Ausbeutung von Kindern und Frauen. Wir werden weiter unten noch davon hören. Mit Recht hob Ure hervor, daß im Gegensatz zur alten Manufaktur die Fabrik weniger auf die Anpassung der einzelnen Teilarbeiten an die Geschicklichkeit der Menschen achte, als vielmehr bestrebt sei, alle besondere Gewandtheit erfordernde Arbeit einem einzelnen Mechanismus zu übertragen. In der großen, aus zahlreichen Mechanismen zusammengesetzten Maschine sind dann die einzelnen Teilarbeiten wieder zusammengefaßt. Wir zitieren einige bezeichnende Sätze aus Ures «Philosophy of manufactures» von 1835:

«Das beständige Ziel und die stete Wirkung wissenschaftlicher Verbesserungen in den Fabriken sind philanthropisch, denn sie streben dahin, die Arbeiter der Beschäftigung mit solchen kleinen Gegenständen zu entheben, welche den Geist erschöpfen und das Auge ermüden, oder ihnen dauernde Anstrengung zu ersparen, welche den Körper schwächt oder verkrüppelt ... In den geräumigen Hallen sammelt die wohltätige Kraft des Dampfes die Scharen seiner Diener um sich und weist einem jeden die geordnete Aufgabe an, bringt an die Stelle der schmerzhaften Muskelanstrengung von ihrer Seite die Kraft seines eigenen gigantischen Armes und fordert dafür bloß Aufmerksamkeit und Gewandtheit, um kleine Fehler, die bisweilen bei seiner Arbeit vorkommen, schnell wiedergutzumachen. Die sanfte Gelehrigkeit dieser bewegenden Kraft macht sie geeignet, die winzigen Spulen der Spitzenmaschine mit einer Bestimmtheit und Schnelligkeit zu bewegen, welche die geschicktesten Hände, unterstützt von dem schärfsten Auge, nicht nachahmen können ... Das ist das Fabriksystem, voll von Wundern der Mechanik und Staatswirtschaftskunde, welches bei noch weiterem Wachstume der große Beförderer und Träger der Zivilisation zu werden verspricht und England in den Stand setzen wird, zugleich mit seinem Handel das Lebensblut der Wissenschaft und Religion Myriaden von Völkern zufließen zu lassen, welche noch im Dunkel leben ...» (Übersetzung von 1835).

Das Kulturproblem der Technik

Die industrielle Revolution, einer der größten Umwandlungsprozesse, die die Geschichte kennt, hatte weitreichende politische, soziale und psychologische Folgen. Gar manchem der führenden Männer am Beginne des Industriewesens stand das mit der Technisierung heraufbeschworene Kulturproblem klar vor Augen. Sie bemühten sich um eine Verbindung der praktischen Technik nicht nur mit dem wissenschaftlichen Geist und einer allgemeinen Bildung, sondern auch mit einem aufgeschlossenen Sinn für soziale Verhältnisse.

Der Schweizer Industrielle Johann Conrad Fischer, der in der ersten Hälfte des Jahrhunderts mehrfach England besuchte, sah den großen technischen Vorsprung dieses Landes, erkannte aber auch die mit der raschen Industrialisierung entstehende soziale Frage. Fischer, der rastlos schaffende, erfolgreiche Techniker, schrieb 1825 in London die tiefe Erkenntnis in sein Tagebuch nieder, daß seine Zeit in der *Physik*, das Wort hier in allgemeinster und weitester Bedeutung genommen, weit fortgeschritten sei, in der *Metaphysik* aber nicht gleichermaßen. Und 1851 sagte er:

«Das, was England jetzt schon so schwer, wenn auch zum Teil noch verheimlicht, drückt, das sind ihre Arbeiter-Assoziationen. Man muß in den Fabrikstädten von England gewesen sein und diese Klasse der Gesellschaft in ihren niedrigen dunklen Wohnungen besucht haben und dann den ungeheuren Abstand, den der Luxus eines verhältnismäßig kleinen Teils der Nation dem Auge vorführt, dagegen vergleichen, um zu der Ansicht zu gelangen, daß nichts in der Welt ist, das nicht seinen Grund hat, und daß obige Erscheinungen in der Zeit, die möglicherweise noch greller hervortreten oder jedenfalls noch eine Zeitlang fortdauern können, nur die aufkeimenden Wirkungen von tiefliegenden und schon lange vorhandenen Ursachen sind.»

63: Jacquardsche Musterwebstühle in der Fabrik Gevers & Schmidt in Schmiedeberg (Schlesien). Das Muster wird durch die Lochkarten eingegeben. Holzstich, 1858.

Tief beeindruckt stand der Architekt Karl Friedrich Schinkel auf einer Englandreise, die er 1826 zusammen mit dem um die Hebung des technischen Schulwesens und um die Förderung der Gewerbe in Preußen so verdienten Chr. Peter Wilhelm Beuth unternahm, vor den riesigen Fabrikgebäuden der englischen Industriestädte, die ihm einen imposanten, aber doch traurigen Anblick boten. Er wurde auch Zeuge von Aufständen der Textilarbeiter in Manchester gegen die niedrigen Löhne. Schinkel schrieb in Manchester unter dem 17. 7. 1826 in sein Tagebuch:

«Die Gebäude sind sieben bis acht Etagen hoch und so lang und tief wie das Berliner Schloß; sie sind ganz feuerfest gewölbt, und ein Wasserkanal befindet sich ihnen zur Seite, ein anderer drinnen. Die Straßen der Stadt führen durch diese Häusermassen hindurch, und über den Straßen laufen Verbindungsgänge fort. In ähnlicher Art geht es durch ganz Manchester; es sind dies die Spinnereien für die Baumwolle feinster Art. Nicht minder großartig sind die Bleichereien ... (vgl. Abb. 61).
Das ganze Fabrikwesen der Stadt lag jetzt gerade in einer schweren Krise. Es waren soeben 600 irländische Arbeiter aus den Fabriken von Manchester auf Kosten der Stadt, aus Mangel an Arbeit, nach ihrem Vaterlande zurückgebracht worden, und 12000 Arbeiter kamen zu einem Meeting zusammen, um zu revolutionieren ...»

Die Einführung der Maschine mit ihrer größeren Leistungsfähigkeit mußte anfangs zahlreiche Handwerker arbeitslos machen. So begegnete man den Maschinen und ihren Erfindern des öfteren mit Mißtrauen, das sich manches Mal bis zum Ruf nach Zerstörung neuer Maschinen steigerte. Schon das 17., besonders aber das 18. Jahrhundert erlebte den Kampf gegen die Maschine. John Kay, der 1733 das fliegende Weberschiffchen erfand, das den Webvorgang wesentlich beschleunigte, lud den Zorn der Weber auf sich, die 1753 sein Haus zerstörten, und Richard Arkwright, der 1775 seine verbesserte Spinnmaschine mit Wasserkraftantrieb versah, mußte immer wieder die Angriffe auf seine Erfindung abwehren. Nicht viel besser ging es James Hargreaves, dem Erfinder der Jenny-Spinnmaschine (1767), Samuel Crompton, der die Mule-Spinnmaschine (1774/79) entwickelte, und Jos. Marie Jacquard, dem Erbauer des Musterwebstuhls (1805) (Abb. 63).

Arbeitszeiten bis zu 16 Stunden, niedrige Löhne, schlechte Wohnverhältnisse, die immerwährende Bedrohung, entlassen zu werden, wenn es der Fabrikherr auf Grund der Konjunkturverhältnisse für geboten hielt, führten in der Frühzeit des Industrialismus vielfach zu Arbeiteraufständen. In Nottingham in Mittelengland stürmten 1811 arbeitslose Strumpfwirker die Maschinen in den Fabriken. Lord Byron trat 1812 im Oberhaus für die verzweifelten Arbeiter ein. Doch das Parlament beschloß die Todesstrafe für Maschinenstürmer. Bei Auseinandersetzungen zwischen den Webern und den Fabrikherren in Rochdale bei Manchester kam es 1829 zu schweren Tumulten, bei denen die Maschinen zerstört wurden. Ein Zeitgenosse berichtet darüber:

«Zu Rochdale, heute eine Musterstadt, wo Zusammenarbeit und jegliche andere Art friedlicher Genossenschaft blühen, brachen die Weber in die Fabriken ein und zerstörten die Webstühle und andere Maschinen. Fünfzehn Aufrührer wurden gefangengenommen, und als ein Versuch gemacht wurde, sie zu befreien, gab das Militär Feuer und tötete sechs Personen. Der Schreiber dieser Zeilen war bei der Niederbrennung einer der Fabriken von Manchester zugegen. Das brennende Gebäude war von Tausenden aufgeregter Menschen umgeben, deren Gesichter, von den aufsteigenden Flammen gerötet, eine grimmige, wilde Freude ausdrückten. Als sich das Feuer von Stockwerk zu Stockwerk einen Weg bahnte und durch die langen Fensterreihen sprang, brach die Menge in Frohlocken aus. Und als die Flammen schließlich das Dach durchbrachen und prasselnd zum Himmel stiegen, tanzte die rasende Menge vor Wonne, jauchzte und klatschte in die Hände, wie in unbändiger Dankbarkeit für einen errungenen großen Sieg» (Übers. von Klemm).

Insbesondere löste auch die Kinderarbeit (Abb. 64), die vor allem in den Bergwerken in eine grenzenlose Ausbeutung jugendlicher Arbeiter ausgeartet war, schwere soziale Kämpfe aus; erst im zweiten Drittel des 19. Jahrhunderts begann hier ganz langsam eine Verbesserung der sozialen Verhältnisse einzutreten. Das englische Bergwerksgesetz von 1842 verbot wenigstens die Arbeit von Kindern, die noch nicht 10 Jahre alt waren, und von Frauen unter Tage. Unerträgliche Arbeitsverhältnisse mit überaus langen Arbeitszeiten, schlechten Löhnen, Ausnutzung von Kindern hatte es allerdings schon in den Manufakturen des 18. Jahrhunderts gegeben, aber die industrielle Revolution mit ihrer rapiden Entwicklung der Baumwoll-, Bergwerks- und Hütten-

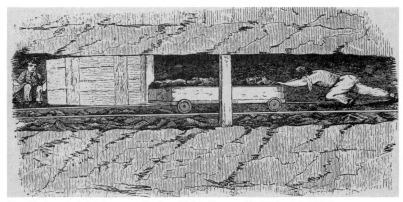

64: Kinderarbeit in einem englischen Kohlenbergwerk. Holzstich, 1842.

industrie hatte doch diese Mißstände auf eine viel größere Menge arbeitender Menschen ausgedehnt. Seit der Mitte des 19. Jahrhunderts war man zumindest in der englischen Industrie in stärkerem Maße bestrebt, hohe Leistung nicht in erster Linie durch niedrige Löhne und lange Arbeitszeiten zu erzielen, sondern durch eine Verbesserung der Organisation und der technischen Methoden.

In der Industrialisierung schritt England, wie wir schon mehrfach sagten, dem Festlande weit voran, das zögernd folgte. Kritische Stimmen gegen die Technisierung erhoben sich auf dem Festlande in viel stärkerem Maße als in England. Der alte Goethe, der mit Anteilnahme den großen technischen Fortschritt verfolgte, erkannte klar, daß durch die fortschreitende Industrialisierung auch viele der hohen, alten Werte dahingehen werden. In «Wilhelm Meisters Wanderjahre» gab er 1829 ein anschauliches Bild der Schweizer Baumwoll-Heimindustrie, mit der er durch seinen Freund Johann Heinrich Meyer vertraut geworden war. Hier bestand noch ein glückliches Verhältnis der Pflichten zu den Fähigkeiten und Kräften. Die arbeitenden Menschen hatten sich ihre innere Geschlossenheit bewahrt. Das hier herrschende Verlagssystem trug noch ausgesprochen patriarchalische Züge. Doch das heraufkommende Maschinenwesen wird auch in diese noch ausgeglichene Welt einbrechen. Hören wir Goethe selbst:

«Ich fand überhaupt etwas Geschäftiges, unbeschreiblich Belebtes, Häusliches, Friedliches in dem ganzen Zustand einer solchen Weberstube; mehrere Stühle waren in Bewegung, da gingen noch Spinn- und Spulräder, und am Ofen saßen die Alten, mit den besuchenden Nachbarn oder Bekannten trauliche Gespräche führend. Zwischendurch ließ sich wohl auch Gesang hören, meistens Ambrosius Lobwassers vierstimmige Psalmen, seltener weltliche Lieder; dann bricht auch wohl ein fröhlich schallendes Gelächter der Mädchen aus, wenn Vetter Jakob einen witzigen Einfall gesagt hat...

Häuslicher Zustand auf Frömmigkeit gegründet, durch Fleiß und Ordnung belebt und erhalten, nicht zu eng, nicht zu weit, im glücklichsten Verhältnis der Pflichten zu den Fähigkeiten und Kräften. Um sie her bewegt sich ein Kreislauf von Handarbeitenden im reinsten anfänglichsten Sinne; hier ist Beschränktheit und Wirkung in die Ferne, Umsicht und Mäßigung, Unschuld und Tätigkeit...» (Wanderjahre, Buch 3, Kap. 5).

Im 13. Kapitel des 3. Buches der «Wanderjahre» läßt Goethe dann Frau Susanne die bedeutsamen Worte sprechen:

«Was mich drückt, ist doch eine Handelssorge, leider nicht für den Augenblick, nein! für alle Zukunft. Das überhandnehmende Maschinenwesen quält und ängstigt mich, es wälzt sich heran wie ein Gewitter, langsam, langsam; aber es hat seine Richtung genommen, es wird kommen und treffen. Schon mein Gatte war von diesem traurigen Gefühl durchdrungen. Man denkt daran, man spricht davon, und weder Denken noch Reden kann Hülfe bringen. Und wer möchte sich solche Schrecknisse gern vergegenwärtigen! Denken Sie, daß viele Täler sich durchs Gebirge schlingen, wie das, wodurch Sie herabkamen, noch schwebt Ihnen das hübsche, frohe Leben vor, das Sie diese Tage her dort gesehen, wovon Ihnen die geputzte Menge, allseits andringend, gestern das erfreulichste Zeugnis gab; denken Sie, wie das nach und nach zusammensinken, absterben, die Öde, durch Jahrhunderte belebt und bevölkert, wieder in ihre uralte Einsamkeit zurückfallen werde.

Hier bleibt nur ein doppelter Weg, einer so traurig wie der andere; entweder selbst das Neue zu ergreifen und das Verderben zu beschleunigen oder aufzubrechen, die

65: Die Mechanische Werkstatt Harkort & Co. auf Burg Wetter. Die Firma, das Stammwerk der heutigen DEMAG AG, wurde 1811 gegründet, Ölgemälde, 1832.

Besten und Würdigsten mit sich fortzuziehen und ein günstigeres Schicksal jenseits der Meere zu suchen. Eins wie das andere hat sein Bedenken, aber wer hilft uns die Gründe abwägen, die uns bestimmen sollen? ...»

Einer der führenden Geister beim Aufbau eines deutschen Industriestaates, der schon genannte Gründer der «Mechanischen Werkstätte» zu Wetter an der Ruhr, Friedrich Harkort, erkannte klaren Sinnes die sozialen Notwendigkeiten der Zeit, denen man sich nicht verschließen dürfe, wenn man vermeiden wolle, daß «die Stunde der Entscheidung» den Staat unvorbereitet treffe (Abb. 65). Harkort, von dessen Bemühungen um das deutsche Eisenbahnwesen wir bereits sprachen, schrieb 1844 in seiner Schrift «Über die Hindernisse der Zivilisation und die Emanzipation der untern Klassen» folgendes:

«Unsere Wünsche für die industriellen Klassen sprächen sich zusammengefaßt dahin aus:
Höhere Schul- und Körperbildung, Ausschließung der Kinder aus den Fabriken und ein Maximum der Arbeitsstunden für die Erwachsenen; Verbesserung der Wohnungen, so nach Möglichkeit auf das Land zu verlegen sind; billigere, gesunde Nahrungsmittel; Bildung von Vereinen zur wechselseitigen Unterstützung; Teilnahme am Gewinn des Kapitals; Vereine zur Verbreitung gemeinnütziger Kenntnisse usw.
Die meisten dieser Punkte liegen bereits der öffentlichen Meinung in mehr oder weniger scharfen Umrissen zur Beratung vor; man kann sie vertagen, wie leider in England geschah, allein die Stunde der Entscheidung wird einst schlagen, und wohl dem Staate, welcher sie weise vorbereitet hat!»

Harkort, der diese Worte sprach, war Industrieller und Abgeordneter, zunächst im westfälischen Landtag, später im norddeutschen Bundesparlament. Er erkannte das soziale Problem der Technik in seiner ganzen Weite. Bessere Bildung der Arbeiter und Ausgleich zwischen Unternehmer und Arbeiter lagen ihm besonders am Herzen. Aber seine Forderungen konnten sich nur langsam Bahn brechen, nicht zuletzt auch, weil viele Arbeiter selbst durch höhere Löhne nicht zu bewegen waren, das hinzuzulernen, was das Maschinenwesen erforderte.

In revolutionärem Geiste erhob seit der Mitte des Jahrhunderts Karl Marx seine Stimme. Marx' Lehre vom dialektischen Materialismus und von der proletarischen Revolution steht hier nicht zur Sprache. Aber es ist darauf hinzuweisen, daß Marx besonders eindringlich auf die Not aufmerksam machte, in die eine rücksichtslose Industrialisierung die Arbeiterschaft führte, die unter oft unmenschlichen äußeren Arbeitsverhältnissen und besonders in Zeiten wirtschaftlicher Krisen unter der fortwährenden Unsicherheit ihrer Existenz überhaupt leide. Er erkannte als Sozialpolitiker so die seelische Bedrohung des in seinem Menschentum gefährdeten Industriearbeiters. Marx betonte insbesondere, daß die Maschine nicht nur ein technisches, sondern auch ein soziales Problem sei. Er legte nachdrücklich den Einfluß der Dampfmaschine auf die menschliche Gesellschaft auseinander. In seinem «Kapital» schreibt Marx 1867:

«In Manufaktur und Handwerk bedient sich der Arbeiter des Werkzeuges, in der Fabrik dient er der Maschine. Dort geht von ihm die Bewegung des Arbeitsmittels aus, dessen Bewegung er hier zu folgen hat. In der Manufaktur bilden die Arbeiter Glieder eines lebendigen Mechanismus. In der Fabrik existiert ein toter Mechanismus unabhängig von ihnen, und sie werden ihm als lebendige Anhängsel einverleibt ...
Während die Maschinenarbeit das Nervensystem aufs äußerste angreift, unterdrückt sie das vielseitige Spiel der Muskeln und konfisziert alle freie körperliche und geistige Tätigkeit. Selbst die Erleichterung der Arbeit wird zum Mittel der Tortur, indem die Maschine nicht den Arbeiter von der Arbeit befreit, sondern seine Arbeit vom Inhalt. Aller kapitalistischen Produktion, soweit sie nicht nur Arbeitsprozeß, sondern zugleich Verwertungsprozeß des Kapitals, ist es gemeinsam, daß nicht der Arbeiter die Arbeitsbedingung, sondern umgekehrt die Arbeitsbedingung den Arbeiter anwendet, aber erst mit der Maschinerie erhält diese Verkehrung technisch handgreifliche Wirklichkeit ...

Der Kampf zwischen Kapitalist und Lohnarbeiter beginnt mit dem Kapitalverhältnis selbst. Er tobt fort während der ganzen Manufakturperiode. Aber erst seit der Einführung der Maschinerie bekämpft der Arbeiter das Arbeitsmittel selbst, die materielle Existenzweise des Kapitals. Er revoltiert gegen diese bestimmte Form der Produktionsmittels als die materielle Grundlage der kapitalistischen Produktionsweise ...

Sagt man zum Beispiel, es würden 100 Millionen Menschen in England erheischt sein, um mit dem alten Spinnrad die Baumwolle zu verspinnen, die jetzt von 500000 mit der Maschine versponnen wird, so heißt das natürlich nicht, daß die Maschine den Platz dieser Millionen, die nie existiert haben, einnahm. Es heißt nur, daß viele Millionen Arbeiter erheischt wären, um die Spinnmaschinerie zu ersetzen. Sagt man dagegen, daß der Dampfwebstuhl in England 800000 Weber auf das Pflaster warf, so spricht man nicht von existierender Maschinerie, die durch eine bestimmte Arbeiteranzahl ersetzt werden müßte, sondern von einer existierenden Arbeiterzahl, die faktisch durch Maschinerie ersetzt oder verdrängt worden ist ...

Die ungeheure, stoßweise Ausdehnbarkeit des Fabrikwesens und seine Abhängigkeit vom Weltmarkt erzeugen notwendig fieberhafte Produktion und darauffolgende Überfüllung der Märkte, mit deren Kontraktion Lähmung eintritt. Das Leben der Industrie verwandelt sich in eine Reihenfolge von Perioden mittlerer Lebendigkeit, Prosperität, Überproduktion, Krise und Stagnation. Die Unsicherheit und Unstetigkeit, denen der Maschinenbetrieb die Beschäftigung und damit die Lebenslage des Arbeiters unterwirft, werden normal mit diesem Periodenwechsel des industriellen Zyklus ...»

Marx und die an ihn anknüpfende Arbeiterbewegung trugen mit dazu bei, daß der Staat seit dem letzten Viertel des 19. Jahrhunderts durch eine immer fortschreitende sozialpolitische Gesetzgebung sich bemühte, die Arbeits- und Lebensverhältnisse der in der Industrie Schaffenden zu bessern.

Die deutsche wissenschaftliche Technik

Die Förderung der Technik und die Entwicklung der Industrie gründeten sich in England ganz auf private Initiative. Der englische Techniker wurde in der Praxis gebildet. Frankreich schuf sich am Ende des 18. Jahrhunderts in seiner École Polytechnique ein Institut, das mit den an sie anschließenden hohen Spezialschulen die erste große Pflanzstätte einer streng wissenschaftlich betriebenen Technik wurde. Im Umkreis dieser Hochschule wurden in der ersten Hälfte des 19. Jahrhunderts die wissenschaftliche Baumechanik und Maschinenlehre begründet, die verbunden sind mit den Namen der S. D. Poisson, L. M. H. Navier, G. G. Coriolis und J. V. Poncelet. Wir hoben bereits hervor, daß die Ausbildung des Industriewesens in Deutschland zum Teil auch eine Bildungsaufgabe war. In Preußen bemühte sich Chr. Peter Wilhelm Beuth seit 1817 um das gewerbliche Schulwesen. Seit 1825 entstanden auch die ersten deutschen polytechnischen Schulen, voran die zu Karlsruhe. Sie ließ in ihrem Aufbau eine gewisse Abhängigkeit von der Pariser polytechnischen Schule erkennen. Hinzu kam aber der neue Geist eines liberal und patriotisch gesinnten, dem technischen Fortschritt mit Verantwortungsbewußtsein ergebenen Bürgertums, der der Schule ebenso seinen Stempel aufdrückte.

Weitere polytechnische Schulen folgten rasch in den anderen Hauptstädten der deutschen Länder, 1827 in München, 1828 in Dresden, 1829 in Stuttgart und 1831 in Hannover, Pflegestätten einer besonders seit der Mitte des Jahrhunderts wissenschaftlich betriebenen Technik, die der von der bürgerlichen Kultur getragenen industriellen Bewegung kräftige Förderung angedeihen ließ.

In Österreich entstanden schon früher polytechnische Institute, wie die zu Prag (1806) und Wien (1815), die aber zunächst mehr auf die praktische Technik gerichtet waren.

An der Karlsruher polytechnischen Schule wirkte seit 1841 als Professor für Maschinenwesen, seit 1857 als Direktor Ferdinand Redtenbacher. Er begründete in Karlsruhe um die Mitte des Jahrhunderts den wissenschaftlichen Maschinenbau, der in der Form, die er ihm gab, vorbildlich für die anderen polytechnischen Schulen wurde. Während die Pariser École Polytechnique die Technik mehr als mathematische und physikalische Disziplin theoretisch betrieb, trat Redtenbacher für eine selbständige Maschinenlehre ein, bei der die wissenschaftliche Beherrschung der Maschinenwelt aus dieser selbst heraus entwickelt wurde im Sinne eines rein technischen Denkens. Im ganzen wünschte Redtenbacher zur Verwirklichung jener großen Aufgabe der Heranbildung von Männern für den Aufbau eines deutschen Industriestaates, die Wissenschaft stärker mit der Praxis zu verbinden als in Paris. Neben der wissenschaftlichen Theorie des Maschinenbaus sollte besonders das praktische Konstruieren nicht vernachlässigt werden, und über das Fachliche hinaus lag ihm auch die «Kultur des industriellen Publikums im allgemeinen» am Herzen.

Redtenbacher verfaßte neben speziellen drei allgemeine maschinentechnische Bücher, die eine einzigartige Werktrilogie bilden. Wenn wir sie in logischer, nicht zeitlicher Reihenfolge aufführen, so sind zuerst die «Prinzipien der Mechanik» von 1852 zu nennen, die die theoretische Maschinenlehre enthalten. An die Seite der «Prinzipien» stellte Redtenbacher 1862/65 sein großes Werk «Der Maschinenbau», das dem praktischen Konstruieren gewidmet war. Als Schlußwerk der Trilogie dachte sich Redtenbacher seine «Resultate für den Maschinenbau», die er schon 1848 veröffentlicht hatte. Sie brachten als Hilfsbuch für Übungen und für die schaffende Praxis bloße Ergebnisse ohne Ableitungen. Redtenbachers weiten Blick lassen die folgenden Worte erkennen:

«Die Leitung, Bewältigung und Beherrschung der Naturkräfte, wodurch sie veranlaßt werden, für unsere Zwecke tätig zu sein, für uns zu arbeiten, ist vorzugsweise erst in unserer Zeit von Bedeutung geworden. Man hat es darin in kurzer Zeit zu einer großen Virtuosität gebracht, und die Geschichte wird einstens nicht verkennen, was in dieser Hinsicht in der ersten Hälfte des neunzehnten Jahrhunderts geleistet worden ist. Leider ist über dieses technische Treiben gar vieles vernachlässigt worden oder ganz unterblieben, was durchaus gepflegt und fortgebildet werden muß, um zu einem erfreulichen Dasein zu gelangen, und so ist es denn gekommen, daß die Früchte dieser angestrengten Tätigkeiten teilweise sehr zu beklagen sind.

Die Erfahrung, und zwar eine bittere, wird aber auch hier dahin leiten, von dieser Meisterschaft des technischen Wirkens einen vernünftigen und weisen Gebrauch zu machen, und dann darf man wohl mit Zuversicht hoffen, daß die ausgebildete Technik zum Heil und zum Segen, aber nicht zum Fluch der Menschen wirken wird» (1852).

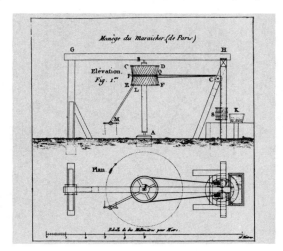

66: Grundriß (Plan) und Aufriß (Elévation) eines Pferdegöpels. Die Vorrichtung dient dazu, Wasser in Eimern aus einem tiefen Brunnenschacht zu heben. Bei M wird das Pferd angespannt. Kupferstich, 1811.

Ein bedeutsames formales Mittel für das wissenschaftliche technische Schaffen wurde neben der Infinitesimalrechnung die darstellende Geometrie. Sie fand ihre erste wissenschaftlich systematische Behandlung 1799 durch G. Monge, den Organisator der École Polytechnique. J. N. P. Hachette, Lehrer an dieser hohen Schule der Technik, wandte die Methoden der darstellenden Geometrie als erster 1811 in umfassender Weise auf den Maschinenbau an (Abb. 66). In seinen «Prinzipien» hob Redtenbacher 1852 die Notwendigkeit der technischen Zeichnung für den Maschinenbau mit Nachdruck hervor.

In Redtenbachers Geist entwickelten sich die deutschen hohen technischen Schulen zu Stätten der Forschung und Lehre, die immer auch den Blick bewahren für die Erfordernisse des praktischen technischen Schaffens. Der Aufstieg der deutschen Technik seit der zweiten Hälfte des 19. Jahrhunderts war nicht zuletzt mit das Werk der deutschen Technischen Hochschule.

Siebenter Teil

Die Technik wird Weltmacht

Der Aufstieg der amerikanischen Technik

Seit der zweiten Hälfte des 19. Jahrhunderts breitete sich die Technik mit Riesenschritten über weite Gebiete des Erdballs aus. Die moderne Technik, eine Schöpfung des Abendlandes, wurde nicht nur von dem mit Menschen europäischer Herkunft besiedelten amerikanischen Kontinent, sondern auch von Völkern übernommen und weitergeführt, denen eigentlich die existenzielle Grundlage mangelte, eine Technik wie die abendländische von sich aus stufenweise zu entwickeln. O. Spengler sieht in der Übergabe der abendländischen Technik an andere Völker einen «Verrat an der Technik». Die Technik in den Händen der anderen wird sich gegen das Abendland selbst wenden.

1868, mit dem Regierungsantritt des Kaisers Mutsuhito (Meiji), öffnete sich Japan durch kaiserlichen Machtspruch weit der europäischen Wissenschaft und Technik. Von Staats seiten wurde mit Nachdruck der Aufbau einer Industrie nach europäischem Muster betrieben. Insbesondere nach dem Ersten Weltkrieg stieg das industrielle Potential Japans außerordentlich. Verfügte das Inselreich 1863 nur über *eine* Baumwollspinnerei mit 6000 Spindeln, so drehten sich 1914 schon 2,7 Millionen und 1934 an die 8,8 Millionen Spindeln in Japan. Der Anteil Japans am Welthandel betrug 1900 etwa 1%; bis 1930 erhöhte er sich auf 3,5%.

Mit dem Aufgang der Sowjetmacht nach dem Ersten Weltkrieg setzte in Rußland, das schon seit geraumer Zeit die westlichen Gedanken der Aufklärung, des Liberalismus, des Sozialismus und des technischen Fortschritts in sich aufgenommen und bewegt hatte, eine durch reiche Bodenschätze begünstigte intensive Industrialisierung ein, deren Ziel es war, aus dem vernachlässigten Agrarstaat ein hochentwickeltes Industriereich zu schaffen. Mit Energie betrieb Lenin seit 1920 die Elektrifizierung Rußlands, deren «ungeheuren Nutzen» und deren «Unerläßlichkeit» er nachdrücklich hervorhob. Die industrielle Produktion Sowjetrußlands erreichte 1938 bereits das Neunfache der Erzeugung von 1913.

Nirgendwo anders aber außerhalb Europas vermochte die abendländische Technik so kräftig Wurzel zu schlagen und sich so eigenständig weiterzuentwickeln wie im jungen Amerika. Nachdem 1783 die Kolonien in Amerika sich die Unabhängigkeit von England errungen hatten, begann der Prozeß einer eigenen Technisierung und Industrialisierung. Die Aktivität des Puritanertums der englischen Einwanderer war hierbei eine wesentliche Triebkraft. Technische Mittel, voran Dampfschiff, Eisenbahn und Telegraf, spielten bei der Ausbreitung nach dem Westen eine hervorragende Rolle. So war die Technik mit dem Werden des jungen Staatswesens eng verknüpft. Besonders nachdem sich die Staaten im Bürgerkrieg (1861–1865) zusammengekämpft hatten, setzte eine starke technische Entwicklung ein. Der Amerikaner wurde schon früh dazu gedrängt, in der Landwirtschaft weitgehend Maschinen zu gebrauchen, da für die riesigen Ackerbaugebiete nur wenige menschliche Arbeitskräfte zur Verfügung standen. Bereits 1834, mit der Erfindung von Cyrus McCormicks Mähmaschine, begann diese Entwicklung. Bei der Technisierung wirkte in hohem Maße europäisches Kapital mit. Erst durch den Ersten Weltkrieg wurde Amerika aus einem Schuldnerland zum größten Gläubigerstaat der Welt. Der überaus rasche industrielle Aufschwung Nordamerikas spiegelt sich wider im wachsenden Wert der amerikanischen Industrieerzeugnisse, der von 1859 bis 1919 auf das 33fache anstieg. Die Bevölkerung des Landes verdreifachte sich in diesem Zeitraum. Die Zahl der in Technik und Industrie tätigen Arbeiter und Angestellten wuchs während derselben Zeit von 1,3 Millionen auf 9,1 Millionen, erhöhte sich also auf das Siebenfache. 1919 stand somit, bezogen auf 1859, der 33fachen Produktion das Siebenfache der menschlichen Arbeitskräfte gegenüber. Der zunehmende Ersatz der menschlichen Arbeitskraft durch die Maschine spricht aus diesen Zahlen.

Als 1876 zum ersten Male eine der großen Weltausstellungen, typischer Ausdruck des industriellen Gründertums und des bürgerlichen Fortschrittsglaubens, auf dem amerikanischen Kontinent in Philadelphia stattfand, horchte man im alten Europa auf, wenn man die Ausstellungsberichte las; denn allenthalben vernahm man, daß das junge Amerika daran war, Europa in der Technik zu überflügeln. Man bewunderte den Austauschbau bei der Dampfmaschinenherstellung, den man vorher, von der Waffenfabrikation abgesehen, etwa seit den fünfziger Jahren, nur in der Nähmaschinenfabrikation kannte, man war überrascht von der starken Automatisierung im industriellen Produktionsprozeß, man staunte über die riesenhaften Corliss-Dampfmaschinen. Franz Reuleaux schrieb 1877 in seinen «Briefen aus Philadelphia»:

«Was schon 1867 in Paris sich merken und verstehen ließ, was dann in Wien schon sehr deutlich zutage trat, zeigt sich hier in vollem Maße: daß Nordamerika einen ersten, teilweise unbestritten den allerersten Rang im Maschinenbau einzunehmen begonnen hat ... Auch ist die Herstellungsweise der Maschine sehr vervollkommnet worden. Mehrere Firmen stellten nämlich Dampfmaschinen in verschiedenen Größen aus, deren Teile sämtlich auf der Maschine automatisch hergestellt sind und demnach – wie die Teile der Nähmaschinen amerikanischer und mehrerer deutscher Firmen – ausgewechselt werden können. Ganz glänzend ist die amerikanische Maschinenindu-

strie auf dem Gebiete des Werkzeugmaschinenbaus vertreten. Hier gebührt ihr die Palme nicht nur auf der Ausstellung, sondern wahrscheinlich auch überhaupt. Reichtum an neuen praktischen Ideen, überraschend geschickte Anpassung an besondere Arbeitszwecke, eine in der Steigerung begriffene Genauigkeit in der Ausführung der zusammenarbeitenden Teile und eine zunehmende Eleganz der äußeren Erscheinung der Maschine charakterisieren die amerikanische Produktion auf diesem Gebiete.»
Ein anderer Berichterstatter über die Ausstellung, F. Goldschmidt, hob hervor, daß besonders vier Faktoren der amerikanischen Technik ihr Antrieb verliehen, das Streben, die menschliche Arbeitskraft durch die Maschine zu ersetzen, die Erziehung zum Praktischen, die ausgedehnte Arbeitsteilung und ein gesundes Patentgesetz. Goldschmidt betonte, daß die Maschine «das eigentliche Lebenselement der Nordamerikaner» geworden sei. Durch sie vermochte man alles in Massen zu produzieren.

«Freilich ist es die unbedingte Herrschaft der Materie, die hier aus dem endlosen Getriebe spricht; freilich das Bild einer entfesselten Jagd, der alle Kräfte dienen, einer Jagd nach materiellem Gewinn. Daß aber auch hierin eine Größe, eine Macht liegt, wer wird es leugnen können!» (1877)

Der durch die Knappheit an Arbeitskräften gesteigerte Maschinenbedarf in Nordamerika führte hier, früher als in Europa, zur Massenfabrikation. Anfänge der Massenfabrikation einzelner einfacher Gegenstände finden wir allerdings bereits am Ende des Mittelalters. Man denke an die Erzeugung von Drucktypen mittels des Gießinstruments durch J. Gutenberg. Auch die Massenherstellung von Gebrauchsgegenständen aus Messingguß in Mailand während der ersten Hälfte des 16. Jahrhunderts, worüber V. Biringuccio 1540 berichtete, könnte hier genannt werden. Wesentlich für die Massenfabrikation war die Herstellung austauschbarer Teile. Die Anfänge des Austauschbaues liegen bei dem französischen Waffenschmied H. Blanc, der schon 1785 Gewehrschlösser im Austauschbau herstellte. In Amerika übte, wohl von Blanc abhängig, Eli Whitney den Austauschbau seit 1801 bei der Fabrikation kleiner Waffen aus. Besondere Verdienste um die Waffenherstellung im Austauschbau erwarb sich in Amerika seit dem zweiten Jahrzehnt des 19. Jahrhunderts John Hall. Doch erst nach der Verbesserung der Werkzeugmaschinen im 19. Jahrhundert brach sich die Methode der Massenerzeugung von zusammengesetzten Gegenständen, besonders von Maschinen, voran in Amerika, breit Bahn. Die hohe Präzision, mit der man jetzt Werkstücke auf den neuen Werkzeugmaschinen zu bearbeiten vermochte, ermöglichte, das für die Massenfabrikation wesentliche Prinzip der Austauschbarkeit der einzelnen Teile in weitem Maße einzuführen. Weitere Voraussetzungen eines exakten Austauschbaues sind natürlich präzise Meßinstrumente und allgemein als Norm angenommene Maße für die Einzelteile. Massenfabrikation, verbunden mit dem Prinzip der Austauschbarkeit der einzelnen Teile, wurde in Amerika zuerst zu Beginn des 19. Jahrhunderts bei der Gewehrherstellung geübt. Das Hauptverdienst bei der Anfangsentwicklung hatte hier nicht Eli Whitney, der bekannte Erfinder der Baumwollentkernmaschine (1793), sondern John Hall. Später folgte dann der Austauschbau bei der Herstellung von Uhren, von Revolvern, seit den fünfziger Jahren von Nähmaschinen und seit Ende des Jahrhunderts auch von Fahrrädern. Für die präzise und rasche Erzeugung einzelner, hoher Beanspruchung gerecht werdender Teile, besonders in der Waffenfabrikation, wurde die Einführung legierter Werkzeugstähle seit den siebziger Jahren von großer Bedeutung.

Ende des 19. Jahrhunderts begann man in Amerika die Arbeitsverrichtungen beim mechanisierten Produktionsprozeß nach genauen, durch Zeit- und Bewegungsstudien ermittelten Anweisungen vorzunehmen. Besonders Frederick W. Taylor ging mit seinem System wissenschaftlich-rationaler Betriebsführung seit der Jahrhundertwende voran. Auch die Anfänge einer Mechanisierung der Stoff- und Werkstückzuleitung durch das Fließbandsystem liegen im Amerika. Das Fließband wurde zuerst, Ende der sechziger Jahre, in den großen Schlachthäusern Chicagos angewandt (Abb. 67). In den achtziger Jahren zog es in die Konservenfabrikation ein. 1890 stellte man kleine Gußstücke für Eisenbahnbremsen in Amerika am laufenden Band her (Abb. 68).

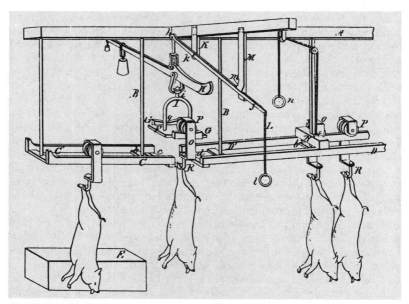

67: Fließband mit eingeschalteter Waage für Schweine in einem amerikanischen Schlachthaus. Stahlstich, 1869.

68: Massenfabrikation im ausgehenden 19. Jahrhundert. Die Gießerei der Firma Westinghouse in Pittsburg (USA). Hier werden am laufenden Band kleine Gußstücke für Eisenbahnbremsen hergestellt. Holzstich, 1890.

Das Fließbandsystem wurde in umfassender Weise seit 1913 von Henry Ford bei der Serienerzeugung von Automobilen angewandt. Seit dem Ersten Weltkrieg gewann es weithin an Boden. Ford berichtete 1922 in seiner Selbstbiographie über die Fließbandarbeit:

«Ungefähr am 1. April 1913 machten wir unsern ersten Versuch mit einer Montagebahn. Es war bei der Zusammensetzung der Schwungradmagneten. Alle Versuche werden bei uns erst im kleinen Maßstab angestellt. Wenn wir eine bessere Arbeitsmethode gefunden haben, tragen wir keine Bedenken, selbst grundlegende Veränderungen vorzunehmen, wir müssen uns nur vorher restlos überzeugt haben, daß die neue Methode auch wirklich die bessere ist, ehe wir zu drastischen Umänderungen schreiten... Das Zeittempo der Arbeit mußte zuerst sorgfältig ausprobiert werden – bei dem Schwungradmagneten hatten wir anfangs eine Gleitgeschwindigkeit von sechzig Zoll in der Minute. Das war zu schnell. Dann versuchten wir es mit achtzehn Zoll in der Minute. Das war wieder zu langsam. Schließlich setzten wir das Tempo auf 44 Zoll in der Minute fest. Die erste Bedingung ist, daß kein Arbeiter in seiner Arbeit überstürzt werden darf – jede erforderliche Sekunde wird ihm zugestanden, keine einzige darüber hinaus» (Übers. von C. und M. Thesing).

Die Maschine war seit dem amerikanischen Bürgerkrieg in der Tat, wie es ein Berichterstatter von der Weltausstellung in Philadelphia 1876 ausdrückte (vgl. S. 165), das eigentliche Lebenselement der Nordamerikaner. Ein lebendig praktisch-technischer Sinn erfüllte das ganze Amerikanertum.

Die Stellung der Technik im Deutschland des ausgehenden 19. Jahrhunderts

In Deutschland trat man im ausgehenden 19. Jahrhundert ganz im Gegensatz zu England und Amerika in höheren Kreisen der Technik und dem Techniker vielfach mit Vorurteil gegenüber. In der Allgemeinbildung des 18. Jahrhunderts hatten auch Naturwissenschaften und Technik ihren Platz gehabt. Im 19. Jahrhundert verengte sich das Bildungsideal der höheren Schichten auf das philologische, literarische und ästhetische Gebiet. Der Ingenieur und Dichter Max Maria von Weber, Sohn des Komponisten Carl Maria von Weber, kennzeichnete 1882 in einem Dialog die Situation trefflich. Wir zitieren einige Sätze vom Beginn und vom Ende des Dialogs:

«Graf C.: Lieber Baron, ich gratuliere Ihnen zu Ihrem Sohne! Er ist ein ganz charmanter junger Mann. Ich bin erstaunt gewesen über die Menge von guten Kenntnissen in Literatur, Kunst und Wissenschaft, die er prätensionslos mit feinem Takt in der Konversation erkennen ließ. Durchaus comme il faut erzogen. Was denken Sie aus ihm zu machen?
Baron E.: Er soll Techniker werden, Graf C., und demnächst die Gewerbe-Akademie zu B. beziehen.
Graf C.: Sie scherzen! Mit Ihrem uralten Namen, Ihren Konnexionen in den besten Kreisen! Dieser elegante junge Mann, geschaffen für diplomatische oder Militär-Karriere – eine Art höherer Ouvrier! – Verzeihen Sie, wenn ich lache.
Baron E.: Ihr Lächeln würde mich in Erstaunen setzen, wenn ich nicht glauben müßte, daß wir mit dem Worte Techniker sehr verschiedene Begriffe verknüpfen.
Graf C.: Sie irren, wenn Sie mich für ganz unbewandert in der Materie halten! Mir waren diese ganzen Affären von Handel, Industrie, Verkehr und wie die Schlagwörter der Neuzeit sonst noch lauten, geradezu affreux, und ich hatte mich von denselben so ferngehalten wie möglich. Polternde Maschinen, schmutzige Hände, schweißtriefende Kerls, langweilige Zahlen – voilà die Technik! ...
Baron E.: Erzieht ganze Menschen, die an allgemeiner Bildung und Lebensform auf der Höhe des Völkerlebens und der zivilisierten Gesellschaft stehen und macht aus diesen dann Techniker – das ist das ganze Geheimnis und die alleinige Lösung des Problems.»

Das gesellschaftliche Vorurteil gegen den Ingenieur begann indes um die Jahrhundertwende auch im «Lande der Dichter und Denker» langsam zu weichen. Die Erkämpfung des Promotionsrechts und einer den Universitäten entsprechenden Verfassung durch die Technischen Hochschulen im Jahre 1899 war ein wichtiger Schritt in dieser Entwicklung. Die deutsche Industrie stieg von etwa 1900 an, nicht zuletzt als Erfolg einer an den Hochschulen wissenschaftlich betriebenen Technik, rasch empor und wurde ein wesentlicher Konkurrent Englands und Amerikas. Hatte Reuleaux 1876 von den deutschen Industrieprodukten auf der Weltausstellung in Philadelphia gesagt, sie seien «billig und schlecht», so konnte Deutschland bereits auf der Pariser Weltausstellung 1900 durch die hohe Qualität seiner technischen Erzeugnisse besondere Anerkennung erringen.

Neue Kraftmaschinen

Die große, teure Dampfmaschine diente im allgemeinen, wie schon G. Reichenbach 1816 hervorgehoben hatte, «den reichen Particuliers und den großen Fabrikanten». Reichenbach bemühte sich damals, eine billige, wenig Raum beanspruchende, ortsveränderliche Hochdruckdampfmaschine für den kleinen Gewerbetreibenden zu schaffen, allerdings noch ohne wesentlichen Erfolg. In der Heißluftmaschine, mit der sich in der ersten Hälfte des 19. Jahrhunderts verschiedene Erfinder im Anschluß an S. Carnot beschäftigten und die in den fünfziger Jahren durch die Arbeit John Ericssons einige Verbreitung fand, glaubte man zunächst, *die* kleine Kraftmaschine für den Gewerbetreibenden gefunden zu haben; doch sie erwies sich nicht als lebenskräftig. 1860 baute Étienne Lenoir einen Gasmotor mit elektrischer Zündung, der Aufsehen erregte. Man stellte ihn bereits in größerer Stückzahl her. Durch die Berichte über Lenoirs Maschine angeregt, beschäftigte sich Nikolaus August Otto mit dem Gasmotorenbau. 1867 trat Otto, der inzwischen mit Eugen Langen 1864 eine Gasmotorenfabrik gegründet hatte, mit einer atmosphärischen Gasmaschine hervor, die nur ein Drittel soviel Gas wie der Lenoirsche Motor brauchte. In zehn Jahren wurden an die 5000 atmosphärische Maschinen von ¼ bis 3 PS abgesetzt. Vornehmlich als Antrieb für Pumpen und in Buchdruckereien leistete die atmosphärische Maschine Arbeit. Allerdings lief sie äußerst geräuschvoll. Überdies war die zuckend und stoßend laufende Maschine an die 1,70 m hoch. Leistungen über 3 PS konnte man nicht erreichen.

Dem allgemeinen Bedürfnis jener Zeit nach einer kleinen Kraftmaschine für den Handwerker verlieh Franz Reuleaux in beredter Weise 1875 in seiner «Kinematik» Ausdruck. Er hob hervor, daß die gewaltige Dampfmaschine nur vom Kapitalisten erworben werden könne. Man brauche aber eine billige Betriebskraft für den kleinen Handwerker, damit er konkurrenzfähig bleibe.

«Geben wir dem Kleinmeister Elementarkraft zu ebenso billigem Preise, wie dem Kapital die große mächtige Dampfmaschine zu Gebote steht, und wir erhalten diese wichtige Gesellschaftsklasse, wir stärken sie, wo sie glücklicherweise noch besteht, wir bringen sie wieder auf, wo sie bereits im Verschwinden ist.»

So ist denn seine Forderung, daß man für
«kleine, mit geringen Kosten betreibbare Kraftmaschinen»
sorge. Reuleaux setzte dabei seine Hoffnung auf die Gasmaschine, die ja
laufend vervollkommnet werde.
«Diese kleinen Motoren sind die wahren Kraftmaschinen des Volkes.»
In zäher Arbeit suchten N. A. Otto und E. Langen nach einer Gasmaschine, die frei war von den Nachteilen des atmosphärischen Motors. 1876 konnte Otto endlich mit einem leistungsfähigen Viertaktmotor hervortreten, der sich gegenüber der atmosphärischen Maschine durch ruhigen Lauf und beträchtliche Raum- und Gewichtsersparnis auszeichnete. Die Erfindung erwies sich als richtungweisend für den modernen Motorenbau. Reuleaux war begeistert über die neue Maschine, die er als die größte Erfindung im Kraftmaschinenfach seit Watt pries. Auch Otto und Langen wollten, wie sie 1889 anläßlich des 25jährigen Bestehens ihrer Firma bekannten, mit ihrer Maschine mithelfen,

«der überhandnehmenden willkürlichen Macht des Kapitals einen Damm entgegenzusetzen, die Kleinindustrie zu stählen zum schweren Kampfe des wirtschaftlichen Lebens und die Produktionsweise wieder in Bahnen zu lenken, welche eine ruhige Weiterentwicklung der Kultur gewährleisten».

Der Deutzer Gasmotor war zunächst von der Gasleitung abhängig, wenn man dort auch schon 1875 Versuche mit Benzin als Treibstoff machte und an den Antrieb von Fahrzeugen durch die Gasmaschine dachte. Aber es war erst Gottlieb Daimler und Wilhelm Maybach vorbehalten, an Ottos und Langens Arbeiten anknüpfend, 1883 den entwicklungsfähigen leichten und schnellaufenden Benzinmotor zu schaffen. Ottos Viertaktmotor machte 150 bis 180 Umläufe in der Minute. Daimlers neuer Motor aber lief mit 900 Umdrehungen in der Minute. Die Möglichkeit der Fahrzeugmotorisierung und der motorischen Luftfahrt war damit gegeben. Doch erst an die Motorfahrzeuge, mit denen Gottlieb Daimler und Carl Benz unabhängig voneinander seit 1885 hervortraten (Abb. 69), schloß sich eine Entwicklung an, die zum modernen Kraftwagen führte, der – wie wir schon hörten – bereits 1913 in Amerika Gegenstand der Massenfabrikation wurde und eine neue Revolution des Verkehrswesens hervorrief.

An die Seite des Explosionsmotors trat am Ende des 19. Jahrhunderts der mit hoher Vorverdichtung der Verbrennungsluft, Selbstzündung des Kraftstoffs und Verbrennung bei gleichem, sehr hohem Druck arbeitende Dieselsche Ölmotor (1893/97), der sich dank seines großen wirtschaftlichen Wirkungsgrades in den folgenden Jahrzehnten zur zukunftsreichsten Kraftmaschine entwickelte. R. Diesel schrieb 1913 kurz vor seinem Tode in klaren Worten über die Entstehungsgeschichte seines Motors. Er teilt uns mit, daß er 1878 von seinem Lehrer, Prof. Carl von Linde, am Polytechnikum in München, der späteren Technischen Hochschule, in der Vorlesung über Thermodynamik hörte, beim sogenannten Carnotschen idealen Kreisprozeß werde, würde man ihn in einer idealen Wärmekraftmaschine verwirklichen, ein Maximum von Wärme in mechanische Arbeit verwandelt, also ein Optimum des thermischen Wirkungsgrades erreicht.

«Der Wunsch der Verwirklichung des Carnotschen Idealprozesses beherrschte fortan mein Dasein»,

sagt Diesel. Und weiter schreibt er:

«... durch weiteres Vertiefen dieser Studien nach der praktischen Seite, insbesondere unter Berücksichtigung der mechanischen Arbeitsverluste, erkannte (ich), daß dem Carnotschen Kreisprozeß sein Ruf als ‹einzig vollkommener› nur theoretisch gebühre und daß für die praktische Maschine nicht die Maximaltemperatur, sondern der Maximaldruck ausschlaggebend sei. Danach mußte in der Praxis nicht nur bei der *Kompression*, wie ich in meiner theoretischen Schrift angenommen hatte, sondern auch bei der *Verbrennung* die Isotherme für die Erreichung großer spezifischer Lei-

69: Prospekt für den seit 1885 entwickelten dreirädrigen Benzmotorwagen, 1888.

stungen und brauchbarer mechanischer Wirkungsgrade *verlassen* werden, allerdings gegen beträchtliche Opfer an der ursprünglich berechneten Wärmeausnutzung.»

Meisterlich, von eigener Erfahrung geleitet, umriß Diesel in seiner Schrift über die Entstehung des Dieselmotors auch das Wesen erfinderischen Schaffens überhaupt. Er wies auch darauf hin, daß das Patentgesetz – Deutschland hatte endlich seit 1877 einen für das ganze Reich gültigen Erfinderschutz –, sosehr es die Erfindertätigkeit im allgemeinen fördere, doch auch hemmend zu wirken vermag, wenn ein Patent auf eine wirkliche Erfindung, zu deren industrieller Realisierung der Erfinder mühevolle Arbeit geleistet hat, nicht erteilt werden kann, weil sich nachweisen läßt, «daß die Idee schon irgendwo in einer vergessenen Schrift vermodert». Wir lesen bei Diesel:

«Nie und nimmer kann eine Idee allein als Erfindung bezeichnet werden; man nehme aus der Liste der Erfindungen beliebige heraus: das Fernrohr oder die Magdeburger Halbkugeln, den Spinnstuhl, die Nähmaschine oder die Dampfmaschine, immer gilt als Erfindung nur die *ausgeführte* Idee. Eine Erfindung ist niemals ein rein geistiges Produkt, sondern nur das Ergebnis des Kampfes zwischen Idee und körperlicher Welt; deshalb kann man auch jeder fertigen Erfindung nachweisen, daß ähnliche *Gedanken* mit mehr oder weniger Bestimmtheit und Bewußtsein auch anderen, oft schon lange vorher, vorgeschwebt haben.

Immer liegt zwischen der Idee und der fertigen Erfindung die eigentliche Arbeits- und Leidenszeit des Erfindens.

Immer wird nur ein geringer Teil der hochfliegenden Gedanken der körperlichen Welt aufgezwungen werden können, immer sieht die fertige Erfindung ganz anders aus als das vom Geist ursprünglich geschaute Ideal, das nie erreicht wird. Deshalb arbeitet auch jeder Erfinder mit einem unerhörten Abfall an Ideen, Projekten und Versuchen. Man muß *viel* wollen, um *etwas* zu erreichen. Das wenigste davon bleibt am Ende bestehen.»

Der Dieselmotor, seit 1893 in der Maschinenfabrik Augsburg entwickelt, eroberte sich bald ein weites Wirkungsgebiet, sei es als stationäre Maschine verschiedener Leistung, sei es als Antrieb für Schiffe, für Straßen- und Schienenfahrzeuge oder seit 1928 sogar für Flugzeuge. Wie rasch der durch seinen hohen wirtschaftlichen Wirkungsgrad ausgezeichnete Dieselmotor als Schiffsantrieb an Boden gewann, erhellt daraus, daß 1939 rund ein Viertel der Welthandelsflotte mit Dieselmotoren ausgerüstet war. Mit der Ausbreitung der Benzin- und Ölmotoren wurde das Erdöl zu einem Rohstoff ersten Ranges von weltpolitischer Bedeutung. Die Produktion stieg in dem Jahrhundert, seit man 1859 in Pennsylvania mit Bohrungen begann, steil an.

Der immer mehr steigende Energiebedarf seit dem letzten Drittel des 19. Jahrhunderts richtete den Blick der Technik auch auf die Wasserturbine, die wesentlich vervollkommnet und bald für die Erzeugung von elektrischem Strom benutzt wurde. An die Seite der Dampfmaschine stellte sich gegen Ende des 19. Jahrhunderts die Dampfturbine, deren wirtschaftlicher Wirkungsgrad die Kolbenmaschine beträchtlich übertrifft. Besonders die Überdruck-Dampfturbine Ch. A. Parsons, der bereits 1884 seine erste Maschine baute, wurde seit 1900 in Elektrizitätswerken, die auf Kohle angewiesen waren, weitgehend angewandt. Man konnte hier die Turbine mit der Welle der Dynamomaschine direkt kuppeln und erreichte so ein äußerst wirtschaftliches Arbeiten. Die Anfänge einer neuen Turbinenart, der Verbrennungs- oder Gasturbine, gehen – wenn wir von bloßen Planungen früherer Zeiten absehen – auf Versuche H. Holzwarths von 1906 zurück. Die eigentliche Entwicklung der Gasturbine, die – an der Leistung gemessen – durch ein besonders geringes Gewicht ausgezeichnet ist, vollzog sich erst im zweiten Viertel unseres Jahrhunderts. Die Verringerung des Leistungsgewichts ist ein Wesenszug aller Kraftmaschinenentwicklung; das Leistungsgewicht bei Flugmotoren betrug 1915 noch 1,7 kg/PS, 1950 aber nur etwa 0,5kg/PS.

Die Elektrotechnik

L. Galvani hatte 1786 die strömende Elektrizität entdeckt. A. Volta, J. W. Ritter, H. Chr. Oersted, A. M. Ampère, G. S. Ohm und M. Faraday suchten im ersten Drittel des 19. Jahrhunderts Eigenschaften und Verhalten des elektrischen Stromes zu erforschen. Versuche, den elektrischen Strom technisch anzuwenden, begannen vornehmlich in den Laboratorien der Physiker. Am Anfang der Elektrotechnik stand die Erfindung des elektromagnetischen Telegrafen 1832 durch Schilling von Canstadt und 1833 durch F. Gauß und W. Weber. Sam. F. B. Morse folgte 1843 mit dem ersten brauchbaren Schreibtelegrafen, der sich die Praxis eroberte. Morses Telegraf, der zusammen mit Dampfschiff und Dampfeisenbahn in Amerika bei der Ausbreitung nach dem Westen eine hervorragende Rolle spielte, half Raum und Zeit zu überwinden. In der zweiten Hälfte des 19. Jahrhunderts kam dann das Telefon hinzu. Schon im Jahre nach der Entdeckung der Induktion durch Faraday baute H. Pixii, der Mechaniker Ampères, 1832 den ersten umlaufenden Stromerzeuger. Und M. H. von Jacobi konstruierte 1834 den ersten Elektromotor, der zu wirklicher Arbeitsleistung gebraucht werden konnte; die Maschine wurde von einer Batterie gespeist. Der niederländische Physiker P. O. C. Vorsselmann de Heer berichtete 1839 über den Elektromagnetismus als bewegende Kraft. Er bezog sich dabei auf Ausführungen Benjamin Sillimans im «American Journal of Science» 1838 und auf einen kleinen elektromagnetischen Wagen, den der Professor der Chemie S. Stratingh in Groningen 1835 gebaut hatte. Noch war man voller Zweifel über die Zukunft einer Elektrotechnik. Vorsselmann de Heer fragte:

«... Wird nun diese elektro-magnetische Haspel einmal dazu dienen können, die Achsen unserer Fabriken in Bewegung zu setzen? Werden wir den Wagen des Hrn. Stratingh bloß auf den Tischen unserer Hörsäle oder vielleicht noch auf der Straße von Amsterdam nach Haarlem fahren sehen? Kurz, ist es möglich, durch den Elektro-

Magnetismus, wenn auch nur in einzelnen Fällen, den Dampf zu ersetzen, und wenn dem so ist, wird der Ersatz mit einigem Vorteil gepaart sein?»

Nachdem M. H. von Jacobi 1839 die Galvanoplastik erfunden hatte, ergab sich das Bedürfnis nach großen magnetelektrischen Maschinen, da die Arbeit mit Batterien zu kostspielig war. Auf Grund der Erfordernisse der Galvanotechnik konstruierte John S. Woolrich, Professor der Chemie in Birmingham, 1844 eine große magnetelektrische Maschine, die durch Dampfkraft angetrieben wurde. Die Vettern George R. und Henry Elkington verwandten in ihrer galvanotechnischen Fabrik Woolrichs Stromerzeuger. Der russische Staatsrat J. Hamel, der im Auftrage der russischen Regierung eine Studienreise nach England unternahm, berichtete 1847 über die Maschine:

«Was mehr als alles andere zugunsten der von Hrn. Woolrich zum Versilbern und Vergolden eingeführten magnetischen Maschinen spricht, möchte sein, daß die Herren Elkington, ungeachtet ihres vorteilhaften Privilegiums für die Batterieversilberung und Vergoldung, Woolrich sein Patentrecht abgekauft haben und gegenwärtig durch ihn in ihrem Etablissement eine wahrhaft kolossale magnetische Maschine aufstellen lassen. Sie hat acht hufeisenförmige Magnete, deren jeder aus zwölf Blättern zusammengesetzt ist, welche von der Linie der Polenden bis zum äußersten Rande des Bogens dritthalb Fuß Länge, dabei dritthalb Zoll Breite und zusammen vier Zoll Dicke haben. Der Zwischenraum oder die Öffnung zwischen den Polen beträgt sechs Zoll. Diese acht Magnete werden zwischen zwei kreisförmigen gußeisernen Scheiben mittels messingener Vorrichtungen so gehalten, daß alle Pole gegen ein Zentrum hingewendet sind, wo die Achse des dritthalb Fuß im Durchmesser haltenden Rades befindlich ist, welches an seiner Peripherie nicht weniger als sechzehn Armaturen mit fast sechs Zoll langen, umwickelten, dritthalb Zoll dicken Eisen-Zylindern trägt, die zwischen den Polen der Magnete mit einer Geschwindigkeit von siebenhundert und mehr Revolutionen in der Minute herumfliegen. Hr. Woolrich glaubt, daß die Kraft eines Pferdes beinahe hinreichen werde, um das die Armaturen tragende Rad zu drehen.

Die hier beschriebene Maschine wird jetzt bald bei den Herren Elkington aufgestellt werden. Sollte auch Hr. Woolrich in seinem Enthusiasmus zu weit gehen, wenn er erwartet, daß sie sechzehn bis zwanzig Unzen Silber in der Stunde, also bis dreiviertel Pud jeden Tag, deponieren werde, so wird dieser Riesenapparat doch immer mehr leisten als alle bisherigen magnetischen, zu elektrolytischen Arbeiten bestimmten Maschinen...

Auf Fabriken, wo beständig große Quantitäten Metall, sei es Silber oder Kupfer, deponiert werden, besonders wenn dabei schon zu anderen Zwecken eine Dampfmaschine vorhanden ist, dürften die Magnete wohl den Batterien vorzuziehen sein...»

Neben der Galvanotechnik war es das Bogenlicht, welches das Bedürfnis nach brauchbaren magnetelektrischen Maschinen weckte, wie solche in den fünfziger Jahren von der «Société d'Alliance» gebaut wurden. Mit dem Bau des ersten nach dem dynamoelektrischen Prinzip arbeitenden Stromerzeugers, der Dynamomaschine (Werner Siemens, Ch. Wheatstone und andere, 1866), begann die eigentliche Starkstromtechnik. Th. A. Edison errichtete 1882 in New York das erste elektrische Kraftwerk der Welt, das bald einige

70: Der Dynamoraum der ersten elektrischen Station in New York (Pearl Street), eingerichtet 1882 von Th. A. Edison. Holzstich, 1882.

tausend elektrische Lampen speiste (Abb. 70). Einige Jahre vorher, 1879, hatte ja Edison die elektrische Kohlefaden-Glühlampe mit Schraubensockel eingeführt. Und 1884 wurde an Edisons Kraftwerk der erste Elektromotor angeschlossen. Die erste deutsche Zentrale wurde 1885 in Berlin eröffnet. W. Siemens, der 1879 die erste elektrische Lokomotive und 1880 den ersten elektrischen Aufzug in Betrieb gesetzt hatte, nahm 1881 zum erstenmal eine direkte Kupplung von Dampfmaschine und Stromerzeuger vor.

Aus einem Brief von W. Siemens an den Grafen de Bylandt, königlich niederländischer Legationsrat in Berlin, vom 7. Juni 1889 erfahren wir, wie dem allen Fragen der Zeit aufgeschlossenen Unternehmer und Elektrotechniker auch das soziale Problem der kleinen Kraftmaschine, von dem wir schon oben im Zusammenhang mit dem Verbrennungsmotor hörten, am Herzen lag. Nicht nur auf das elektrische Licht, auch auf die sozial wichtige elektrische Kraftübertragung solle man das Augenmerk richten. Der Elektromotor vermochte in der Tat das Problem der kleinen Kraftmaschine für den Gewerbetreibenden in der besten Weise zu lösen. Siemens schreibt in dem besagten Brief u. a.:

«Man hat ... sein Hauptaugenmerk überall auf das elektrische Licht geworfen, da die Einführung der elektrischen Beleuchtung überall als ein Bedürfnis empfunden wird. Es ist jedoch den Elektrotechnikern wohl bekannt, daß die elektrische Beleuchtung nur den Übergang zu der sozial viel bedeutenderen elektrischen Kraftübertragung bildet. Durch die elektrische Kraftübertragung kann der städtischen Bevölkerung billige Arbeitskraft auf mühelosem Wege zugeführt werden. Dadurch wird die kleine Werkstatt, der einzelne in seiner Wohnung arbeitende Arbeiter, in die Lage gebracht, seine persönliche Arbeitskraft besser zu verwerten und mit den Fabriken, welche die benötigte Arbeitskraft durch Dampf- oder Gasmaschinen billig herstellen, zu konkurrieren. Es wird dieser Umstand mit der Zeit einen vollständigen Umschwung unserer Arbeitsverhältnisse zugunsten der Kleinindustrie hervorbringen. Dazu kommt, daß die Leichtigkeit der Krafterzeugung an der gewünschten Stelle unzählige Einrichtungen in den Häusern und auf den Straßen hervorrufen wird, welche zur Annehmlichkeit und Erleichterung des Lebens dienen – wie Ventilatoren, Aufzüge, Straßenbahnen usw. – Die Elektrizität hat ferner noch andere nützliche Verwendungen im gewerblichen Leben durch die elektrochemischen Wirkungen des elektrischen Stromes. Man kann durch dieselben die Elektrizität zu beliebiger Verwendung aufspeichern (d. h. Akkumulatoren laden), kann damit vergolden, versilbern, Galvanoplastik ausführen usw. Es wird einiger Zeit bedürfen, bis das Publikum sich an diese Benutzung der Elektrizität gewöhnt, es wird aber sicher eintreten. Dadurch wird dann eine elektrische Stromverteilungsanlage auch bei Tage Benutzung finden, während bei einer nur zu elektrischer Beleuchtung dienenden Anlage nur für wenige Abendstunden volle Verwendung vorhanden ist. Dies wird die Rentabilität der Anlagen wesentlich erhöhen. Gegenwärtig schwanken viele Städte noch, ob sie eine Gleichstrom- oder eine Wechselstromanlage erbauen sollen. So legt meine Firma im Haag gegenwärtig eine Gleichstromanlage an, während in Amsterdam eine Wechselstromanlage in Ausführung ist. Wechselstromanlagen sind aber für die Kraftübertragung nicht oder doch nur sehr unvollkommen geeignet, sie bilden daher ein Hindernis für künftige Entwicklung des städtischen sozialen Lebens.»

An die Seite der widerstreitenden Systeme, Gleich- und Wechselstrom, von denen wir am Schlusse des eben mitgeteilten Siemensbriefs hörten, trat bald, beide überflügelnd, ein neues, der Drehstrom. In demselben Jahre, da Siemens seinen Brief schrieb, entwickelte M. von Dolivo-Dobrowolski den praktisch brauchbaren Drehstrommotor und den Drehstromtransformator, nachdem auch von anderer Seite Vorarbeiten geleistet worden waren. Mit der auf der Elektrotechnischen Ausstellung in Frankfurt am Main 1891 auf Anregung Oskar von Millers durchgeführten Drehstromkraftübertragung über 175 km von Lauffen nach Frankfurt am Main hob die Zeit der Überlandversorgung an. Die leichte Transformierbarkeit des Drehstroms und der einfache Bau des Drehstrommotors verhalfen dem Drehstrome zum Sieg.

Flug und Funk

Uralt ist die Sehnsucht des Menschen, sich dem Vogel gleich in die Lüfte erheben zu können. Leonardo da Vinci bemühte sich vergebens an der Wende von Mittelalter und Neuzeit, durch einfache Versuche und geniale Konstruktionen das Problem des Menschenflugs durch Muskelkraft zu lösen. Und Chr. Huygens war 1673 davon überzeugt, daß der von ihm erfundene

Schießpulvermotor wegen seiner relativen Leichtigkeit, wenn er nur gehörig weiterentwickelt sei, einst als Antrieb eines Flugzeugs dienen könne. Sein guter technischer Sinn ließ ihn das Richtige voraussehen. Trotz allen Sehnens, Strebens und Versuchens war es doch erst Otto Lilienthal im letzten Jahrzehnt des 19. Jahrhunderts vorbehalten, erstes gesichertes Wissen über das Fliegen durch seine Gleitflüge zu vermitteln (Abb. 71). Über das Problem des Fliegens äußerte sich Lilienthal 1895 im «Prometheus»:

«Mit welcher Ruhe, mit welcher vollendeten Sicherheit, mit welchen überraschend einfachen Mitteln sehen wir den Vogel auf der Luft, dahingleiten! Das sollte der Mensch mit seiner Intelligenz, mit seinen mechanischen Hilfskräften, die ihn bereits wahre Wunderwerke schaffen ließen, nicht auch fertigbringen? Und doch ist es schwierig, außerordentlich schwierig, nur annähernd zu erreichen, was der Natur so spielend gelingt ... Ob nun dieses direkte Nachbilden des natürlichen Fliegens ein Weg von vielen oder der einzige Weg ist, der zum Ziele führt, das bildet heute noch eine Streitfrage. Vielen Technikern erscheint beispielsweise die Flügelbewegung der Vögel zu schwer maschinell durchführbar, und sie wollen die im Wasser so liebgewonnene Schraube auch zur Fortbewegung in der Luft nicht missen ... Was es heißt, mit Kurierzuggeschwindigkeit durch die Luft dahinzusausen und sich dann gefahrlos, und ohne

71: Otto Lilienthal in seinem Gleiter. Foto, 1895.

am Apparate etwas zu zerbrechen, wieder zur Erde niederzulassen, das kann sich jeder wohl leicht vorstellen. Wenn man nun aber dieses Kunststück gar von einer großen, schweren und komplizierten Maschine verlangt, so ist die Aussicht auf eine glückliche Landung um so geringer... Entwicklungsfähig muß die Methode sein, welche uns zum freien Fluge führen soll, möge sie so primitiv beginnen, wie sie will, und dazu gehört, daß wir durch die anzustellenden Versuche Gelegenheit erhalten zu einem wirklichen, wenn auch zunächst begrenzten Durchfliegen der Luft, bei dem wir über die Stabilität des Fliegens, über die Windwirkungen und über das gefahrlose Landen Erfahrung sammeln können, um durch stete Vervollkommnung dem dauernden freien Fluge allmählich uns zu nähern...

Nachdem von mir festgestellt wurde, daß sich Segelflüge von erhöhten Punkten auf weite Strecken mit recht einfachen Apparaten stabil und sicher auch bei mittelstarken Winden ausführen lassen, galt es einerseits, diese Segelübung auf immer stärkere Winde auszudehnen, um womöglich dadurch in das von uns an den Vögeln bewunderte dauernde Schweben hineinzukommen, und andererseits mußte versucht werden, den einfachen Segelflug durch dynamische Mittel zu unterstützen, um ihn auch bei weniger bewegter Luft schrittweise in den dauernden Flug hinüberzuleiten... Das stabile, freie Fliegen im Kampf mit den Unregelmäßigkeiten des Windes und das sichere Landen beim dynamischen Fluge sind Faktoren, über welche erst sehr wenig praktische Erfahrungen vorliegen, die aber gerade das Wesen der praktischen Flugtechnik ausmachen. Jedoch nur erschwert, keineswegs unmöglich gemacht wird durch diesen Umstand die Lösung des Flugproblems.»

Von Lilienthal angeregt, wandten sich die Brüder Orville und Wilbur Wright 1900 dem Flugproblem zu. In jenen Tagen durchkreuzte bereits das erste lenkbare Luftschiff des Grafen Ferdinand von Zeppelin, ausgerüstet mit zwei Daimlermotoren, die Lüfte. Ahnherr dieses Leichter-als-Luft-Fahrzeugs, das bis 1936 in immer größeren Formen gebaut wurde, dessen Weiterbildung aber durch die erfolgreiche Flugzeugentwicklung ein Ende fand, war der von den Brüdern J.-M. und J.-E. Montgolfier 1783 erfundene Warmluftballon. Im Juni 1783 erhob sich der erste unbemannte Ballon in den Himmel Frankreichs. Im September 1783 schickte man Tiere mit einer Montgolfiere in die Luft, die wohlbehalten wieder landeten. Und im Oktober des gleichen Jahres stieg zum erstenmal ein Mensch in einem allerdings noch angeleinten Warmluftballon in die Höhe. Man beachte die analoge Entwicklung bei der Weltraumfahrt in unseren Tagen: ohne Lebewesen, Tiere, Mensch. Im Juni 1783 war auch schon der erste mit Wasserstoff gefüllte Ballon aufgestiegen. Mit einem solchen Ballon konnte bereits 1785 der Ärmelkanal überflogen werden. 1903 gelang den Brüdern O. und W. Wright der erste gesteuerte Flug (schwerer als Luft) mit einem Doppeldecker von 355 kg Gewicht, der von einer durch die Kraft eines leichten Benzinmotors angetriebenen Luftschraube bewegt wurde. 260 m wurden gegen den Wind in 59 Sekunden zurückgelegt. Schon 1901 soll der Deutschamerikaner Gustav Whitehead (Weißkopf) mit einem Motorflugzeug geflogen sein. An seine Versuche schloß sich jedoch keine Entwicklung an; sie gerieten schnell in Vergessenheit. Mit den zahlreichen Flügen der Brüder Wright war der Bann gebrochen. Das Motorflugzeug mit Luftschraube trat seinen Zug der Eroberung des Luftraumes an. Aber erst seit dem Weltkriege 1914/18 setzte eine ungeahnte stürmische Entwicklung ein, die besonders im Zweiten Weltkrieg mit Fiebereifer weiter vorangetrieben wurde. Das Flugzeug wurde zur schrecklichen Vernichtungswaffe. Die Menscheit sah plötzlich den Zusammenhang des technischen Fortschritts mit der katastrophalen Vernichtung. Die Technik, die große Verheißung, wurde auch als Gefahr erkannt. Doch das technische Schaffen drängte weiter. Die Zeit nach dem Zweiten Weltkrieg erlebte die eigentliche Ausbildung der Düsenflugzeuge, deren erstes, eine Heinkelmaschine, übrigens schon 1939 in einem Versuchsflug den Luftraum durchschnitten hatte. Mit einem Raketenflugzeug erreichte man 1947 erstmalig eine Geschwindigkeit, die über der des Schalles (1200 km/st) lag. Mit den hohen Geschwindigkeiten wurden grundsätzlich neue Fragen der Formgebung und des Materials aufgeworfen. Die Reisegeschwindigkeit wurde seit den fünfziger Jahren durch die Einführung des Düsenflugzeuges in den öffentlichen interkontinentalen Verkehr ungemein erhöht. Die Erde ist klein geworden, die Völker sind nahe zusammengerückt. Solche nähere Berührung mag mitunter zu feindschaftlicher Auseinandersetzung führen können. Doch sie birgt andererseits auch die Möglichkeit in sich, daß sich einst weit entfernte Völker nun besser verstehen lernen.

Aber nicht nur die Gebiete der Erde sind zusammengerückt, auch der Himmelsraum ist uns nähergekommen. Große Mehrstufen-Raketen ermöglichten es seit 1957, künstliche Satelliten in ihre Bahn zu bringen und Raumschiffe in den Weltraum zu senden. Die bemannte Raumfahrt begann 1961 mit dem sowjetischen Raumschiff Wostok 1, das einmal die Erde umrundete. 1962 erfolgte der erste Weltraumflug der USA (Mercury 6), wobei drei Erdumläufe stattfanden. 1969 landeten zwei amerikanische Astronauten von Apollo 11 zum erstenmal auf dem Mond. Von J. Keplers «Traum» einer Mondreise (1634, vier Jahre nach seinem Tod veröffentlicht) bis zur ersten Mondlandung mußte ein langer Entwicklungsweg durchmessen werden.

Von ungemeiner Bedeutung für das Nachrichten- und Verkehrswesen und für die Verbreitung geistiger Güter, zuweilen aber auch einseitiger propagandistischer Meinungen zur Lenkung der Massen wurde die Funktechnik, die – nach der Entdeckung der elektrischen Wellen 1888 durch H. Hertz – mit den Arbeiten G. Marconis begann. Ihm gelang es im Mai 1897 erstmalig, Zeichen auf die Entfernung von 5 km funkentelegrafisch zu übertragen. Noch in demselben Jahre erreichte er 15 und 21 km. Die ursprüngliche Anordnung Marconis wurde 1898 von Ferdinand Braun, der den gekoppelten Sender einführte, wesentlich verbessert. Die Entwicklungsaussichten der jungen drahtlosen Telegrafie wurden von Braun, dem abwägenden Wissenschaftler, zunächst vorsichtig beurteilt. Er sagte in einem Vortrag im Winter 1900:

«Fragt man nach den Aussichten, dem praktischen Werte und der voraussichtlichen Entwicklung der drahtlosen Telegrafie, so wird man nach dem heute möglichen Überblick ungefähr folgendes sagen:
Der Wert als ein verbesserter Signaldienst, der unabhängig ist von jedem Wetter, von Tageszeit, von Nebel, Regen und Schnee, ist bereits anerkannt. Dieser wird für viele Fälle bleiben, selbst wenn die Hoffnung, die Stationen voneinander unabhängig zu machen, sich nicht in dem Maße, wie man es wünschen möchte, erfüllen sollte.
Starke Geberwirkung – abgestimmte Empfängerwirkung werden zunächst die Ziele sein. Werden sie auch nur innerhalb mäßiger Grenzen erreicht, so ist ausreichende Gelegenheit zur praktischen Verwendung vorhanden. Es gibt Küsten genug, gegenübergelegene Inseln, wenig bevölkerte Gegenden, wo eine Kabelverbindung nicht lohnt, einer Telegrafenleitung von Stürmen, wilden Tieren oder (unverständigen) Menschen Gefahr droht. An der Verwertung für militärische Zwecke besteht in allen Staaten großes Interesse.
Als Illusion wird man es aber – voraussichtlich für alle Zeiten – bezeichnen müssen, wenn man hofft, damit die Drahttelegrafie beseitigen zu können.»

In seinem Nobelvortrag in Stockholm 1909 berichtete Braun über die Schwierigkeiten der Anfangszeit:

«Marconi hatte, soweit mir bekannt, seine Versuche auf dem Landgute seines Vaters 1895 begonnen und sie 1896 in England fortgesetzt. In das Jahr 1897 fallen u. a. seine Versuche im Hafen von Spezia, woselbst etwa 15 km erreicht wurden; im Herbst desselben Jahres kam A. Slaby mit wesentlich den gleichen Anordnungen über Land auf 21 km, aber nur unter Benutzung von Luftballons, zu denen 300 Meter lange Drähte führten. Warum, so mußte man sich fragen, hat es so viel Schwierigkeiten, die Reichweite zu vergrößern? Wenn einmal, sagen wir, auf 15 km die ganze Anordnung funktioniert, warum konnte man nicht durch Vergrößerung der Anfangsspannung, wozu doch die Mittel vorhanden waren, auch die doppelte und mehrfache Entfernung erreichen? Es schien, als ob dazu immer Vergrößerung der Antennen nötig sei. Unter diesem Eindruck stand ich ..., als ich im Herbst 1898 mich dem Gegenstand zuwendete. Ich stellte mir die Aufgabe, kräftigere Senderwirkungen zu erzielen ...
Ich schloß: wenn es gelingt, eine *funkenlose* Antenne aus einem geschlossenen Flaschenkreis großer Kapazität zu Potentialschwankungen zu erregen, deren Mittelwert dem der Anfangsladung im Marconisender gleich ist – daß man dann einen wirksameren Sender besitzen würde. Fraglich war nur, ob man dies erreichen könne; und ferner mußte der Versuch durch Fernwirkung entscheiden, ob nicht die Überlegung irgendeinen störenden Umstand übersehen habe. Es gelang, bei passend dimensionierten Erregerkreisen die erste Forderung zu erfüllen, und vergleichende Versuche über Fernwirkung entschieden zugunsten der neuen Anordnung ... Mit meinen Anordnungen waren überall sogenannte *gekoppelte* Systeme in die drahtlose Telegrafie eingeführt worden ...»

Georg Graf von Arco, der seit 1897 zusammen mit seinem Lehrer A. Slaby ein eigenes System der drahtlosen Telegrafie ausgebildet hatte, schrieb 1904 über den Stand der Entwicklung:

«Die drahtlose Telegrafie ist heute dank der enormen geistigen Arbeit, die ihr in den letzten Jahren seitens bedeutender Gelehrter und Ingenieure zugewandt wurde, aus

dem Entwicklungsstadium hinaus, wo man mit Behauptungen und Geheimniskrämerei lückenhaftes Können zu bedecken vermochte. Heute können wir die Vorgänge messend verfolgen und das Ausführbare von dem Unmöglichen zahlenmäßig abgrenzen. Feindliche Störungen beim drahtlosen Empfang und umgekehrt das Mitlesen des Feindes unserer Telegramme läßt sich unter bestimmten Verhältnissen ausschließen, aber nur bedingungsweise!...
Es gibt... Schaltungsweisen des Gebers und des Empfängers, durch die eine Vergrößerung der störungsfreien Zone sich erzielen läßt. Aber immer bleibt die Störungsmöglichkeit darüber hinaus bestehen. Das einzig reelle Mittel, um die Störungsgefahr zu verringern, besteht in einer solchen konstruktiven Ausführung der Sende- und Empfangsapparate, daß diese eine schnelle Veränderung der ausgesandten und aufzunehmenden elektrischen Schwingungen ermöglichen.»

Einen bedeutenden Aufschwung erfuhr die Funktechnik 1906 mit der Erfindung der Verstärkerröhre durch R. von Lieben und unabhängig davon durch Lee de Forest; sie drang später in weite Gebiete der Technik ein. Wie in anderen technischen Fächern, so wurde auch in der drahtlosen Telegrafie die Entwicklung durch den Ersten Weltkrieg wesentlich beschleunigt. In den zwanziger Jahren konnte der allgemeine Rundfunk eingeführt werden. Das Fernsehen nahm den Weg in die Praxis, und im Zweiten Weltkrieg wurde die Radartechnik zur Ermittlung von Richtung und Entfernung nicht sichtbarer Gegenstände durch Radioortung ausgebildet. Die hochentwickelten Geräte des Rundfunks, des Fernsehens und der Flugfunk- und Fernlenktechnik zeigen uns eine neue Sphäre der modernen technischen Welt, eine apparative elektro-dynamische Technik. Hier geht es nicht um greifbare Bewegungsmechanismen, wie in der Maschinentechnik, nicht um statische Konstruktionen, wie in der Bautechnik, nicht um den Aufbau von Stoffen, wie in der chemischen Technik. Hier sind vielmehr Felder, elektromagnetische Wellen, Schwingungskreise, Elektronenströme und -strahlen sowie Halbleiter und hochevakuierte Räume das Wesentliche. In die Gruppe der zahlreichen elektronischen Geräte gehören auch die elektronischen Rechen- und Regelanlagen, über die noch kurz zu sprechen sein wird.

Neben Rundfunk und Fernsehen spielen als Masseninformationsmittel Presse und Film eine wesentliche Rolle. Für die moderne Presse sind schnelle Nachrichtenübermittlung und rasche Herstellung von Druckerzeugnissen wesentliche technische Voraussetzungen. Drei besonders bedeutsame Erfindungen im Gebiete der Drucktechnik gehören dem 19. Jahrhundert an. Wir beginnen mit der Zylinderschnellpresse F. Königs von 1812, auf der schon 1814 die englische Zeitung «Times» gedruckt wurde, und zwar mit einer Stundenleistung von 1100 Bogen. Diese Presse besaß eine ebene Druckform, gegen welche das Papier mittels eines Druckzylinders gepreßt wurde. 1863 folgte die erste brauchbare Rotationspresse des Amerikaners W. Bullock. Bei dieser für den Buchdruck auf endlosem Papier dienenden Presse war der

Letternsatz auf einem rotierenden Zylinder angebracht. Zwei Jahrzehnte später, 1884, erfand O. Mergenthaler die Zeilensetzmaschine (Linotype). Der Film, dem die Erfindung der Fotografie durch N. Niepce und L. J. M. Daguerre zugrunde liegt (1826/39), begann 1895 mit den fruchtbaren Arbeiten der Franzosen L. und A. Lumière und des Deutschen M. Skladanowsky. In den zwanziger Jahren unseres Jahrhunderts begann der Tonfilm. Der Film, der laufend vervollkommnet wurde, löste – wie manche andere technische Errungenschaft – weitreichende psychologische Wirkungen aus. Der Film hat vielfache positive Möglichkeiten, wie die, im guten Sinne zu unterhalten, zu belehren, wertvolle künstlerische Eindrücke oder Einblicke in das Reich der Natur und in die Menschenwelt zu vermitteln. Aber er kann auch, indem er eine falsche Welt wiedergibt, verführend und verflachend, indem er einseitig das Anomale darstellt, verrohend oder, indem er hemmungslos in die intime Sphäre einbricht, abstumpfend auf das persönliche Gefühlsleben wirken. Auch hier gilt es, die weitgehenden technischen Möglichkeiten mit hohem Verantwortungsgefühl zu gebrauchen.

Chemische Großsynthesen, Atomkernenergie, automatische Fabrik

Wenn wir von den in den zwanziger Jahren des 19. Jahrhunderts aus Apotheken hervorgegangenen Betrieben zur Herstellung pharmazeutisch-chemischer Präparate absehen, so entstand in Deutschland etwa seit der Jahrhundertmitte eine chemische Industrie, zunächst auf anorganischer Basis. J. von Liebigs Arbeiten über die Anwendung der Chemie auf die Landwirtschaft hatten in den vierziger und fünfziger Jahren die Gründung von Fabriken für Soda, Schwefelsäure, Kalisalze sowie Stickstoff- und Phosphatdüngemittel gefördert. Die künstliche Düngung erst lieferte die Möglichkeit, die rasch wachsende Bevölkerung mit genügend Brot zu versorgen. England und Frankreich waren in der Ausbildung einer anorganisch-chemischen Industrie, vornehmlich der Fabrikation von Schwefelsäure und Soda, die in England besonders von der Baumwollindustrie benötigt wurde, allerdings vorausgegangen. Diese Länder hatten einen Vorsprung von fast einem halben Jahrhundert. Seit 1860 wurde eine deutsche organisch-chemische Industrie der künstlichen Farben aufgebaut, der ebenfalls Liebigs, besonders aber A. W. von Hofmanns und später auch A. von Baeyers Arbeiten kräftige Impulse verliehen. Anfangs war die Teerfarbenerzeugung in Deutschland gering, da bei der noch wenig entwickelten Leuchtgasfabrikation das Rohmaterial für die Farbenherstellung fehlte. Aber schon 1878 produzierte man in deutschen Fabriken für 40 Millionen Mark Teerfarben, wohingegen England nur für 9 Millionen Mark und Frankreich und die Schweiz je für 7 Millionen Mark herstellten. Wissenschaftliche Chemie und technische Nutzung der

Forschungsergebnisse waren bei der organisch-chemischen Großindustrie von Anbeginn an eng miteinander verknüpft. Mit dem Werden der Teerfarbenindustrie stand die Entwicklung der Heilmittelgroßindustrie in unmittelbarer Verbindung. Unser Jahrhundert ist in der chemischen Industrie gekennzeichnet durch die chemischen Großsynthesen, bei denen aus einfachen Rohstoffen hochwertige Produkte katalytisch erzeugt werden. Wir heben nur hervor die Synthesen von Ammoniak, von Treibstoffen, Schmierölen und anderen Produkten im Hoch- oder Niederdruckverfahren, von Buna-Kautschuk, von Methylalkohol, von hochpolymeren organischen Kunststoffen und Chemiefasern. Auch die Hochdrucksynthese organischer Produkte auf der Grundlage von Acetylen und Kohlenoxyd (W. Reppe seit 1930) sei genannt. Vielerlei organische Lösungsmittel und Zwischenprodukte von Kunststoffen werden heute auch auf der Basis des Erdgases und des Erdöles hergestellt (Petrochemie). Der moderne Kunststoffmechaniker vermag heute auf Grund wissenschaftlicher Kenntnis der Beziehungen zwischen der Konstitution und den Eigenschaften des Makromoleküls in planvollem Schaffen neue organische Werkstoffe zu erzeugen, denen er innerhalb gewisser Grenzen bestimmte gewünschte technische Eigenschaften verleiht.

Am Anfang der Großsynthesen steht 1913 C. Boschs Verfahren zur technischen Erzeugung von Ammoniak aus dem Stickstoff der Luft und Wasserstoff unter hohem Druck (heute 300 Atmosphären). Die wissenschaftliche Grundlage der Synthese war das Werk F. Habers (1908/09). R. Le Rossignol, Habers Mitarbeiter, berichtete über die erste Vorführung der Hochdrucksynthese im kleinen in Habers Laboratorium zu Karlsruhe folgendes:

«Es war ein aufregender Tag, als im Juli 1909 zwei Vertreter der Badischen (Anilin- und Sodafabrik), Herr Dr. C. Bosch und Herr Dr. A. Mittasch, nach Karlsruhe kamen, um auf Einladung von Haber die ersten Versuche mit dem kleinen technischen Apparat zu sehen. Wie so oft bei wichtigen Vorführungen klappte etwas nicht. Ein Bolzen des Hochdruckapparates sprang beim Festschrauben, und die Vorführung mußte auf einige Stunden verschoben werden. Herr Dr. Bosch kehrte nicht zurück, so daß nur Herr Dr. Mittasch zugegen war, als zum erstenmal synthetisches Ammoniak mittels des kleinen technischen Modells in das Wasserglas stieg. Er drückte Haber begeistert die Hand und war nun ganz für den Prozeß gewonnen.

Die Badische übernahm nun unter der vorzüglichen Leitung der Herren Dr. Bosch und Dr. Mittasch die Riesenarbeit, den Prozeß für den Großbetrieb umzubauen. Das Resultat ihrer Arbeit sind die großartigen Betriebe von Oppau und Merseburg» (Naturwiss. 1928, S. 1070).

1913 gelang – wie schon gesagt – C. Bosch und A. Mittasch in der Badischen Anilin- & Sodafabrik nach langen Vorarbeiten die großtechnische Durchführung der Synthese des Ammoniaks, das dann hauptsächlich zu Stickstoffdünger weiterverarbeitet wurde, so daß sich die Einführung von Chile-Salpeter bald erübrigte. Die Ausbildung des Verfahrens ist ein bezeichnendes Beispiel dafür, welch langer, dornenvoller Weg zurückzulegen ist, um vom gelungenen Laboratoriumsversuch zum technischen Großbetrieb zu gelangen. In seinem Nobelvortrag führte Bosch 1932 den Werdegang seines Verfahrens und die dabei zu überwindenden Schwierigkeiten vor Augen. Er sagte zunächst:

«Als ich von der damaligen Geschäftsleitung (1909) mit der Aufgabe betraut wurde, die Überführung dieser Hochdrucksynthese in die Technik zum Zwecke der wirtschaftlichen Verwendung auszubauen, war es klar, daß zunächst drei Fragen im Vordergrund standen, deren Lösung unbedingt vorliegen mußte, bevor wir an den Bau einer Fabrikanlage herantreten konnten. Diese Fragen waren: Beschaffung der Rohstoffe, d. h. der Gase Wasserstoff und Stickstoff, zu niedrigerem Preis als bis dahin möglich, ferner Herstellung wirksamer und haltbarer Katalysatoren und endlich der Bau der Apparatur. Die Ausarbeitung dieser Probleme wurde gleichzeitig in Angriff genommen...»

Bosch berichtete nun weiter, wie man billigen Wasserstoff aus Wassergas zu beschaffen lernte, das durch Einwirkung von Wasserdampf auf Koks gewonnen und zusammen mit Wasserdampf katalytisch weiterbehandelt wurde. In mühevollen Versuchen gelang es, «technisch einwandfreie, leicht zu handhabende, widerstandsfähige und billige» Katalysatoren, hauptsächlich solche mit Eisen als wirksamer Substanz, herzustellen, die an die Stelle der von Haber als Katalysatoren benutzten, großtechnisch nicht brauchbaren Metalle Osmium und Uran traten. Besonders schwierig war die Lösung der dritten Aufgabe, die Entwicklung einer Hochdruckapparatur. Die dickwandigen Stahlrohre, die man als Gefäße für die Hochdrucksynthese verwandte, platzten leicht, weil sich das Stahlgefüge durch eine vom Wasserstoff bewirkte Entkohlung des Stahles lockerte. Hier kam nun Bosch auf die geniale Idee des Doppelrohres, eines Rohres aus einem äußeren Stahlmantel, der dem hohen Druck standhielt, und einem inneren Futterrohr aus kohlenstoffarmem, weichem Eisen, das vom Wasserstoff nicht so leicht angegriffen wird. Bosch sagte selbst darüber:

«Die lange gesuchte Lösung bestand darin, daß ein drucktragender Stahlmantel inwendig mit einem dünneren Futter aus weichem Eisen versehen wird, und zwar derartig, daß der durch das dünnere Futter tretende Wasserstoff, der ja allein diffundiert, Gelegenheit findet, drucklos zu entweichen, ehe er den äußeren Stahlmantel bei der hohen Temperatur angreifen kann. Erreicht wird dies leicht, indem das Futterrohr außen beim Abdrehen Rillen erhält und der Stahlmantel mit vielen kleinen Durchbohrungen versehen wird, durch die der Wasserstoff frei austritt. Das dünnere Futterrohr legt sich gleich zu Anfang unter dem hohen Innendruck fest an den Mantel an und kann später, wenn es spröde geworden ist, in keiner Weise mehr ausweichen, so daß auch keine Risse entstehen können. Die Verluste durch Diffusion sind minimal...»

Vielerlei weitere technische Aufgaben waren noch zu lösen, so unter anderem die Frage der Heizung der Rohre und der Verdichtung der Gase. Auch über andere Synthesen berichtete Bosch in seinem Nobelvortrag:

«Die Entwicklung der Ammoniaksynthese, die zum Teil unter dem Druck der Absperrung Deutschlands durch den Krieg mit Anspannung aller Kräfte und Mittel in verhältnismäßig kurzer Zeit zu Ende geführt wurde, hat natürlich auch Veranlassung gegeben, andere Reaktionen auszubauen, die unter hohem Druck wesentlich besser verlaufen als unter Atmosphärendruck. Wie denn überhaupt die Erfahrung gelehrt hat, daß es oft viel wirtschaftlicher ist, unter Hochdruck zu arbeiten, wenn man schon die technische Hochdrucksynthese beherrscht, denn man muß beachten, daß die Partialdrücke, sei es der Reaktionsgase oder der Verunreinigungen, auch entsprechend hoch sind ...

Schon bald bei Beginn unserer Arbeiten haben wir die Reduktion von Kohlenoxyd mit Wasserstoff untersucht und dabei feststellen können, daß flüssige Reaktionsprodukte erhalten werden konnten, die sich als Gemische von aliphatischen Alkoholen, Aldehyden, Ketonen und davon abgeleiteten Säuren erwiesen. Erst später (Anfang 1923) wurde erkannt, daß das erste Reaktionsprodukt, Methylalkohol, nur dann reichlich entsteht, wenn man eisenkarbonylfreies Gas sowie eisenfreie Kontaktmassen ... verwendet und dazu den Einfluß eiserner Gefäßwände vermeidet, die auf Methylalkohol kondensierend wirken. Bald wurden die besten Arbeitsbedingungen gefunden, die hohe Ausbeuten an reinem Methylalkohol lieferten, und so konnte sich die Synthese sehr schnell entwickeln...

Eine andere Reaktion, die sehr bald in Angriff genommen wurde, ist die Darstellung von Harnstoff aus Kohlensäure und Ammoniak unter Austritt von Wasser ...

Außer anderen Druckverfahren geringerer Bedeutung hat die Kohlehydrierung in den letzten Jahren besonderes Interesse gewonnen. Bergius hatte, wie bekannt, ... gefunden, daß durch Erhitzen von Kohle mit Wasserstoff unter Druck große Mengen flüssiger Reaktionsprodukte gebildet werden. In unseren Laboratorien wurde dann festgestellt, daß man durch Verwendung von Katalysatoren diese Reaktion besser beherrschen kann und vor allen Dingen zu beliebigen Endprodukten von leichten Kohlenwasserstoffen bis zum Schmieröl führen kann. Nach Erwerb der grundlegenden Patente von Bergius ist dieses Verfahren in Oppau und Leuna auf Grund unserer Erfahrungen in der Hochdrucktechnik und Katalysatorherstellung in großem Umfang in Betrieb genommen worden und liefert zur Zeit 120 000 t Benzin pro Jahr (1932).»

Neben die klassischen Werkstoffe Stein, Holz und Schwermetalle und neben die neuen synthetischen Kunststoffe traten in unserem Jahrhundert in steigendem Maße noch die Leichtmetalle, die man auch für hochbeanspruchte Bauteile verwenden lernte. Das erste metallische Aluminium stellte F. Wöhler 1827 her. Erst als man gegen Ende des 19. Jahrhunderts Aluminium im großen Maßstabe elektrolytisch gewinnen konnte (Ch. M. Hall, P. L. T. Héroult 1886, M. Kiliani 1887), ließ sich der Verwendungsbereich dieses Leichtmetalls wesentlich erweitern. Besonders bedeutsam wurde die von A. Wilm 1908 entwickelte aushärtbare Legierung von Aluminium mit Kupfer, Magnesium und Mangan. Dieses Duralumin zeichnet sich durch hohe Festigkeit aus. Aluminiumlegierungen haben in vielen Gebieten Stahl und Kupfer verdrängt, zumal man sie jetzt in vielfältiger Weise zu bearbeiten vermag.

Mit der ersten Nutzung der Kernenergie des Atoms im Zweiten Weltkrieg hob ein neues technisches Zeitalter an. Bis weit ins Mittelalter hinein wurde ein großer Teil der technischen Arbeiten mittels Menschenkraft verrichtet; dann traten die Kräfte des Tieres, des Wassers und des Windes stärker in den Vordergrund. Seit dem 18. Jahrhundert nutzte man die in den Kohlen und später die im Öle schlummernden chemischen Kräfte in den Wärmekraftmaschinen verschiedenster Art. Nun rückt neben die chemische Energie die Kernenergie des Atoms. Alle Energie des Wassers, des Windes, der Kohle, des Öles leitet sich letztlich von der Sonne ab, deren Energiereichtum auf Kernprozesse zurückzuführen ist. Nun aber vermag der Mensch selbst Kernenergie von irdischen Elementen freizusetzen und damit unermeßliche Energieschätze zu erschließen. 1938 hatten O. Hahn und F. Straßmann das Element Uran durch Neutronenbeschuß in Elemente des mittleren Gebiets des Periodensystems gespalten. Lise Meitner und O. R. Frisch erkannten 1939, daß diese Spaltvorgänge unter ungemein großer Energieentwicklung vor sich gehen. Damit war die wissenschaftliche Grundlage einer Gewinnung der Kernenergie gegeben. Sowohl in Deutschland als auch in England und Amerika, wo am Problem der Atomenergie gearbeitet wurde, fand man bald, daß der Spaltprozeß als Kettenreaktion vor sich gehe, die man entweder zum Zwecke gleichmäßiger Wärmelieferung im Sinne eines statischen Ablaufs steuern könne oder die sich ungesteuert dazu verwenden ließe, gewaltige Explosionen zu erzeugen. Der Krieg warf unerbittlich das Gewicht in die Waagschale der ungesteuerten explosionsartigen Kettenreaktion. Es kam in Amerika in zäher Arbeit unter Aufwand riesiger Mittel zur Entwicklung der Atombombe, die am 16. Juli 1945 in Neu-Mexiko zum erstenmal versuchsweise in ihrer ungeheuren Wirkung erprobt wurde. Dramatisch schildert der *amtliche amerikanische Bericht*, der sogenannte Smyth-Report, den Versuch. Er spricht von dem erfolgreichen Übertritt der Menschheit in das Zeitalter des Atoms und von einer neuen revolutionierenden Waffe, welche die Kriegführung wesentlich ändere oder das Ende aller Kriege herbeiführe. Am 16. Juli 1945 morgens 5.30 Uhr wurde die Detonation einer Plutoniumbombe ausgelöst. Die Minuten und Sekunden vor der Explosion hatten die Männer im Kommandoraum in äußerste Spannung versetzt. Auch J. R. Oppenheimer, der die ganze Apparatur zur Anwendung der Atomenergie für militärische Zwecke vollendet hatte, war mit im Kommandoraum zugegen. Die Detonation zeigte sich durch einen blendenden Lichtblitz an, auf den ein fürchterliches Krachen folgte.

«Unmittelbar hiernach kochte eine riesenhafte, vielfarbige wogende Wolke empor bis zu einer Höhe von über 12000 m.»

Die erste militärische Anwendung der neuen Waffe war der amerikanische Atombombenangriff auf Hiroshima und Nagasaki in Japan im August 1945. Die destruktive Wirkung war ungeheuerlich. Nach dem Kriege begann man dann auch mit dem Ausbau der Atomkernenergie für friedliche Zwecke. Das erste bedeutende für eine industriemäßige Elektrizitätserzeugung gebaute Kernenergie-Kraftwerk mit einer geplanten Gesamtleistung von 184000 kW wurde 1956 zu Calder Hall in England in Betrieb genommen. Ende 1957 folgte das Kernenergie-Kraftwerk Shippingport in Amerika mit 60000 kW Leistung; es könnte eine Stadt von 100000 Einwohnern mit Elektrizität versorgen. Ihnen folgten weitere große Anlagen. Hinzu kommt seit 1955 der Antrieb von Unterseebooten und Überwasserschiffen durch Kernenergie.

Noch wird es allerdings einige Zeit dauern, bis die Atomkernenergie mit der Energie der Kohle und des Öls in wirtschaftlichen Wettbewerb zu treten vermag. Sosehr man auch bemüht ist, die friedliche Nutzung der Kernenergie auszubauen, mit ebensolchem Eifer ist man daran, die Atombomben weiterzuentwickeln. Die Wasserstoffbombe ist eine weitere Stufe der «Vervollkommnung» jener fürchterlichsten Waffe, die menschliche Technik je schuf. Die erste amerikanische Wasserstoffbombe wurde bereits 1952, die erste russische 1953 gezündet. Es ist eine der größten Aufgaben, die der Technik gestellt sind, im Anschluß an die unkontrollierte Reaktion der Verschmelzung von Kernen schweren Wasserstoffs, wie sie bei der Wasserstoffbombe eine Rolle spielt, auch eine kontrollierte Fusion zur regulären Energiegewinnung zu verwirklichen. Möge doch die Menschheit endlich in Vertrauen zueinanderfinden, auf daß die von Wissenschaft und Technik entfesselte ungeheure Macht der Atomkernenergie in Zukunft nur noch gemeinsamen friedlichen Aufgaben diene.

Der gewaltigen technischen Errungenschaft der Nutzung der Atomkernenergie, mit der eine neue Epoche der Technik begann, muß eine technische Entwicklung von ebenso tiefgreifender Wirkung an die Seite gestellt werden, der Ausbau der elektronischen Rechen- und Regelungsanlagen.

Das elektronische Rechengerät wurde bereits im Kriege in Amerika zu hoher Leistungsfähigkeit namentlich für die Lösung ballistischer Aufgaben ausgebildet. J. W. Mauchly und J. P. Eckert bauten 1946 das elektronische Großrechengerät ENIAC (= Electronic Numerical Integrator and Computer) mit 18000 Elektronenröhren. Komplizierte mathematische Rechnungen werden durch solche Anlagen mit außerordentlicher Schnelligkeit ausgeführt. Die elektronische Rechenapparatur «merkt» sich auch Zwischenresultate und arbeitet mit ihnen zu gegebener Zeit weiter. Sie vermag sogar «Entscheidungen» zu treffen über die Art der Weiterführung der Rechnung, indem sie je nach den Zwischenresultaten aus mehreren in ihrem Programm liegenden Wegen einen bestimmten auswählt.

Man nennt die elektronischen Großrechenanlagen heute gern «denkende Maschinen» oder «Elektronengehirne»; aber diesen Maschinen ist weder das Denken eigen, noch sind sie anderswie menschlicher Art. Wenn sie auch Entscheidungen treffen, so kommt ihnen doch kein freier Wille zu; sie führen einen vorher in sie hineingelegten logischen Prozeß durch.

Die Entwicklung der Mikroelektronik (Integrierte Schaltungen seit 1959,

Silizium-Chip und Mikroprozessor seit 1969/71) revolutionierten die gesamte Informationstechnik. Diese Revolution ist umrissen durch die Begriffe Information, Automatisierung, Kybernetik. Die immer leistungsfähiger und billiger werdenden Datenverarbeitungsanlagen drangen in viele Gebiete des wissenschaftlichen, wirtschaftlichen und gesellschaftlichen Lebens ein und führten zu völlig veränderten Arbeitsformen.

Die Wurzeln der Rechengeräteentwicklung liegen, wie wir schon hervorhoben, in der Barockzeit. Die Entwicklung lief über G. Poleni (Sprossenradmaschine 1709), Ch. Babbage (Programmsteuerung, um 1835; Maschine aber nicht zu Ende geführt) und V. Bush (1930) in unsere Zeit, die durch die elektronischen Rechengeräte gekennzeichnet ist.

Durch eine Apparatur von der Art der elektronischen Rechenanlagen kann man aber auch den maschinellen Arbeitsablauf einer Fabrik regeln. Die Fabrik wird automatisiert.

Eine automatische Fabrik war bereits die von O. Evans 1784/85 erbaute Getreidemühle am Okkoquam-Fluß in Virginia (USA), bei der insbesondere der ganze Mahlprozeß ohne Zutun des Menschen vor sich ging. Auch J. M. Jacquards Musterwebstuhl von 1805, dem das Muster auf Lochkarten eingegeben wurde, ist eine wesentliche Stufe auf dem Wege zur Automatisierung. Wir heben schließlich noch die 1833 eingeführte weitgehende Mechanisierung bei der kontinuierlichen Herstellung von Schiffszwieback für die englische Marine hervor.

Aber die großen Fortschritte in Richtung auf eine volle Automatisierung liegen doch erst in den drei letzten Jahrzehnten, die eine ungemein rasche Entwicklung der Elektronik brachten. Die volle Automatisierung ist heute in Petroleumraffinerien und petrochemischen Fabriken oder bei der Blechfabrikation (Walzstraße), um Beispiele kontinuierlicher Herstellung zu nennen, aber auch in der Elektroindustrie oder bei der Kolbenfertigung, um Beispiele stückweiser Produktion anzuführen, vielfach verwirklicht.

Die Arbeitsmaschine nimmt dem Menschen die mechanische Arbeit ab, die elektronischen Anlagen aber, welche die Steuerungs- und Überwachungsaufgaben übernehmen, ersetzen geistige Routinearbeit des Menschen. In der automatisierten Fabrik korrigiert die Maschine ihre eigenen Fehler. Apparate, die gleichsam wie Sinnesorgane wirken, registrieren beim Fertigungsprozeß gewisse Daten (Temperatur usw.) und berichten der zentralen Kontrollstelle, eben der Rechenmaschine als Zentrum der automatischen Fabrik. Diese entscheidet, was auf Grund von vorher ihr eingegebenen Entscheidungen zu geschehen hat. Wirkmechanismen (Effektoren oder Stellglieder) führen dann die Befehle der zentralen Kontrollstelle aus.

Die Automatisierung des Fabrikbetriebes erfordert natürlich nicht nur den Einsatz elektronischer Rechenapparaturen, sondern macht vielfach eine grundlegende Neuplanung des ganzen Fertigungsprozesses, ja einen Neuentwurf des zu fertigenden Produktes nötig. Ist die Anlage der automatischen

Fabrik einmal aufgestellt, so hat der Mensch nur für die Pflege und für die nötig werdenden Reparaturen der mannigfaltigen Maschinen und Apparate zu sorgen; er ist gleichsam nur noch Maschinenhygieniker und -arzt. Auch der Bürobetrieb wird durch elektronische Anlagen automatisiert. Der Bildschirm-Arbeitsplatz in Verbindung mit dem Computer gibt dem Büro das Gesicht. Das fachliche Rechnen, die statistischen Auswertungen und das Zusammenfassen und Analysieren von Daten besorgt der Computer als elektronischer Automat. Die Grenze zwischen Büro und Fabrik wird damit verwischt.

Die Automatisierung des Fabrikwesens, die Automation, werde – so meinten einige Autoren, darunter besonders der an der Entwicklung im Gebiete der Kommunikations- und Regelungsmaschinen wesentlich beteiligte Amerikaner N. Wiener (schon 1949) – eine «zweite industrielle Revolution» hervorrufen. Diese werde, so sagte man, der ersten, die durch die Einführung der Dampfkraft und neuer Arbeitsmaschinen verursacht wurde, in den psychologischen, sozialen und wirtschaftlichen Erschütterungen, die sie auslöst, keineswegs nachstehen.

Die sich in den letzten Jahrzehnten stürmisch ausbreitende Technik schuf allerdings eine veränderte Umwelt, welche die seelisch-geistige Entwicklung des Menschen tief beeinflußte. Die Frage nach Sinn und Grenzen der Technik wird lebendig. Der ungeheure Machtgewinn durch die Technik befreit den Menschen sicher in vieler Hinsicht von drückender Mühsal und gibt ihm mehr Zeit für sich selbst. Aber andererseits bedroht auch das steigende technische Potential Körper und Seele. Mit dem raschen Wachstum des technischen Vermögens des Menschen hat insbesondere die Entwicklung seiner ethischen und religiösen Kräfte nicht Schritt gehalten. Nur wenn der Mensch sich seiner eigentlichen Bestimmung und seiner religiösen Verantwortung stärker bewußt wird, kann die von ihm gehandhabte Technik ihm zum Segen gereichen.

Anhang

Literatur

Sekundärliteratur zur Geschichte der Technik im abendländischen Kulturkreis

A. Mehrere Epochen umfassend

Abhandlungen und Berichte des Deutschen Museums. Bd. 1 ff. Berlin und München 1929 ff.
Archiv für Geschichte der Naturwissenschaft und Technik. Bd. 1–13. Leipzig 1909–1931.
Armÿtage, W. H. G.: A social history of engineering. London 1961, 3rd ed. 1970.
Artz, Frederic B.: The development of technical education in France, 1500–1850. Cleveland, Ohio 1966.
Baumgärtel, Hans: Vom Bergbüchlein zur Bergakademie. Leipzig 1965 (=Freiberger Forschungshefte D 50).
Beck, Ludwig: Geschichte des Eisens. Abt. 1–5. Braunschweig 1884–1903. Abt. 1 in 2. Aufl. Berlin 1900.
Beck, Theodor: Beiträge zur Geschichte des Maschinenbaues. 2. Aufl. Berlin 1900.
Beckmann, Johann: Beyträge zur Geschichte der Erfindungen. Bd. 1–5. Leipzig 1780–1805. Engl. Übers. u. d. T.: A history of inventions. London 1797–1814. 4. Aufl. 1845.
Beiträge zur Geschichte der Technik u. Industrie (ab Bd. 22 u. d. T. Technikgeschichte). Bd. 1–30. Berlin 1909–1941 (als Jahrbuch). Fortges. als Zeitschrift «Technikgeschichte» Bd. 31 ff. 1935 ff.
Blätter für Technikgeschichte. H. 1 ff. Wien 1932 ff.
Booker, Peter Jeffrey: A history of engineering drawing. London 1963
Brandt, Paul: Schaffende Arbeit und bildende Kunst. Bd. 1.2. Leipzig 1927.
Brentjes, B., S. Richter u. R. Sonnemann: Geschichte der Technik. Köln 1978.
Burstall, Aubrey F.: A history of mechanical engineering. London 1963.
Davey, Norman: A history of building materials. London 1961.
Derry, T. K. and T. I. Williams: A short history of technology. Oxford 1960.
Eco, Umberto u. G. B. Zorzoli: Histoire illustrée des inventions. Paris 1961. Engl. Übers. London 1962, deutsche Übers. Bern 1963.
Feldhaus, F. M.: Die Technik der Vorzeit, der geschichtlichen Zeit und der Naturvölker. Leipzig 1914. 2. Aufl. München 1965. Neudruck auch Wiesbaden 1970.
Feldhaus, F. M. u. Carl Graf von Klinckowstroem: Bibliographie der erfindungsgeschichtlichen Literatur. Geschichtsblätter f. Technik u. Industrie. Jg. 10, 1923, S. 1–21.
Feldhaus, F. M.: Ruhmesblätter der Technik. Bd. 1.2. 2. Aufl. Leipzig 1924/26.
Feldhaus, F. M.: Kulturgeschichte der Technik. Bd. 1.2. Berlin 1928. Nachdruck Hildesheim 1976.
Feldhaus, F. M.: Geschichte des technischen Zeichnens. Wilhelmshaven 1953. 3. Aufl. 1967.
Feldhaus, F. M.: Die Maschine im Leben der Völker. Basel 1954.
Ferguson, John: Bibliographical notes on histories of inventions and books of secrets. Vol. 1.2. London 1959.
Ferguson, Eugene F.: Bibliography of the history of technology. Cambridge, Mass. 1968.
Forbes, R. J.: Vom Steinbeil zum Überschall, München 1954.
Forbes, R. J. and E. J. Dijksterhuis: A history of science and technology. Vol. 1.2. Harmondsworth 1963 (= Pelican Book 498–499).
Forti, Umberto: Storia della tecnica dal medio evo al Rinascimento. Firenze 1957.
Geschichtsblätter für Technik. Bd. 1–11, H. 4. Berlin 1914–1927.
Greaves, W. F. and J. H. Carpenter: A short history of mechanical engineering. London 1969.
Heilfurth, Gerhard: Der Bergbau und seine Kultur. Zürich 1981.
Histoire générale des techniques. Hg. von M. Daumas. To. 1–5. Paris 1962–1979.

Histoire de la locomotion terrestre. Paris 1936.
Histoire de la marine. Paris 1934.
Histoire des techniques. Sous la direction de Bertrand Gille. Paris 1978 (= Encyclopédie de la Pléiade. Vol. 41).
A history of technology. Ed. by Ch. Singer and T. I. Williams. Vol. 1–7. Oxford 1954–1978.
History of technology. Ed. by A. R. Hall and N. Smith. Vol. 1 ff. London 1976 ff.
Jähns, M.: Geschichte der Kriegswissenschaften. Abt. 1–3. München 1889–1891.
Johannsen, Otto u. a.: Die Geschichte der Textilindustrie. Leipzig 1922.
Johannsen, Otto: Geschichte des Eisens. 3. Aufl. Düsseldorf 1953.
Jonas, W., V. Linsbauer u. H. Marx: Die Produktivkräfte in der Geschichte. Bd. 1: Von den Anfängen in der Urgemeinschaft bis zum Beginn der Industriellen Revolution. Berlin 1969.
Klemm, Friedrich: Technik. Eine Geschichte ihrer Probleme. Freiburg/Br. 1954.
Klemm, Friedrich: Zur Kulturgeschichte der Technik. Aufsätze u. Vorträge. München 1979 (= Kulturgeschichte der Naturwissenschaft u. Technik. Bd. 1).
Klinckowstroem, Carl, Graf von: Knaurs Geschichte der Technik. München 1959.
Koch, Manfred: Geschichte und Entwicklung des bergmännischen Schrifttums. Goslar 1963. (= Schriftenreihe Bergbau-Aufbereitung. H. 1.).
Kultur u. Technik. Zeitschr. des Deutschen Museums. H. 1 ff. München 1977 ff.
Lilley, Samuel: Menschen und Maschinen. Eine kurze Geschichte der Technik. Wien 1952. 2. engl. Edition: London 1965. Amerikan. Edition: New York 1966.
Le machine. Bolletino dell'Istituto Italiano per la Storia della Tecnica. Vol. 1 ff. Firenze 1967 ff.
Matschoß, Conrad: Große Ingenieure. 4. Aufl. München 1953.
Meyer, Herbert W.: A history of electricity and magnetism. Cambridge, Mass. 1971.
Michal, Stanislav: Perpetuum mobile gestern und heute. Düsseldorf 1976.
Mummenhoff, E.: Der Handwerker in der deutschen Vergangenheit. 2. Aufl. Jena 1924.
Nedoluha, A.: Kulturgeschichte des technischen Zeichnens. In: Blätter f. Technikgesch. Wien 1957–1959.
Needham, Joseph: Science and civilisation in China. Vol. 1–5. Cambridge 1954– 1980.
Oliver, John W.: History of American technology. New York 1956. Dt. Übers. Düsseldorf 1959.
Pacey, Arnold: The maze of ingenuity. Ideas and idealism in the development of technology. London 1974. Paperback-Ausgabe: Cambridge, Mass. MIT-Press, 1977.
Pannell, J. P. M.: An illustrated history of civil engineering. London 1962.
Ress, F. M.: Bauten, Denkmäler und Stiftungen deutscher Eisenhüttenleute. Düsseldorf 1960.
Rickard, Thomas A.: Man and metals. A history of mining. Vol. 1.2. New York 1932.
Rolt, L. T. C.: Tools for the Job. A short history of machine tools. London 1965.
Ronan, Colin A.: The shorter science and civilisation in China. An abbridgement of Joseph Needham's original text. Vol. 1 (vols 1 and 2 of the major series). Cambridge 1978.
Russo, François: Éléments de bibliographie de l'histoire des sciences et des techniques. 2me éd. Paris 1969.
Schimank, Hans: Der Ingenieur. Entwicklungsweg eines Berufes bis Ende des 19. Jahrhunderts. Köln 1961.
Schnabel, Franz: Der Aufstieg der modernen Technik aus dem Geiste der abendländischen Völker. Köln 1951.
Schubert, H. R.: History of the British iron and steel industry from 450 b. C. to A. D. 1775. London 1957.
Smith, Norman: Mensch und Wasser. Bewässerung, Wasserversorgung. Von den Pharaonen bis Assuan. München 1978.
Steeds, W.: A history of machine tools, 1700–1910. Oxford 1969.
Stöcklein, Ansgar: Leitbilder der Technik. München 1969.
Storck, J. and W. D. Teague: Flour for man's bread. A history of milling. Minneapolis 1952.
Storia della tecnica. Ed. A. A. Capocaccia. Vol. 1 ff. Torino 1973 ff.
Strandh, Sigvard: Die Maschine. Geschichte, Elemente, Funktion. Freiburg i. Br. 1979.
Straub, Hans: Die Geschichte der Bauingenieurkunst. 3. Aufl. Basel 1975.
Stummvoll, J.: Technikgeschichte und Schrifttum. Düsseldorf 1975.
Williams, Trevor J.: The chemical industry. Past and present. Neuausg. East Ardshey, Wakefield 1972.
Wittmann, Karl: Die Entwicklung der Drehbank bis zum Jahre 1939. 2. Aufl. Düsseldorf 1960.
Die Technik. Von den Anfängen bis zur Gegenwart. Hg. von Ulrich Troitzsch u. Wolfhard Weber. Braunschweig 1982.
Die Technik der Neuzeit. Hg. v. F. Klemm. Lief. 1–11, Potsdam 1941/42.
Techniques et civilisations. Hg. v. L. Delville. Vol. 1–5. St. Germain 1950–1956.

Technology in Western civilization. Ed. by M. Kranzberg and C. W. Pursell, jr. Vol. 1.2. New York 1967.
Technology and culture. Vol. 1 ff. Detroit, Mich. 1959 ff.
Transactions of the Newcomen Society. Vol. 1 ff. London 1920/21 ff.
Uccelli, Arturo: Storia della tecnica dal medio evo ai nostri giorni. Milano 1945.
Usher, Abbott Payson: A history of mechanical inventions. New York 1929. New edition 1959.
Vierendeel, A.: Esquisse d'une histoire de la technique. Brussels 1921.
Vom Faustkeil zum Laserstrahl. Die Erfindungen der Menschheit von A–Z. Stuttgart 1982.

B. Einzelne Epochen betreffend

I. Die griechisch-römische Antike

Ashby, Th.: The aqueducts of ancient Rome. Oxford 1935.
Benoit, F.: L'usine de meunerie hydraulique de Barbegal. In: Revue archéol., sér. 6, Vol. 16, 1940, S. 19–80.
Blümner, Hugo: Technologie u. Terminologie der Gewerbe und Künste bei Griechen und Römern. Bd. 1–4. Leipzig 1875–1887. Bd. 1 in zweiter Aufl. 1912.
Brockmeyer, Norbert: Antike Sklaverei. Darmstadt 1979.
Camp, L. Sprague de: Ingenieure der Antike. Düsseldorf 1964.
Davies, O.: Roman mines in Europe. Oxford 1935.
Diels, Hermann: Antike Technik. 3. Aufl. Berlin 1924.
Drachmann, A. G.: Klesibios, Philon and Heron. Kopenhagen 1948.
Drachmann, A. G.: The mechanical technology of Greek and Roman antiquity, Kopenhagen 1963.
Drachmann, A. G.: Große griechische Erfinder. Zürich 1967.
Finley, Sir Moses J.: Ancient Slavery and modern ideology. London 1980. Dt. Übers. München 1981.
Forbes, R. J.: Studies in ancient technology. Vol. 1–9. Leiden 1955–1964. 2. Aufl. 1964 ff.
Frontinus: Wasser für Rom. Dt. Übers. von De aquis urbis Romae. Dt. von M. Hainzmann. Zürich/München 1979.
Gille, Bertrand: Les mécaniciens grecs. Paris 1980.
Heron von Alexandria: Opera (griechisch u. deutsch). Hg. von Wilhelm Schmidt u. a. Bd. 1–5. Leipzig 1899–1914.
Jahn, Otto: Über Darstellungen des Handwerks ... auf antiken Wandgemälden. In: Abh. Sächs. Ges. Wiss. Leipzig. Phil.-hist. Kl. Bd. 5, 1968, Nr. 4.
Kiechle, Franz: Sklavenarbeit und technischer Fortschritt im römischen Reich. Wiesbaden 1969. (= Forschungen zur antiken Sklaverei. Bd. 3).
Koch, Herbert: Vom Nachleben des Vitruv. Baden-Baden 1951. (= Dt. Beitr. z. Altertumswiss. H. 1).
Kretzschmer, Fritz: Bilddokumente römischer Technik. 3. Aufl. Düsseldorf 1967.
Landels, J. G.: Engineering in the ancient world. London 1978. Dt. Übers. u. d. T.: Die Technik in der antiken Welt. Übers. von K. Mauel, München 1979.
Lauffer, Siegfried: Die Bergwerkssklaven von Laureion. Tl. 1.2. Wiesbaden 1956/57 (= Akad. d. Wissensch. u. d. Literatur. Mainz. Geistes- u. sozialwiss. Klasse 1955, Nr. 12; 1956, Nr. 11).
Merckel, Curt: Die Ingenieurtechnik im Altertum. Berlin 1899.
Neuburger, A.: Die Technik des Altertums. 4. Aufl. Leipzig 1924, Engl. Übers. New York 1969.
Plinius Secundus d. Ä.: Naturkunde. Lat. u. dt. Buch 1 ff. München 1973 ff.
Hellenische Poleis. Hg. v. E. Ch. Welskopf. Bd. 1–4. Berlin 1973 (Bd. 4 behandelt Technik, Fachwissenschaften, Philosophie).
Uccelli, Arturo: Storia della tecnica. L'antichità. In: Enciclopedia storica delle scienze e delle loro applicazioni. Vol. 2, To. 1. Milano 1942, S. 427–806.
Vitruv: Zehn Bücher über Architektur. Lat. u. dt. (Übers. von Curt Fensterbusch). Darmstadt 1964. 2. Aufl. 1976.
Westermann, William L.: The slave systems of Greek and Roman antiquity. Philadelphia 1955. Repr. 1957.

II. Das Mittelalter

Armand, A. M.: Les cisterciens et le renouveau des techniques. Paris 1947.
Bloch, M.: Les «inventions» médiévales. In: Ann. d'hist. écon. et sociale. Vol. 7, 1935, S. 634–643.
Bosl, Karl: Das Hochmittelalter in der deutschen und europäischen Geschichte. In: Hist. Zs. Bd. 194, 1962, H. 3, S. 529–567.

Carnat, G.: Le fer à cheval à travers l'histoire et l'archéologie. Paris 1951.
Clagett, Marshall: The science of mechanics in the Middle Ages. Madison 1959.
Crombie, A. C.: Von Augustinus bis Galilei. München 1977 (= dtv, Wiss. Reihe 4285).
Doren, Alfred: Die Florentiner Wollentuchindustrie vom 14. bis zum 16. Jahrhundert. Stuttgart 1901.
Eis, Gerhard: Mittelalterliche Fachliteratur. Stuttgart 1962.
Feldhaus, F. M.: Die Technik der Antike und des Mittelalters. Potsdam 1931.
Forbes, R. J.: Metallurgy and technology in the Middle Ages. In: Centaurus. Vol. 3, 1953, Nr. 1/2, S. 49–57.
Gille, B.: Esprit et civilisation technique au Moyen Age. Paris 1952.
Gimpel, Jean: Die industrielle Revolution des Mittelalters. Zürich 1980. Zuerst französ. Paris 1975.
Hall, Bert S.: The technological illustrations of the so-called «Anonymus of the Hussite wars» (Cod. lat. monacensis 197,1). Ed. by Bert S. Hall. Wiesbaden 1979.
Das Hausbuch der Mendelschen Zwölfbrüderstiftung zu Nürnberg. Dt. Handwerkerbilder des 15. u. 16. Jh. Bd. 1.2. Hg. v. W. Treue, K. Goldmann, R. Kellermann, F. Klemm, K. Schneider u. a. München 1965. Bd. 1: Textband, Bd. 2: Bildband.
Klemm, Friedrich: Der Beitrag des Mittelalters zur Entwicklung der abendländischen Technik. Wiesbaden 1961.
Kuhn, Walter: Das Spätmittelalter als technisches Zeitalter. In: Ostdeutsche Wissenschaft. Bd. 1. München 1954. S. 69–93.
Kyeser, Conrad: Bellifortis. Bd. 1.2. Übers. von Götz Quarg. Düsseldorf 1967.
Needham, Joseph: Science and civilisation in China. Vol. 1. Cambridge 1954 (S. 242: Transmission of mechanical and other techniques from China to the West).
Needham, J.: Science and civilization in China. Vol. 4, pt. 2: Mechanical engineering. Cambridge 1965.
Needham, Joseph: Clerks and craftsmen in China and the West. Lectures and addresses on the history of science and technology. Cambridge 1970.
Partington, J. R.: A history of Greek fire and gunpowder. Cambridge 1960.
Rathgen, B.: Das Geschütz im Mittelalter. Berlin 1928.
Sprandel, Rolf: Das Eisengewerbe im Mittelalter. Stuttgart 1968.
On pre-modern technology and science. Studies in honor of Lynn White, jr. Ed. by B. S. Hall and D. C. West (= Humana civilitas, 1). Malibu 1976.
Villard de Honnecourt: Bauhüttenbuch. Krit. Gesamtausg. v. H. R. Hahnloser. Wien 1936. 2. Aufl. Graz 1972.
White, Lynn, jr.: The medieval roots of modern technology and science. In: Perspectives in medieval history. Chicago 1963, S. 19–34.
White, Lynn, jr.: What accelerated technological progress in the Western Middle Ages? In: Scientific Change. Ed. by A. C. Crombie. London 1963. S. 272–329.
White, Lynn, jr.: Die mittelalterliche Technik und der Wandel der Gesellschaft. München 1968.
White, Lynn, jr.: Machina ex deo. Cambridge/Mass. 1968.
White, Lynn, jr.: Medieval religion and technology: Collected essays. Berkeley 1978.
White, Lynn, jr.: Technological development in the transition from antiquity to the Middle Ages. In: Tecnologia, economia e società nel mondo romano. Como 1980. S. 235–251.

III. Die Renaissancezeit

Agricola, G.: De re metallica. Basel 1556. Neue deutsche Übers., Düsseldorf 1978. 5. Aufl.
Agricola-Studien. Berlin 1957 (= Freiberger Forschungshefte. Reihe D, H. 18).
Battisti, Eugenio: Filippo Brunelleschi. Das Gesamtwerk. Stuttgart/Zürich 1979.
Biringuccio, V.: Pirotechnia (1540) Deutsche Übers. v. O. Johannsen. Braunschweig 1925.
Feldhaus, F. M.: Leonardo da Vinci, der Techniker und Erfinder. 2. Aufl. Jena 1922.
Darmstädter, Ernst: Berg-, Probir- und Kunstbüchlein. München 1926.
Gille, Bertrand: Les ingénieurs de la Renaissance. Paris 1964. Nouv. éd. 1967. Paperback-Ausg. Paris 1978. Deutsche Übers. Düsseldorf 1968.
Hart, Ivor: The mechanical investigations of Leonardo da Vinci. 2nd ed. Berkeley 1963.
Keller, Alex: Mathematical technologies and the growth of the idea of technical progress in the sixteenth century. In: Science, medicine and society in the Renaissance. Essays to honor Walter Pagel, Ed. by Allen G. Debus. Vol. 1. London 1972, S. 11–27.
Klemm, Friedrich: Physik und Technik in Leonardo da Vincis Madrider Manuskripten. In: Technikgeschichte. Bd. 45, 1978, Nr. 1, S. 4–26.
Klemm, Friedrich: Leonardo da Vinci als Ingenieur und die Ingenieure seiner Zeit. In: Die

Technikgeschichte als Vorbild moderner Technik. Hg. von der Georg-Agricola-Gesellschaft (H. 1). Essen 1974. S. 11–41.

Léonard de Vinci: Dessins scientifiques et techniques. Ed. P. Huard et M. D. Grmek. Paris 1962.

Leonardo da Vinci: Codica Atlantico. Um 1500. Hs. Mailand Bibl. Ambrosiana. Neuausgabe Florenz 1977–1980.

Leonardo da Vinci: Codices Madrid I–II, Bd. 1–5 (Faks., Transkription von L. Reti, dt. Übers. von G. Ineichen, F. Klemm, L. vor. Mackensen u. R. Richter. Kommentar von L. Reti, Frankfurt a. M. 1974.

Leonardo da Vinci: I libri di meccanica. Hg. von A. Uccelli. Mailand 1940.

Leonardo da Vinci: Tagebücher und Aufzeichnungen. 2. Aufl. Leipzig 1952.

Luporini, Eugenio: Brunelleschi. Milano 1964.

Mechanics in sixteenth-century Italy. Selections from Tartaglia, Benedetti, Guido Ubaldo and Galileo. Translated and annotated by Stillman Drake and I. E. Drabkin. Madison 1969.

Meldau, R. u. K. Waldmann: Deutsche Erfinderfreiheiten an der Schwelle der Neuzeit. In: Das Recht des schöpferischen Menschen. Berlin 1936. S. 25–53.

Olschki, L.: Geschichte der neusprachlichen wissenschaftlichen Literatur. Bd. 1–3. Leipzig 1919–1927.

Parsons, W. B.: Engineers and engineering in the Renaissance. Baltimore 1939. Neuausg. Cambridge, Mass. 1968.

Pedretti, Carlo: Studi Vinciani. Documenti, analisi e inediti leonardeschi. In appendice: Saggio di una cronologia dei fogli del «Codice Atlantico». Genf 1957.

Pohlmann, H.: Neue Materialien zur Frühentwicklung des deutschen Erfinderschutzes im 16. Jh. In: Gewerbl. Rechtsschutz u. Urheberrecht. Jg. 62, 1960, Nr. 6, S. 272–282.

Prager, D. und G. Scaglia: Brunelleschi, studies on his technology and inventions. Cambridge, Mass. 1970.

Scaglia, Gustina: Drawings of Brunelleschi's mechanical inventions for the construction of the cupola. In: Marsyas (New York). Vol. 10, 1960/61, S. 45–68.

Schimank, H.: Naturwissenschaft und Technik im 16. Jahrhundert. In: Technikgeschichte. Bd. 30, 1941, S. 99–106.

Silberstein, Marcel: Erfindungsschutz und merkantilistische Gewerbeprivilegien. Zürich 1961 (= Staatswiss. Studien. Bd. 43). Auch staatswiss. Diss. der Universität Basel von 1961.

Taylor, R. E.: Luca Pacioli and his times. Chapel Hill 1942.

Tuccio Manetti, Antonio de: The life of Brunelleschi. Ed. by H. Saalman. University Park, Penn. 1970.

Wilsdorf, Helmut: Georg Agricola und seine Zeit. Berlin 1956 (=Georgius Agricola, Ausgewählte Werke. Bd. 1.).

IV. Die Barockzeit

Feldhaus, Franz M.: Die Handwerker- und Gewerbe-Kupferstiche in den Werken von Luyken, Abraham a Sancta Clara und Weigel. In: Geschichtsblätter für Technik. Jg. 1, 1914, S. 229–232.

Gallon, Jean-Gaffin: Machines et inventions approuvées par l'Ac. R. des sc. Bd. 1–7. Paris 1735–1777. Berichtszeit 1666–1754.

Gille, B.: Les problèmes techniques au XVIIe siècle. In: Techniques et civilisations. Vol. 3, Nr. 6, 1954, S. 177–207.

Guericke, Otto von: Experimenta nova Magdeburgica de vacuo spatio. Amsterdam 1672. Dtsch. Übers. von H. Schimank. Große Ausg. (mit Kommentar) Düsseldorf 1968, kleine Ausg. ebd. 1968.

Heckscher, E. F.: Der Merkantilismus. Bd. 1.2. Jena 1932.

Kastl, Helmut u. Olaf Hain: Gli obelischi di Roma e le loro epigrafi. Roma 1970.

Keller, A. G.: A theatre of machines. London 1964.

Merton, Robert K.: Science, technology and society in seventeenth century England. In: Osiris. Vol. 4, 1938, S. 360–632. Neuausg. mit Bibliographie zur Merton-Kontroverse. New York 1970.

Schimank, Hans: Die Technik im Zeitalter des Barock. In: Die Technik der Neuzeit. Hg. v. F. Klemm. Bd. 1, H. 1. Potsdam 1941. S. 17–37.

Schimank, H.: Naturwiss. u. Technik im Zeitalter des Barock. In: G. W. Leibniz. Vorträge z. 300. Geburtstag. Hamburg 1946. S. 172–185.

Silberstein, Marcel: Erfindungsschutz und merkantilistische Gewerbeprivilegien. Staatswiss. Diss. der Universität Basel. Winterthur 1961.

Weber, Max: Die protestantische Ethik und der Geist des Kapitalismus. In: Weber, Gesammelte Aufsätze zur Religionssoziologie. Bd. 1. 4. Aufl. Tübingen 1947. S. 17–205.

Wolf, A.: A history of science, technology, and philosophy in the 16th and 17th centuries. 2nd ed. London 1950. Neue Ausg. New York 1959.

V. Das Zeitalter der Aufklärung

Allen, J. S.: The introduction of the Newcomen engine 1710–1733. In: Trans. Newcomen Soc. Vol. 42 for 1969/70, 1972, S. 169–190. Nachtrag Vol. 45 for 1972/73, 1975, S. 223–226.

Ashton, Thomas Southcliffe: Iron and steel in the industrial revolution. 2nd ed. Manchester 1951.

Ashton, T. S. and J. Sykes: The coal industry of the eighteenth century. New ed. New York 1967.

Borchardt, K.: Probleme der ersten Phase der Industriellen Revolution in England. Ein bibliograph. Bericht... In: Vierteljahresschr. 7. Sozial- und Wirtschaftsgesch. Bd. 55, 1968, H. 1, S. 1–62.

Cossons, Neil and Barrie Trinder: The iron bridge. Symbol of the Industrial Revolution. Bradford-on-Avon 1979.

Descriptions des arts et métiers. 121 Tle. Paris 1761–1789. Mit über 1000 Kupfern. Nouv. éd. 20 Bde. Neufchâtel 1771–1799. Auszug in holl. Sprache: Dordrecht 1788 ff. Deutsche Übers. u. d. T.: Schauplatz der Künste und Handwerke. Bd. 1–21. Berlin usw. 1762–1805, ca. 550 Kupfer.

Designatio iconographica Oberleutensdorfenses pannarias officinas... repraesentans. Kupferstiche von W. L. Reiner. 1728. Wiedergabe dieses Kupferstichwerkes bei H. Freudenberger: The Waldstein woolen mill. Boston, Mass. 1963.

Dickinson, H. W. und R. Jenkins: James Watt and the steam engine. Oxford 1927.

Dickinson, H. W.: Thomas Newcomen und seine Dampfmaschine. In: Beitr. Gesch. Techn. Bd. 19, 1929, S. 139–143.

Diderot et l'Encyclopédie. Exposition. Paris 1951.

Dyck, W. v.: Georg v. Reichenbach. München 1912.

Encyclopédie ou Dictionnaire raisonné des sciences, des arts et des métiers. Hg. v. D. Diderot u. J. L. d'Alembert. 35 Bde., davon 12 Tafelbde. mit 3132 Kupfern. Paris usw. 1751–1780. Zahlreiche weitere Ausg., u. a. Genf 1751 ff, Lucca 1758–1771, Yverdon 1770–1780, Livorno 1770–1779, Paris 1770–1779, Genf 1770–1780, Genf 1777–1781, Lausanne 1778 ff, Bern 1781–1782, Paris 1787–1790.

Guillerme, J. et J. Sebestik: Les commencements de la technologie. In: Thalès. To. 12 pour 1966, 1968, S. 1–72.

Klemm, F.: Die Technik im Zeitalter des Rationalismus. In: Die Technik der Neuzeit. Bd. 1, Potsdam 1941. S. 37–48.

Matschoß, Conrad: Die Entwicklung der Dampfmaschine. Bd. 1.2. Berlin 1908.

Rolt, L. T. C.: James Watt. New York 1963.

Rowland, K. T.: Eighteenth century inventions. Newton Abbot 1974.

Schimank, Hans: Stand und Entwicklung der Naturwissenschaften im Zeitalter der Aufklärung. In: Lessing und die Zeit der Aufklärung. Göttingen 1968. S. 30–76.

Troitzsch, Ulrich: Ansätze technologischen Denkens bei den Kameralisten des 17. und 18. Jahrhunderts. Berlin 1966 (= Schriften z. Wirtsch.- u. Sozialgesch. Bd. 5).

Wolf, A.: A history of science, technology, and philosophy in the 18th century. 2nd ed. London 1952.

Wustmann, G.: Ein Doktor-Ingenieur aus der Barockzeit [J. Leupold]. In: Aus Leipzigs Vergangenheit. Reihe 3. Leipzig 1909. S. 254–277.

VI. Das Zeitalter der Industrialisierung

Ahrons, E. L.: The British steam railway locomotive. 1825–1925. London 1963.

Behrens, H.: Mechanikus Franz Dinnendahl (1775–1826), Erbauer der ersten Dampfmaschine an der Ruhr. Köln 1970 (= Schriften zur Rhein.-Westfäl. Wirtschaftsgeschichte. N. F. Bd. 22).

Das Bild der deutschen Industrie, 1800–1850. Ausstellung Schloß Cappenberg 15.5.–20.7.1958.

Borchardt, Knut: Die Industrielle Revolution in Deutschland. München 1972.

Borchardt, Knut: Probleme der ersten Phase der Industriellen Revolution in England. Vierteljahrsschrift f. Sozial- u. Wirtschaftsgeschichte. Bd. 53, 1968, H. 1, S. 2–62.

Bracegirdle, Brian: The archaeology of the Industrial Revolution. London 1973.

Bythell, D.: The handloom weavers. A study in the English cotton industry during the Industrial Revolution. Cambridge 1969.

The Cambridge Economic History of Europe. Vol. 6, part 1.2 (The Industrial Revolutions and after). Ed. by H. J. Habakkuk and M. Postan. Cambridge 1965.

Cardwell, D. S. L.: Turning points in western technology. New York 1972.

Cole, J. H. D.: Introduction to economic history. 1750–1950. London 1953.

Dettmar, Georg: Die Entwicklung der Starkstromtechnik in Deutschland. Bd. 1 (bis 1890). Berlin 1940.

Dunsheath, Percy: A history of electrical engineering. London 1962.
English, W.: The Textile Industry. An account of the early inventions of spinning, weaving, and knitting machines. London 1969.
Flinn, M. W.: The origins of the Industrial Revolution. 2nd impression. London 1967.
Gesellschaft in der Industriellen Revolution. Hg. v. Rudolf Braun u. a. (= Neue wiss. Bibliothek. Bd. 56). Köln 1973.
Gibbs-Smith, Charles H.: The invention of the aeroplane (1799–1909). London 1966.
Goldbeck, Gustav: Technik als geistige Bewegung in den Anfängen des deutschen Industriestaates. Düsseldorf 1968 (= Technikgeschichte in Einzeldarstellungen. Nr. 8).
Henderson, W. O.: Die Industrielle Revolution. Europa 1780–1914. Dt. Übers. Wien, München, Zürich 1971.
Hills, Richard L.: Power in the industrial revolution. Manchester 1970.
Jahn, Georg: Die Entstehung der Fabrik. In: Schmollers Jahrbuch. Jg. 69, 1949, S. 89–116, 193–228.
Klingender, Francis D.: Art and the Industrial Revolution. Revised ed. New York 1968. Deutsche Übers. u. d. T. Kunst und industrielle Revolution. Dresden 1974.
Landes, David S.: The unbound Prometheus. Technological change and industrial development in Western Europe from 1750 to the present. Cambridge 1969; französ. Übers. u. d. T. L'Europe technicienne... Paris 1975.
Lane, Peter: The Industrial Revolution. London 1978.
Lundgreen, Peter: Bildung und Wirtschaftswachstum im Industrialisierungsprozeß des 19. Jahrhunderts. Berlin 1973 (= Hist. u. pädagog. Studien, 5).
Musson, A. E. and E. Robinson: Science and technology in the Industrial Revolution. Manchester 1969.
Oliver, John William: Geschichte der amerikanischen Technik. Düsseldorf 1959. (Orig.-Ausg. u. d. T.: History of American Technic. New York 1956.)
Die Industrielle Revolution. Stuttgart 1976 (= Europäische Wirtschaftsgeschichte. Hg. von C. M. Cipolla. Bd. 3).
Rübberdt, R.: Geschichte der Industrialisierung [1750ff]. München 1972.
Schnabel, Franz: Deutsche Geschichte im 19. Jahrhundert. Bd. 6. Freiburg 1965 (= Herder-Bücherei Bd. 208).
Workers in the Industrial Revolution. Recent Studies of Labour in the USA and Europe. Ed. by P. N. Stearns und D. J. Walkowitz. New Brunswick, N. J. 1974.

Personen- und Sachregister

Absolutismus 97, 113
Ackerbau 16f, 47, 50f, 164
Agricola, Georgius 84, 86f, 89f, 95
Alberti, Leone Battista 72f
Albertus Magnus 42f, 66
Alchimie 62, 85f, 106f
d'Alembert, J. Le Rond 129
Alexandrien 21, 28f, 33, 59
Aluminiumherstellung 11f, 185
-legierung 13, 185
Amerikanischer Bürgerkrieg 164, 168
Antike 6, 21f, 24, 26f, 29, 41f, 47, 49f, 52, 57, 71, 76, 80, 92
Apparatebau 22, 29, 31, 52, 59, 72, 126
Arbeiteraufstand 154f
-bewegung 141, 159
-organisation 142, 153, 159
Arbeitsbedingungen 152, 155, 158f
-losigkeit 154f
-maschine 52, 56, 89, 125f, 135, 141, 148, 151, 188f
-organisation 98, 111, 156
-teilung 25f, 56, 98, 131f, 151f, 165
Archimedes 7, 23ff, 38, 76, 80, 82, 92f
Archimedische Schraube 7, 29, 38
Arco, Georg Graf von 180
Aristoteles 23ff, 42, 60, 81
Aristotelismus 42f, 56, 60, 81, 92f
Arkwright, Richard 9, 155
Artes liberales 47, 67
Artes mechanicae 47f
Atmosphärische Dampfmaschine 9, 120f, 143ff, 143f
- Gasmaschine 10f, 169f
Atombombe 14, 186f
Atomenergie s. Kernenergie
Aufklärung 122, 129f, 163
Augustinus 44f
Austauschbau 165f
Automatentheater 7, 31
Automatisierung 164, 182, 188f

Babbage, Charles 151, 188
Bacon, Francis 93, 100f
Bacon, Roger 59, 62, 66
Baines, Edward 151
Barock 33, 95ff, 106f, 111, 113, 122ff, 188
Baumwollentkernmaschine 9, 166
Baumwollindustrie 9, 142f, 151f, 154ff, 163, 182
Bauwesen 22, 33, 47, 57, 70, 72f, 142, 181
Baxter, Richard 109f
Becher, Johann Joachim 106
Beckmann, Joh. 130
Bélidor, B. F. de 137f
Benz, Carl 12, 170
Benzinmotor 12, 170, 172, 178

Bergbau 7f, 17, 29, 34, 37ff, 46, 54, 56f, 83f, 86ff, 109, 111, 114, 119f, 126f, 135f, 139, 143f, 146, 155f
Bessemer, Henry 11, 151
Bessemerbirne 11, 151
Beuth, Chr. Peter Wilhelm 154, 160
Bevölkerungszunahme 142, 164, 182
Bildungswesen (s. a. Polytechnische Schule, Realschule, Technische Hochschule) 139ff, 154, 158, 160
Biringuccio, Vanoccio 82, 84, 95, 165
Blanc, H. 165
Bogenlampe 10f, 174
Bombarde s. Pulvergeschütz
Borelli, Giovanni Alfonso 106
Bosch, C. 13, 183f
Boulton, Matthew 134, 137, 144
Bourbon, Nicolas 83, 87
Braun, Ferdinand 12, 179f
Brille 8, 58f
Bronzezeit 17, 64
Brückenbau 8f, 34, 73, 126, 128, 138f
Brunelleschi, Filippo 8, 72f
Buchdruck 8, 11, 64f, 181
Büchsenmeister 69f, 81f, 85
Bürgertum 56, 64, 66, 71, 99, 132, 141f, 160, 164
Bullock, W. 11, 181
Bush, V. 188

Calvinismus 98, 104, 108ff, 117
Cardano, Geronimo 61, 93, 127
Carnot, Sadi 144f, 169
Carnotscher Kreisprozeß 10, 145, 171
Cartesianismus s. Descartes
Chemische Industrie 11, 182f
Chemie 56, 70, 82, 85, 106, 123f, 126, 181f
Christentum 41ff, 57, 62
Colbert, J.-B. 114, 129f
Cort, Henry 9, 150
Coulomb, Ch. A. de 103, 138f
Crompton, Samuel 9, 155

Daguerre, L. J. M. 10, 182
Daimler, Gottlieb 12, 170
Dampfeisenbahn 10, 90, 126, 141f, 146ff, 164, 173
-hammer 10, 148
-maschine 9ff, 49, 123, 125ff, 134ff, 141f, 148, 151f, 159, 164, 169, 172, 174ff, 189
-pumpe 9, 117ff
-schiff 9f, 141, 145f, 164, 173
-turbine 12, 172f
Darby, Abraham, der Ältere 9, 133
Darby, Abraham, der Jüngere 9, 133
Descartes, René 96, 103f
Descriptions des arts et métiers 129ff

197

Destillation 8, 56
Dibler, Wolf 91f
Diderot, D. 129f
Diesel, R. 12, 170ff
Dieselmotor 12f, 170, 172
Dinnendahl, Franz 143f
Dolivo-Dobrowolski, M. von 12, 176
Drahtlose Telegrafie s. Funk
Drechselbank 56f
Drehbank (s. a. Supportdrehbank) 10f, 19, 64, 75f, 92, 148f
Drehstrommotor 12, 176
Dreißigjähriger Krieg 99, 106
Drucktechnik 181
Düngemittel 182f
Dürer, Albrecht 80f
Dynamik 21, 101f, 106
Dynamomaschine 11, 174f

Eckert, J. P. 14, 187
École Polytechnique 139, 142, 160, 162
Edison, Th. A. 11, 174f
Eisenbahn s. Dampfeisenbahn
Eisenguß 8, 20, 70, 83
Eisenzeit 20
Elektrische Lokomotive 11f, 175
Elektrizität 10ff, 163, 172ff, 187
Elektrizitätskraftwerk 11, 174f
Elektromotor 10, 173ff
Elektronische Rechenanlage 14, 104, 181, 187ff
Elkington, George R. 174
Elkington, Henry 174
Enzyklopädie 47, 80, 129f
Enzyklopädisten 129f, 132
Ercker, Lazarus 90
Erfahrungswissen 73, 82, 123, 129, 138
Erfinderprivileg (s. a. Patentwesen) 88f, 97, 99f
Ericsson, John 169
Erster Weltkrieg 163f, 167, 179, 181, 185
Etrusker 20, 37f
Euklid 24, 72, 80f, 93
Euler, L. 130, 138
Evans, O. 10, 188
Experiment 21, 28, 33, 62, 73ff, 79, 82, 96ff, 101f, 106, 108f, 115f, 134f, 138

Fabrikwesen 126, 136, 142, 144, 146, 148, 150ff, 159, 173, 176, 188f
Fairbairn, William 128
Fallschirm 76, 79
Fernrohr 97, 172
Fernsehen 13, 181
Festigkeitslehre 103, 139
Feuerspritze 9, 30
Filarete, Antonio Averlino 83, 87
Film 12f, 182
Fischer, Johann Conrad 153
Flaschenzug 7, 37, 93f, 111
Fließband 166f

Flügelspinnrad 8, 76
Flugmaschine 62, 79, 101, 117, 176
Flugzeug 12ff, 172f, 177ff
Fontana, Domenico 8f, 111f
Ford, Henry 167
Forest, Lee de 13, 181
Fortschrittsglaube 111, 142, 164
Fotografie 10, 182
Fourcroy, A. F. de 139
Francesco di Giorgio Martini 72, 74f, 81
Franklin, Benjamin 133
Französische Revolution 141
Frauenarbeit 152, 155
Freie Künste s. Artes liberales
Freikirche 98, 108, 110, 125
Friedrich Wilhelm I. 131
Frisch, O. R. 186
Fulton, Robert 10, 145
Funktechnik 12, 176, 179ff

Galilei, Galileo 9, 33, 74, 77, 82, 93, 96, 101ff, 139
Galvani, L. 173
Galvanoplastik 10, 174, 176
Gaslicht 9f, 142
-motor 11, 169f, 176
-turbine 13, 173
Gauß, C. F. 10, 173
Gelehrte Zeitschrift 97f
Geometrie 21, 23, 34, 47, 70, 76, 80f, 93, 96, 102f, 111, 128, 162
Geschütz s. Pulver-, Wurfgeschütz
Gewichtsräderuhr 8, 58f
Gewölbebau (s. a. Kuppelbau) 19, 33, 36f, 57, 139
Glasschmelzkunst 7, 19
Glauber, J. R. 106
Glühlampe 11, 13, 175
Göpelwerk (s. a. Tiergöpel) 97, 111f
Goethe 100, 156f
Gotik 57f, 61
Griechen 21ff, 25, 27ff, 33, 36f, 39, 43
Grubenhund 89f, 126
Guericke, Otto von 9, 104, 115ff, 134
Gutenberg, J. 8, 64f, 165

Haber, F. 13, 183f
Hachette, J. N. P. 162
Hahn, O. 186
Hall, John 165f
Handarbeit 22ff, 46, 157
Handspinnrad 8, 55
Handwerk 17f, 22ff, 41, 43, 45, 47f, 57, 61ff, 69, 71, 80f, 85f, 91ff, 99, 103f, 125, 128ff, 144, 149f, 154, 159, 169
Hargreaves, James 9, 155
Harkort, Friedrich 146, 158
Harvey 96, 106
Hebezeug 29f, 33f, 37, 59, 67
Heimarbeit 56, 125, 154, 156

Heron von Alexandrien 7, 28, 30ff, 49, 52, 80, 92
Hochdrucksynthese 13, 183f
Hochofen 8, 70
Holtzhausen, August Friedrich Wilhelm 143
Holzwarth, H. 13, 173
Hüttenwesen 17f, 37, 56, 64f, 70, 82ff, 86ff, 90, 109, 111, 126, 133ff, 139, 144, 146, 150, 155f
Hufeisen 8, 50
Hugo von St. Victor 47
Huntsman, Benjamin 9, 134
Huygens, Chr. 9, 76, 96, 114ff, 176

Industrialisierung 6, 126, 141f, 148, 153, 156, 158, 163f
Industrie 130, 141ff, 146, 151, 153, 155f, 159f, 163f, 168
-arbeiter 141, 158
Industrielle Revolution 148, 153, 155, 189
Industriestaat 141, 158, 160, 163
Infinitesimalrechnung 96f, 123, 137, 162
Islam 41, 43

Jacobi, M. H. von 10, 173f
Jacquard, Jos. Marie 9f, 154f, 188

Kameralismus 129ff
Kanalbau 7, 9, 11, 58, 113, 126, 128, 139
Kapital 125, 158f, 164, 169f
Kapitalismus 55, 143, 159
Kardanische Aufhängung 59ff
Kay, John 9, 134, 155
Kepler, J. 96, 179
Kernenergie 49, 182, 185ff
Kernkraftwerk 14, 187
Kinderarbeit 152, 155f, 158
Kirche (s. a. Freikirche) 41f, 45, 63, 109
Kleingewerbe 169f, 175f
Kloster 41, 45ff
König, F. 10, 181
Kolbenpumpe 29
Kompaß 8, 51
Kraftmaschine 40, 88, 97, 114ff, 142, 148, 151, 169f, 173, 175
Kriegstechnik 22, 27, 29, 33f, 66f, 70, 77, 79, 81f, 126, 139
Ktesibios 7, 29, 33
Künstleringenieur 72f, 75
Kummetgeschirr 8, 49f
Kunckel, Johann 9, 106
Kunstmeister 126ff
Kupferverhüttung 17
Kuppelbau 8, 37, 72f
Kurbeltrieb 64, 75f
Kyeser, Konrad 67f, 70

Langen, Eugen 11, 169f
Lebensbedingungen 153, 155, 159
Leibniz, G. W. 9, 96, 104, 114, 122
Lenin 163

Lenoir, Étienne 11, 169
Leonardo da Vinci 8, 64, 72, 75ff, 79ff, 115, 127, 176
Leupold, Jakob 126f
Liberalismus 130ff, 141f, 160, 163
Lieben, R. von 13, 181
Liebig, J. von 182
Lilienthal, Otto 12, 177f
Linde, Carl von 11f, 170
List, Friedrich 147f
Lohnarbeiter 56, 159
Londoner Royal Society 97, 109
Lorini, Buonaiuto 93ff
Luftpumpe 9, 97, 115
Luftschiff 11f, 178
Lumière, A. 12, 182
Lumière, L. 12, 182

Mähmaschine 10, 164, 166, 172
Magnetismus 61
Manufaktur 22, 26, 98, 124ff, 129, 131f, 136, 152, 155, 159
Marconi, G. 12, 179f
Marx, Karl 158f
Maschinenbau 28f, 59, 107, 111, 124, 126ff, 142, 150, 160ff, 164f, 181
Maschinenlehre 160f
Maschinenstürmerei 154f
Massenfabrikation 165, 167, 170
Mathematik 72, 75, 80f, 93, 96, 103, 124, 128, 137ff, 160
Mauchly, J. W. 14, 187
Maudslay, Henry 10, 148ff
Maybach, Wilhelm 12, 170
McCormick, Cyrus 10, 164
Mechanik 23ff, 28, 33f, 47f, 67, 72, 76f, 92f, 102, 106, 123, 127f, 137f, 153, 161
Mechanische Künste s. Artes Mechanicae
Mechanisierung 55, 98, 125f, 134, 148, 151f, 166, 188
Meitner, Lise 186
Mergenthaler, O. 12, 182
Merkantilismus 97f, 114, 125, 129f, 132
Messingguß 84, 165
Metallurgie s. Hüttenwesen
Mikroelektronik 14, 187f
Mikroskop 97
Mittasch, A. 183
Mittelalter 6, 33, 40ff, 45ff, 53, 55f, 58ff, 62ff, 66f, 70ff, 76, 80, 82, 90, 92, 99f, 102, 126, 146, 165, 176, 186
Monge, P. 162
Montgolfier, J.-E. 9, 178
Montgolfier, J.-M. 9, 178
Morse, Sam F. B. 10, 173
Mühlenarzt 126, 128
Musterwebstuhl 9f, 154f, 188

Nähmaschine 10, 164
Nasmyth, James 10, 148
Naturgesetzlichkeit 96

199

Naturwissenschaft 42f, 62, 72, 100, 103f, 108f, 114, 122ff, 129f, 139, 168
Newcomen, Th. 9, 114, 119ff, 134f
Newton 96, 130, 138
Niepce, N. 10, 182
Nürnberger Ratsverlässe 92

Obelisk 8, 111ff, 117
Oppenheimer, J. R. 186
Otto, Nikolaus August 11, 169f

Papier 8, 65f
Papin, Denis 9, 114, 117ff, 134
Pappus 33, 92f
Papyrus 7, 19
Paracelsus 84ff
Pariser Akademie der Wissenschaften 97, 114, 129f
Parsons, Ch. A. 12, 173
Pascal, Blaise 9, 104f
Patentwesen 99f, 125, 165, 172, 174
Penduluhr 9, 97
Perpetuum mobile 8, 59ff, 77, 107f, 127
Perronet, J. R. 131, 138
Pflug 7f, 17, 19, 50
Philon von Byzanz 7, 28, 31, 33, 61
Physik 42f, 47, 60, 72, 82, 93, 96f, 101, 103, 124, 129f, 134, 153, 160
Pierre de Maricourt 8, 59, 61f
Pietismus 139f
Pixii, H. 10, 173
Platon 21ff, 81, 109
Plutarch 23
Polytechnische Schule (s. a. École Polytechnique) 139, 160, 170
Produktionssteigerung 98, 126, 131, 142
Puddelverfahren 9, 150
Pulvergeschütz 8, 66ff, 74f, 81ff
Puritanismus 98, 109ff, 125, 133, 140, 164

Quäker 111, 133f

Radartechnik 13, 181
Räderfahrzeug 7, 19
Ramelli, Agostini 93f
Rationalismus 96, 98, 103, 122, 124, 140
Raumschiff 14, 179
Realschule 139f
Réaumur, R. A. F. de 129f
Rechenmaschine 9, 97, 104f
Redtenbacher, Ferdinand 160ff
Reichenbach, Georg 10, 137, 169
Reuleaux, Franz 127, 164, 169f
Renaissance 25, 33, 59, 71ff, 75, 80ff, 86, 88, 91ff, 95ff, 101, 124, 150
Römer 22f, 26f, 29, 33ff, 45
Rotationspresse 11, 181
Rundfunk 13, 181

Salpetersäure 8, 12, 56
Santorio, Santorre 9, 33, 106

Savery, Thomas 9, 114, 119f, 134
Schickard, Wilhelm 9, 104f
Schießpulver 8, 66, 69f, 74, 76, 107, 114ff
-maschine 9, 76f, 116f, 177
Schiffbau 8, 51
Schilling von Canstadt, P. L. 10, 173
Schinkel, Karl Friedrich 154
Schnellschütze 9, 134
Schöpfwerk 7, 19
Scholastik 42f
Schraubstock 8, 91
Schwefelsäure 8f, 56, 126, 182
Segelschiff 7f, 19, 51
Seneca 23f
Siemens, Werner 11, 174ff
Sklave 21ff, 26, 37ff, 42, 45, 49, 51f
Slaby, A. 180
Smeaton, J. 135f
Smith, Adam 132
Society for the encouragement of arts, manufactures and commerce 133
Soda 9, 126, 182
Soziale Frage 142, 153, 158
Sozialpolitik 158f
Spaichel, Hans 8, 91f
Spezialisierung 17f, 25f, 33, 63
Spinnmaschine 9f, 134, 155, 159, 172
Staatstechnik 22, 34, 38
Stadt 17ff, 41, 45, 48, 58f, 62ff, 66f, 69, 71, 90f
Stahlformguß 11, 151
Stangenkünste 8, 88, 114
Statik 21, 24, 93, 111
Steigbügel 8, 50
Steinzeit 15ff
Stephenson, George 10, 146
Stephenson, Robert 10, 146f
Steuerruder 8, 51
Straßenbau 7, 34, 36, 38, 126, 139
Straßmann, F. 186
Stratingh, S. 173
Supportdrehbank 8, 10, 64, 91, 148f

Tartaglia, Niccolò 81f, 93
Taschenuhr 8, 91
Taylor, Frederick W. 166
Technische Hochschule 131, 162, 168f, 171
– Zeichnung 162
Technologie 130f
Teerfarbenindustrie s. Chemische Industrie
Telefon 11f, 173
Telegraf 9ff, 142, 164, 173
Textilindustrie (s. a. Baumwollindustrie) 109, 135, 151
-technik 55, 125
Theophilus 45
Thermodynamik s. Wärmelehre
Thermometer 9, 97
Thermoskop 9, 33
Thomas von Aquino 42f
Tiergöpel 40, 88f, 161
Tierkraft 48, 51

Töpferscheibe 7, 19
Torsionsgeschütz s. Wurfgeschütz
Tretrad 8, 30, 35, 37, 88, 97
Trevithick, Richard 10, 146
Trittwebstuhl 8, 55f

Ure, Andrew 152

Verstärkerröhre 13, 181
Versuch s. Experiment
Viertaktmotor 11f, 170
Villard de Honnecourt 59ff
Vitruvius 28, 33f, 39, 52, 55, 59, 73, 80
Volkssprache 80, 82
Vorsselmann de Heer, P. O. C. 173

Wärmeapfel 59ff
Wärmekraftmaschine 123, 145, 171, 186
Wärmelehre 123, 134, 138, 145, 171
Warmluftballon 9, 67, 178
Wasserhaltung 29, 38, 87ff, 114, 119, 136
-hebewerk 9, 35, 54, 113f, 138
-kraft 46, 48, 51, 53f, 56, 70, 83f, 87f, 97, 114, 124, 126, 128, 134, 155, 186
-leitungsbau 7, 35f, 67
-mühle 7, 39f, 52f, 58
-orgel 7, 29
-rad 8, 39f, 52f, 55f, 59, 74, 87ff, 97, 113f
-turbine 10f, 172
Watt, James 9, 120, 123, 125ff, 134ff, 143f, 148, 170
Weber, Max Maria von 168
Weber, W. 10, 173

Webstuhl (s. a. Muster-, Trittwebstuhl) 9, 17, 134
Weltausstellung 164f, 168f
Weltraumflug 14, 178f
Werkzeugmaschine 125, 135, 146, 148, 165
Wheatstone, Ch. 11, 174
Whitehead, Gustav 12, 178
Whitney, Eli 9, 165f
Wiener, N. 189
Wilkinson, John 9, 134f, 148
Wilm, A. 13, 185
Windkraft 49, 51, 54, 67, 97, 114f, 128, 186
-mühle 8, 54f, 67, 76, 80, 97
-rad 31, 49, 54, 67, 114
Wissenschaftliche Gesellschaft (s. a. Londoner Royal Society, Pariser Akademie der Wissenschaften) 97f
Wöhler, F. 185
Woolrich, John S. 174
Wright, Orville 12, 178f
Wright, Wilbur 12, 178f
Wurfgeschütz 7, 27f, 66f

Zeilensetzmaschine 12, 182
Zeppelin, Graf Ferdinand von 12, 178
Zeuner, Gustav 145
Zisterzienserorden 46, 54ff, 59
Zoll 125, 146f
Zunft 62ff, 91, 125, 128
Zweiter Weltkrieg 179, 181, 185ff
Zylinderbohrwerk 9, 134, 136, 144, 148
Zylinderschnellpresse 10, 181

Bildquellen

1 Zeichnung nach einem Wandbild (aus der Epoche der letzten Eiszeit – etwa 80000 bis 8000 v. Chr.) aus G. Kraft: Der Urmensch als Schöpfer. Tübingen 1948. Abb. 35, S. 163
2 Tafel aus: Abriß der Vorgeschichte (bearb. von K. J. Narr u. a.). München, Oldenbourg Verlag 1957. S. 213
3 Zeichnung aus G. Ebers: Ägypten in Bild und Wort, Bd. 2. Stuttgart 1880. S. 372
4 Zeichnung aus Heron von Alexandrien: Belopoiika (griechisch und deutsche Übersetzung von H. Diels u. E. Schramm). In: Abhandlungen der Preußischen Akademie der Wissenschaften, Phil.-hist. Klasse. Berlin 1918. Nr. 2, Abb. 18, S. 39
5 Foto eines Reliefs aus dem Amphitheater im alten Capua (Kaiserzeit). Jetzt: Museo Campano zu Capua
6 Holzschnitt aus Heron von Alexandria: Buch von Lufft- und Wasser-Künsten, welche von Friderich Commandino von Urbin aus dem Griechischen in das Lateinische übersetzt... (dtsch. von Agathus Carion). Bamberg 1688 (Drucker Heill). S. 67
7 Kupferstich aus Heron von Alexandria: De gli automati ouero machine se moventi, libri due (aus dem Griechischen übersetzt von Bernardino Baldi). Venedig 1589 (Drucker Girolamo Porro). S. 21
8 Holzschnitt und eine Seite aus Heron von Alexandria: Buch von Lufft- und Wasser-Künsten, welche von Friderich Commandino von Urbin aus dem Griechischen in das Lateinische übersetzt... (dtsch. von Agathus Carion). Bamberg 1688 (Drucker Heill). S. 86 u. 87
9 Holzschnitt aus M. Vitruvius Polio: De architectura (ins Italienische übersetzt, kommentiert, illustriert und herausgegeben von Cesare di Lorenzo Cesariano). Como 1521. Bl. 166r. Hier aus Faksimileausgabe London, 1968
10 Ölgemälde von Zeno Diemer – 1914. Aus den Sammlungen des Deutschen Museums; Fachgebiet: Ingenieurbau; Bereich: Wasserbau. Foto: Deutsches Museum München, Bildstelle
11 Malerei auf einem Votivtäfelchen aus Ton – spätkorinthisch, um 575–550 v. Chr. (gefunden bei Penteskuophia, südwestlich von Akrokorinth). Antikensammlung, Berlin. Hier aus P. Brandt: Schaffende Arbeit und bildende Kunst im Altertum und Mittelalter, Bd. 1. Leipzig 1927. Abb. 75, S. 70
12 Zeichnung: Deutsches Museum München, Graphisches Atelier
13 Holzschnitt aus Rodericus Zamorensis: Spiegel des menschlichen Lebens... Augsburg – um 1477 (Drucker H. Bämler). S. 30. Hier aus Faksimileausgabe, München 1908
14 Zeichnung aus R. J. E. Ch. Lefebvre de Noëttes: L'attelage et le cheval de selle à travers les âges. Paris 1931. S. 163
15 Zeichnung aus Herrad von Landsperg: Hortus deliciarum – Handschrift um 1180. Hier aus Faksimileausgabe, Straßburg 1879/99. Bl. 13r
16 Zeichnung nach der Handschrift: Alexandri Minoritae Apocalypsis explicata. Universitätsbibliothek Breslau. Hier aus A. Essenwein: Kulturhistorischer Bilderatlas, Bd. 2. Leipzig 1883. Taf. 48
17 Zeichnung aus Herrad von Landsperg: Hortus deliciarum – Handschrift um 1180. Hier aus Faksimileausgabe, Straßburg 1879/99. Bl. 112a
18 Holzschnitt aus Spechtshardt: Flores musicae. Straßburg 1488 (Drucker Joh. Prüss)
19 Zeichnung aus einer Handschrift – um 1430. Staatsbibliothek München, Codex latinus monacensis 197, Bd. 1, Fol. 19r
20 Zeichnung aus einer Handschrift des 13. Jh. Trinity College Cambridge, Ms. 0.9.34., Bl. 32b. Hier aus U. T. Holmes: Daily living in the 12th century. Madison 1952. S. 114–115
21 Zeichnung nach einer Miniatur des 14. Jh. British Museum London, Ms. Royal 10 E IV. Hier aus A. Essenwein: Kulturhistorischer Bilderatlas, Bd. 2. Leipzig 1883. Taf. 62
22 Kolorierte Zeichnung aus dem Hausbuch der Mendelschen Zwölfbrüder-Stiftung. Stadtbibliothek Nürnberg, Mendel-Album 1 (1388–1545). Fol. 18v (um 1425). Hier aus der Edition: Das Hausbuch der Mendelschen Zwölfbrüderstiftung zu Nürnberg (Hrsg. W. Treue, K. Goldmann, R. Kellermann, F. Klemm u. a.), Bildband. München 1965. S. 33
23 Zeichnung nach Villard de Honnecourt – um 1235. Bibliothèque Nationale Paris, Ms. fr. 19093, Bl. 64. Hier aus Villard: Bauhüttenbuch (Hrsg. H. R. Hahnloser). Wien 1935
24 Zeichnung nach Villard de Honnecourt – um 1235. Bibliothèque Nationale Paris, Ms. fr. 19093, Bl. 7. Hier aus Villard: Bauhüttenbuch (Hrsg. H. R. Hahnloser). Wien 1935
25 Kupferstich von P. Galle nach Ioannes Stradanus (Jan van der Straet) aus Io. Stradanus: Nova reperta. Amsterdam, um 1570
26 Kolorierte Zeichnung aus der Handschrift von Konrad Kyeser von Eichstätt: Bellifor-

202

tis (um 1405). Universitätsbibliothek Göttingen; Ms. philos. 63, Fol. 30r
27 Kolorierte Zeichnung aus der Handschrift von Konrad Kyeser von Eichstätt: Bellifortis (um 1405). Universitätsbibliothek Göttingen; Ms. philos. 63, Fol. 104v
28 Kolorierte Zeichnung aus der Handschrift von Konrad Kyeser von Eichstätt: Bellifortis (um 1405). Universitätsbibliothek Göttingen; Ms. philos. 63, Fol. 108r
29 Kolorierte Zeichnung aus dem Fragment einer kriegstechnischen Handschrift von Joh. Formschneider – um 1470. Deutsches Museum München, Handschriftensammlung Hs. 1949–258
30 Zeichnung aus J. Durm: Zwei Großkonstruktionen der italienischen Renaissance. In: Zeitschrift für Bauwesen, Jg. 37. Berlin 1887. Spalte 353
31 Kupferstich (nach Relief von Ambrogio Barocci da Milano – Entwurf von Francesco di Giorgio Martini, Palazzo Ducale Urbino – um 1480) aus B. Baldi u. F. Bianchini: Memorie concernenti la città di Urbino. Rom 1724. Taf. 68
32 Zeichnung von Leonardo da Vinci – um 1480/82. Biblioteca Ambrosiana Milano; Codex atlanticus, Fol. 381 r–b
33 Zeichnung von Leonardo da Vinci – um 1508. Bibliothèque de l'Institute de France Paris; Ms. F, Fol. 16v
34 Zeichnungen von Leonardo da Vinci – um 1485. Biblioteca Ambrosiana Milano; Codex atlanticus, Fol. 381v–a
35 Titelholzschnitt aus Niccoló Tartaglia: Nova scientia... Venedig 1537
36 Holzschnitt aus Walter Ryff (Rivius): Der ... mathematischen und mechanischen Künst eygentlicher Bericht. Nürnberg, 1547. Büchsenmeisterei Bl. 20 r
37 Holzschnitt aus G. Argicola: De re metalica libri XII ... Basel 1556 (Drucker Froben). S. 158
38 Kupferstich aus G. E. Löhneyss: Gründlicher und außführlicher Bericht von Bergwercken, wie man dieselbigen nutzlich und fruchtbarlich bauen ... soll ... Stockholm u. Hamburg 1690 (Drucker Liebezeit). Taf. 10
39 Holzschnitt aus G. Agricola: De re metalica libri XII ... Basel 1556 (Drucker Froben). S. 131
40 Titelholzschnitt aus: Der Ursprung gemeynner Berckrecht, wie die lange zeit von den alten erhalten worden ... (Hrsg. Johann Haselberger). Ohne Ortsangabe, um 1535
41 Holzschnitt aus Lazarus Ercker: Beschreibung Allerfürnemisten Mineralischen Ertzt unnd Bergwercks arten ... Frankfurt am Mayn, 1580 (Drucker Feyrabend). Bl. 107v

42 Kupferstich von Herisset nach Zeichnung von M. Gallon aus: Machines et inventions approuvées par l'Academie royal des ciences... (Hrsg. M. Gallon), Bd. 4. Paris 1735. Nr. 262 (aus 1725), Bl. 1, bei S. 140
43 Zeichnung von W. Schickard – 25. 2. 1624. Sternwarte Pulkowo (Leningrad), Kepler Mss., Bd. 20, Bl. 117v. Hier aus Johannes Kepler: Gesammelte Werke, Bd. 18 (Hrsg. M. Caspar). München, C. H. Beck'sche Verlagsbuchhandlung 1959. S. 170
44 Kupferstich aus Iacobus de Strada: Kunstliche Abriß allerhand Wasser- Wind- Roß- und Handt-Mühlen ... Franckfurt am Mayn 1629 (Drucker E. Kieser). Taf. 107
45 Kupferstich aus Carlo Fontana: Il Tempio Vaticano e sua origine ... Rom 1694 (Drukker G. F. Buagni). S. 169
46 Kupferstich aus J. Leupold: Theatrum machinarum hydraulicarum ... Oder: Schau-Platz der Wasser-Künste ... Tl. 2. Leipzig 1725. Taf. 25
47 Kupferstich aus Otto v. Guericke: Experimenta nova ut vocantur Magdeburgica de vacuo spatio ... Amsterdam 1672 (Drucker J. Janssonius). Abb. 15, S. 111
48 Zeichnung von Huygens aus Chr. Huygens: Œuvres complètes, Bd. 7. La Haye 1897. S. 356
49 Kupferstich aus D. Papin: Receuil de diverse pieces touchant quelques nouvelles machines ... Cassel 1695. S. 1
50 Kupferstich aus D. Papin: Ars nova ad aquam ignis adminiculo efficacissime elevandam ... Frankfurt a. M. 1707
51 Zeichnung von Th. Tredgold: The steam engine. London 1827. Abb. 2, S. 6
52 Kupferstich nach einer Zeichnung von H. Beighton – 1717
53 Kupferstich von A. Birkhardt nach einer Zeichnung von P. Turner – 1728. Plansammlung des Deutschen Museums München, Gr. 21a Textilfabriken
54 Kupferstich aus R. A. F. de Réamur: L'art de l'épinglier. In: Description des arts et métiers, Bd. 2. Paris 1762. Bl. 3
55 Stahlstich aus: The engineer, Bd. 80. London 1895. S. 306
56 Zeichnung von G. Reichenbach aus seinem englischem Tagebuch – 1791. Deutsches Museum München, Handschriftensammlung Hs. 8277
57 Zeichnung von Franz Dinnendahl aus seinem Skizzenbuch – 1802. Deutsches Museum München, Handschriftsammlung Hs. 1952–24
58 Stahlstich aus St. Flachat: L'Industrie. Exposition of 1834. Paris 1834. Bl. 19, bei S. 150
59 Zeichnungen – Deutsches Museum München, Graphisches Atelier

60 Zeichnung von James Nasmyth – 1840. Hier aus R. Buchanan: Practical essays on mill work. London 1841. S. 394
61 Zeichnung von K. F. Schinkel (1825). Hier aus: Schinkels Nachlaß. Reisetagebücher, Briefe und Aphorismen (Hrsg. A. Frh. von Wolzogen), Bd. 3. Berlin 1863. S. 114
62 Stahlstich aus E. Baines: History of the cotton manufacture in Great Britain. London 1835. S. 211
63 Holzstich aus: Illustrirte Zeitung, Bd. 31. Leipzig 1858. Nr. 795, S. 197
64 Holzstich aus: Children's employment Commission. First report of the commissioners. Mines. Presented to both Houses of Parliament by Command of Her Majesty. London 1842. S. 81. Reprint 1968, Irish University Press Shannon, Ireland
65 Ölgemälde von Alfred Rethel – 1832. Original: DEMAG AG Duisburg. Hier aus: Industrielle Frühzeit im Gemälde. Erzbergbau und Eisenhütten in der europäischen Malerei 1500–1850. Duisburg, Demag 1957. S. 54
66 Kupferstich aus J. N. P. Hachette: Traité élémentaire des machines. Paris, Saint Petersbourg 1811. Taf. 2 Fig. 1
67 Zeichnung nach amerikanischer Patentschrift Nr. 92083
68 Holzstich aus: Scientific american, Bd. 62. New York 1890. Nr. 24, S. 369
69 Prospekt der Firma Benz & Cie, Mannheim – 1888. Archiv: Mercedes Benz
70 Holzstich aus: Scientific american, Bd. 47. New York 1882. S. 127
71 Foto – 1895. Bildarchiv des Deutschen Museums München

Ergänzungsbibliographie

Seit der letzten Bearbeitung dieses Buchs entstanden zahlreiche historische Untersuchungen, die teils an Klemms Aussagen anknüpfen, teils aber auch ganz andere Ansätze in den Vordergrund stellten. Die Arbeiten berücksichtigten beispielsweise stärker Wechselwirkungen zwischen Technik, Arbeit, Umwelt, Kultur und Herrschaftsbeziehungen. Internationale Vergleiche und Mikrostudien vertieften die Analysen technischen Wandels.

Die folgenden Literaturhinweise zeigen in erster Linie Standpunkte und Positionen der neueren Forschung. Die Auswahl erfolgte auf Grundlage von Rezensionen in den einschlägigen technikhistorischen Zeitschriften. Für einen umfassenderen Überblick über die Geschichte der Technik eignen sich ergänzend besonders die „Propyläen Technikgeschichte", die Buchreihe der Agricola-Gesellschaft „Technik und Kultur" und die Reihe des Deutschen Museums „Kulturgeschichte der Naturwissenschaften und der Technik", aus der auch der vorliegende Band stammt.

Gesamtdarstellungen

Hausen, Karin/Rürup, Reinhard. Moderne Technikgeschichte. Köln 1975.
Kulturgeschichte der Naturwissenschaften und der Technik [Deutsches Museum München]. Reinbek 1981ff.
Lintsen, H.W. (Hg.): Geschiedenis van de techniek in Nederland. De wording van een moderne samenleving, 1800–1890, vol. 1–6. Zutphen 1992 ff.
McNeill, Ian (ed.): An Encyclopaedia of the History of Technology. London/New York 1990.
Propyläen Technikgeschichte. Hrsg. von Wolfgang König. 5 Bände, Berlin 1990ff.
Radkau, Joachim: Technik in Deutschland. Vom 18. Jahrhundert bis zur Gegenwart. Frankfurt 1989.
Ropohl, Günter: Ethik und Technikbewertung. Frankfurt 1996.
Staudenmaier, John M.: Technology's Storytellers. Reweaving the Human Fabric. Cambridge, Mass.1985.
Technik und Kultur in 10 Bänden und einem Registerband. Im Auftrag der Georg Agricola Gesellschaft herausgegeben von Armin Hermann und Wilhelm Dettmering, Gesamtredaktion: Charlotte Schönbeck. Düsseldorf 1989ff.
Troitzsch, Ulrich/Wohlauf, Gabriele: Technik-Geschichte. Historische Beiträge und neuere Aufsätze. Frankfurt 1980.

Epochen- oder branchenübergreifende Literatur

Andersen, Arne: Historische Technikfolgenabschätzung am Beispiel des Metallhüttenwesens und der Chemieindustrie, 1850–1933. Wiesbaden/Stuttgart 1996.
Benad-Wagenhoff, Volker (Hg.): Industrialisierung. Begriffe und Prozesse. Festschrift für Akos Paulinyi zum 65. Geburtstag [Schriftenreihe der Carlo und Karin Giersch-Stiftung, Technische Hochschule Darmstadt, 1]. Stuttgart 1994.
Birkefeld, Richard/Jung, Martina: Die Stadt, der Lärm, und das Licht. Die Veränderung des öffentlichen Raumes durch Modernisierung und Elektrifizierung. Seelze 1994.
Braun, Ingo/Joerges, Bernward (Hg.): Technik ohne Grenzen. Frankfurt 1994.
Cohen, Yves/Manfrass, Klaus (Hg.): Frankreich und Deutschland. Forschung, Technologie und industrielle Entwicklung im 19. und 20. Jahrhundert. München 1990.
Ferguson, Eugene S.: Engineering and the Mind's Eye. Cambridge, Mass. 1992.

Hughes, Thomas P.: Die Erfindung Amerikas. Der technologische Aufstieg der USA seit 1870. München 1991.
Lindner, Stephan/Pestre, Dominique: Innover dans la régression. Régions et industries menacées de déclin. Journée d'étude, 6 octobre 1992. Paris 1997.
Mayntz, Renate/Hughes, Thomas P. (eds.): The Development of Large Technical Systems. Frankfurt 1988.
Smith, Merritt Roe/Marx, Leo (eds.): Does Technology Drive History. The Dilemma of Technological Determinism. Cambridge, Mass/ London 1994.
Tarr, Joel/Dupuy, Gabriel (Hg.): Technology and the Rise of the Networked City in Europe and America. Philadelphia 1988.

Politik, Arbeit und Gesellschaft

Bähr, Johannes / Petzina, Dietmar (Hg.): Innovationsverhalten und Entscheidungsstrukturen. Vergleichende Studien zur wirtschaftlichen Entwicklung im geteilten Deutschland [Schriften zur Wirtschafts- und Sozialgeschichte, 48]. Berlin 1996.
Bijker, Wiebe E./Hughes, Thomas P./Pinch, Trevor (eds.): The Social Construction of Technological Systems. Cambridge 1989.
Bijker, Wiebe E./Law, John (eds.): Shaping Technology / Building Society. Studies in Sociotechnical Change. Cambridge, Mass/London 1992.
Blume, Stuart S.: Insight and Industry. On the Dynamics of Technological Change in Medicine. Cambridge, Mass/London 1992.
Böhle, Fritz/Milkau, Brigitte: Vom Handrad zum Bildschirm. Eine Untersuchung zur sinnlichen Erfahrung im Arbeitsprozeß. Frankfurt 1988.
Bönig, Jürgen: Die Einführung von Fließbandarbeit in Deutschland bis 1933. Zur Geschichte einer Sozialinnovation [Sozial- und Wirtschaftsgeschichte Bd. 1], 2 Bände, Münster 1993.
Cockburn, Cynthia et al. (eds.): Bringing Technology Home. Gender and Technology in a Changing Europe. Buckingham/Bristol 1994.
Cowan, Ruth Schwartz: More Work for Mother. The Ironies of Household Technology from the Open Hearth to the Microwave. New York 1983.
Dienel, Hans L.: Ingenieure zwischen Hochschule und Industrie. Kältetechnik in Deutschland und Amerika, 1870–1930 [Schriftenreihe der Historischen Kommission, 54]. Göttingen 1995.
Ellerbrock, Karl-Peter: Geschichte der deutschen Nahrungs- und Genußmittelindustrie 1750–1914 [Zeitschrift für Unternehmensgeschichte, Beiheft 76]. Stuttgart 1993.
Fox, Robert et al. (Hg.): Education, Technology and Industrial Performance in Europe, 1850–1939. Cambridge 1993.
Fuchs, Margot: Wie die Väter so die Töchter. Frauenstudium an der Technischen Hochschule München von 1899–1970 [Faktum Bd. 7]. München 1994.
Gispen, Kees: New profession, old order. Engineers and German society, 1815–1914. Cambridge et al. 1989.
Hard, Mikael: Machines are Frozen Spirit. The Scientification of Refrigeration and Brewing in the 19th Century. A Weberian Interpretation. Frankfurt 1993.
Hausen, Karin/Krell, Gertraude: Frauenerwerbsarbeit. Forschungen zu Geschichte und Gegenwart. Mering 1993.
Herf, Jeffrey: Reactionary Modernism. Technology, Culture, and Politics in Weimar and the Third Reich. Cambridge 1984.
Kirkup, Gill: Inventing Women. Science, Technology and Gender. Cambridge 1992.
Kranzberg, Melvin (Hg.): Technological Education – Technological Style. San Francisco 1986.

Latour, Bruno: Science in Action. How to follow scientists and engineers through society. Cambridge, Mass. 1987.
MacKenzie, Donald/Wajcman, Judy (eds.): The Social Shaping of Technology. A Reader. Milton Keynes 1985.
Meinel, Christoph/Renneberg, Monika (Hg.): Geschlechterverhältnisse in Medizin, Naturwissenschaft und Technik. Bassum/Stuttgart 1996.
Meyer, Sybille/Schulze, Eva (Hg.): Technisiertes Familienleben. Blick zurück und nach vorn. Berlin 1993.
Noble, David F.: Maschinenstürmer oder Die komplizierten Beziehungen der Menschen zu ihren Maschinen. Berlin 1986.
Orland, Barbara/Scheich, Elvira (Hg.): Das Geschlecht der Natur. Feministische Beiträge zu Geschichte und Theorie der Naturwissenschaften. Frankfurt 1995.
Renneberg, Monika/Walker, Mark (eds.): Science, Technology and National Socialism. Cambridge 1994.
Rothschild, Joan: A Feminist Deconstruction of the Machine Age. Aesthetic, Human Perfectability and the Technological Dream. Bloomington 1994.
Sieferle, Rolf P.: Fortschrittsfeinde? Opposition gegen Technik und Industrie von der Romantik bis zur Gegenwart. München 1984.
Strom, Sharon H.: Beyond the Typewriter. Gender, Class, and the Origins of Modern American Office Work, 1900–1930. Champaign 1992.
Wajcman, Judy: Technik und Geschlecht. Die feministische Technikdebatte. Frankfurt 1994.
Weaver, Rebecca/Dale, Rodney: Machines in the Home. London 1992.
Wirz, Albert: Die Moral auf dem Teller. Dargestellt an Leben und Werk von Max Bircher-Brenner und John Harvay Kellogg. Zürich 1993.
Wright, Barbara D.: Women, Work, and Technology. Transformations. Ann Arbor 1987.
Zweckbronner, Gerhard: Ingenieurausbildung im Königreich Württemberg. Vorgeschichte, Einrichtung und Ausbau der Technischen Hochschule Stuttgart und ihrer Ingenieurwissenschaften bis 1900 – eine Verknüpfung von Institutions- und Disziplinengeschichte, Stuttgart 1987.

Vor- und frühindustrielle Technik

Bayerl, Günter: Die Papiermühle. Vorindustrielle Papiermacherei auf dem Gebiet des alten deutschen Reiches. Technologie, Arbeitsverhältnisse, Umwelt. 2 Bände. Bern/Frankfurt 1987.
Ditt, Karl/Pollard, Sidney (Hg.): Von der Heimarbeit in die Fabrik. Industrialisierung und Arbeiterschaft in Leinen- und Baumwollregionen Westeuropas während des 18. und 19. Jahrhunderts [Forschungen zur Regionalgeschichte Bd. 5] Paderborn 1992.
Giesecke, Michael: Der Buchdruck in der frühen Neuzeit. Eine historische Fallstudie über die Durchsetzung neuer Informations- und Kommunikationstechnologien. Frankfurt 1991.
Guillerme, André: Les temps de l'eau. La cité, l'eau et les techniques, Nord de la France, fin IIIe – début XIXe siècle. Seyssel 1983.
Hocquet, Jean-Claude: Weißes Gold. Das Salz und die Macht in Europa von 800 bis 1800. Stuttgart 1993.
Kroker, Werner/Westermann, Ekkehard (Hg.): Montanwirtschaft Mitteleuropas vom 12. bis 17. Jahrhundert. Stand, Wege und Aufgaben der Forschung [Der Anschnitt, Beiheft 2, Veröffentlichungen aus dem Deutschen Bergbau-Museum Bochum 30]. Bochum 1984.
Ludwig, Karl-Heinz/Gruber, Fritz: Gold- und Silberbergbau im Übergang vom Mittelalter zur Neuzeit. Das Salzburger Revier von Gastein und Rauris. Köln 1987.

Mayr, Otto: Uhrwerk und Waage. Autorität, Freiheit und technische Systeme in der frühen Neuzeit. München 1987.
Paulinyi Akos: Das Puddeln. München 1987.
Schmidt, Frieder: Von der Mühle zur Fabrik. Die Geschichte der Papierherstellung in der württembergischen und badischen Frühindustrialisierung [Technik und Arbeit. Schriften des Landesmuseums für Technik und Arbeit 6], Ulbstadt-Weiher 1994.
Schneider, Helmuth: Einführung in die antike Technikgeschichte. Darmstadt 1992.
Schürmann, Astrid: Griechische Mechanik und antike Wissenschaft. Studien zur staatlichen Förderung einer technischen Wissenschaft. Stuttgart 1991.
Winkler, Karl Tilman: Handwerk und Markt. Druckerhandwerk, Vertriebswesen und Tagesschrifttum in London 1695–1750. Stuttgart 1993.
Woronoff, Denis: Forges et forêts. Recherches sur la consommation proto-industrielle de bois [Recherches d'histoire et de sciences sociales 43]. Paris 1990.

Schwerindustrie und Maschinenbau

Bartels, Christoph: Vom frühneuzeitlichen Montangewerbe zur Bergbauindustrie. Erzbergbau im Oberharz 1635–1866 [Veröffentlichungen aus dem Deutschen Bergbau- Museum 54]. Bochum 1992.
Benad-Wagenhoff, Volker: Industrieller Maschinenbau im 19. Jahrhundert. Werkstattpraxis und Entwicklung spanabhebender Werkzeugmaschinen im deutschen Maschinenbau, 1870–1914. Stuttgart 1993.
Burghardt, Uwe: Die Mechanisierung des Ruhrbergbaus, München 1995.
Fremdling, Rainer: Technologischer Wandel und internationaler Handel im 18. und 19. Jahrhundert. Die Eisenindustrie in Großbritannien, Belgien, Frankreich und Deutschland. Berlin 1986.
Hounshell, David A.: From the American System to Mass Production. The Development of Manufacturing Technology in the United States [Studies in Industry and Socciety 4]. Baltimore, MD/London 1984.
Hunter, Louis C.: A History of Industrial Power in the United States, 3 vols. Cambridge, Mass. 1979ff.
Ittner, Stefan: Dieselmotoren für die Luftfahrt. Innovation und Tradition im Junkers-Flugmotorenbau bis1933. Oberhaching 1996.
König, Wolfgang: Künstler und Stricheziehner. Konstruktions- und Technikkulturen im deutschen, britischen, amerikanischen und französischen Maschinenbau zwischen 1850 und 1930. Frankfurt [im Druck].
Long, Priscilla: Where the Sun Never Shines. A History of America's Bloody Coal Industry. New York 1991.
Noble, David: Forces of Production. A Social History of Industrial Automation. New York 1984.
Payen, Jacques: La machine locomotive en France des origines au milieu du XIXe siècle. Lyon 1986.
Payen, Jacques: Technologie de l'energie vapeur en France dans la première moitié du XIXe siècle. La machine à vapeur fixe [Mémoire de la Section d'Histoire des Sciences et des Techniques 2]. Paris1985.
Reintjes, Francis J.: Numerical Control. Making a New Technology. Oxford 1991.
Ruby, Jürgen: Maschinen für die Massenfertigung. Die Entwicklung der Drehautomaten bis zum Ende des Ersten Weltkrieges. Stuttgart 1995.
Tenfelde, Klaus (Hg.): Bilder von Krupp. Fotografie und Geschichte im Industriezeitalter. München1994.

The History of the British Coal Industry. Ed. by Michael W. Flinn and Roy Church. 5 vols. Oxford 1984ff.

Wallace, Anthony F. C.: St. Clair. A Nineteenth-century Coal Town's Experience with a Disaster-prone Industry. New York 1987.

Welskopp, Thomas: Arbeit und Macht im Hüttenwerk. Arbeits- und industrielle Beziehungen in der deutschen und amerikanischen Eisen- und Stahlindustrie von den 1860er bis zu den 1930er Jahren. Bonn 1994.

Wengenroth, Ulrich: Unternehmensstrategien und technischer Fortschritt. Die deutsche und die britische Stahlindustrie 1865–1895. Göttingen 1986.

Chemische und Elektrotechnische Industrie

Cardot, Fabienne (Hg.): 1880–1980. Un siècle d'electricité dans le monde. Paris 1987.

Friedel, Robert: Pioneer Plastic. The Making and Selling of Celluloid. Madison, Wisconsin 1983.

Hounshell, David A./Smith, John Kenly: Science and Corporate Strategy. Du Pont R & D, 1902–1980. Cambridge 1989.

Hughes, Thomas P.: Networks of Power. Electrification in Western Society 1880–1930. Baltimore 1983.

Jäger, Kurt (Hg.): Die Entwicklung der Starkstromtechnik in Deutschland. Teil 2, von 1890–1920. VDE-Ausschuß 'Geschichte der Elektrotechnik', nach einer Manuskriptvorlage von G. Dettmar und K. Humburg. Berlin/Offenbach 1991.

König, Wolfgang: Technikwissenschaften. Die Entstehung der Elektrotechnik aus Industrie und Wissenschaft zwischen 1880 und 1914. Chur 1995.

Meikle, Jeffrey: American Plastic. A Cultural History. New Brunswick 1995.

Myllyntaus, Timo: Electrifying Finland. The Transfer of a New Technology into a Late Industrialising Economy [ETLA – The Research Institute of the Finnish Economy A 15]. Houndsmills Basingstoke 1991.

Nye, David: Electrifying America. Social Meanings of a New Technology. Cambridge, Mass.1990.

Plumpe, Gottfried: Die I.G. Farbenindustrie AG. Wirtschaft, Technik, Politik 1904–1945 [Schriften zur Wirtschafts- und Sozialgeschichte, Bd. 37]. Berlin 1990.

Schivelbusch, Wolfgang: Licht, Schein und Wahn. Auftritte der elektrischen Beleuchtung im 20. Jahrhundert, Berlin 1992.

Schivelbusch, Wolfgang: Lichtblicke. Zur Geschichte der künstlichen Helligkeit im 19. Jahrhundert. München/Wien 1983.

Travis, Anthony S.: The Rainbow Makers. The Origins of the Synthetic Dyestuffs Industry in Western Europe. Bethlehem, Pa. 1993.

Verkehr

Deutinger, Stephan: Bayerns Weg zur Eisenbahn. Joseph von Baader und die Frühzeit der Eisenbahn in Bayern, 1800–1835. St. Ottilien [im Druck].

Deutsche Bundesbahn (Hg.): Zug der Zeit – Zeit der Züge. Deutsche Eisenbahn 1835–1935, 2 Bände, Berlin 1985.

Dienel, Hans-Liudger/Schmucki, Barbara (Hg.): Mobilität für alle. Geschichte des öffentlichen Personenverkehrs in der Stadt zwischen technischem Fortschritt und sozialer Pflicht [VSWG Beihefte]. Stuttgart [im Druck].

Dunlavy, Colleen A.: Politics and Industrialization. Early Railroads in the United States and Prussia. Princeton 1994.

Edelmann, Heidrun: Vom Luxusgut zum Gebrauchsgegenstand. Die Geschichte der Verbreitung des Personenkraftwagens in Deutschland. Frankfurt 1989.

Flink, James J.: The Automobile Age. Cambridge, Mass. 1988.

Fremdling, Rainer: Eisenbahnen und deutsches Wirtschaftswachstum 1840–1979. Dortmund 1985.

Fritzsche, Peter: A Nation of Fliers. German Aviation and the Popular Imagination. Cambridge, Mass. 1992.

Klenke, Dietmar: 'Freier Stau für freie Bürger'. Die Geschichte der bundesdeutschen Verkehrspolitik [WB-Forum 97]. Darmstadt 1995.

Knie, Andreas: Wankelmut in der Autoindustrie. Anfang und Ende einer Antriebsalternative. Berlin 1994.

McDougall, Walter A.: ..the Heavens and the Earth. A Political History of the Space Age. New York 1985.

Pohl, Hans/Treue, Wilhelm (Hg.): Die Einflüsse der Motorisierung auf das Verkehrswesen von 1886 bis 1986 [Zeitschrift für Unternehmensgeschichte, Beiheft 52]. Stuttgart 1988.

Ruppert, Wolfgang (Hg.): Fahrrad, Auto, Fernsehschrank. Zur Kulturgeschichte der Alltagsdinge. Frankfurt 1993.

Sachs, Wolfgang: Die Liebe zum Automobil. Ein Rückblick in die Geschichte unserer Wünsche. Reinbek 1984.

Scharff, Virginia: Taking the Wheel. Women and the Coming of the Motor Age. New York 1991.

Schivelbusch, Wolfgang: Geschichte der Eisenbahnreise. Zur Industrialisierung von Raum und Zeit im 19. Jahrhundert. München u.a. 1977.

Schmid, Georg/Lindenbaum, Hans/Staudacher, Peter: Bewegung und Beharrung. Eisenbahn, Automobil, Tramway, 1918–1938. Wien/Köln/Weimar 1994.

Schütz, Erhard/Gruber, Eckhard: Mythos Reichsautobahn. Bau und Inszenierung der „Straßen des Führers", 1933–1941. Berlin 1996.

Trischler Helmuth: Luft- und Raumfahrtforschung in Deutschland 1900–1970. Politische Geschichte einer Wissenschaft [Studien zur Geschichte der deutschen Großforschungseinrichtungen Bd. 4] Frankfurt 1992.

Wolf, Winfried: Eisenbahn und Autowahn. Personen- und Gütertransport auf Schiene und Straße. Geschichte, Bilanz, Perspektiven. Hamburg 1986.

Yago, Glenn: Thew Decline of Transit. Urban Transportation in German and US Cities, 1900–1970. Cambridge et. al. 1934.

Zatsch, Angela: Staatsmacht und Motorisierung am Morgen des Automobilzeitalters [Schriften zur Rechts- und Sozialwissenschaft, 7]. Konstanz 1993.

Ziegler, Dieter: Eisenbahnbau und Staat im Zeitalter der Industrialisierung. Die Eisenbahnpolitik der deutschen Staaten im Vergleich. Stuttgart 1996.

Kerntechnik, Kommunikations- und Informationstechnik, Biotechnik

Aitken, Hugh G. J.: The Continuous Wave. Technology and American Radio, 1900–1932. Princeton 1985.

Balogh, Brian: Chain Reaction. Expert debate and public participation in American commercial nuclear power, 1945–1975. Cambridge et al. 1991.

Bauer, Martin (ed.): Resistance to New Technology: Nuclear Power, Information Technology, and Biotechnology. Cambridge 1995.

Bud, Robert: Wie wir das Leben nutzbar machen. Ursprung und Entwicklung der Biotechnologie. Braunschweig 1995.

Cotada, James W.: Before the Computer. IBM, NCR, Burroughs, and Remington Rand and the Industry They Created, 1865–1956. Princeton 1993.

Eckert, Michael/Osietzki, Maria: Wissenschaft für Markt und Macht. Kernforschung und Mikroelektronik in der Bundesrepublik Deutschland. München 1989.
Fischer, Claude S.: America Calling. A Social History of the Telephone to 1940. Berkeley 1992.
Forester, Tom: High Tech Society. The Story of the Information Technological Revolution. Oxford 1987.
Hoffmann, Ute: Computerfrauen. Welchen Anteil haben Frauen an Computergeschichte und -arbeit? München 1987.
Joppke, Christian: Mobilizing against Nuclear Energy. A Comparison of Germany and the United States. Berkeley/Los Angeles 1993.
Martin, Michèle: Hello Central? Gender, Technology and Culture in the Formation of Telephone Systems. Montreal 1991.
Müller, Wolfgang D.: Geschichte der Kernenergie in der Bundesrepublik Deutschland. 2 Bände. Stuttgart1990ff.
Petzold, Hartmut: Moderne Rechenkünstler. Die Industrialisierung der Rechentechnik in Deutschland. München 1992.
Radkau, Joachim: Aufstieg und Krise der deutschen Atomwirtschaft. 1945–1975. Verdrängte Alternativen in der Kerntechnik und der Ursprung der nuklearen Kontroverse. Reinbek 1983.
Rammert, Werner (Hg.): Soziologie und künstliche Intelligenz. Produkte und Probleme einer Hochtechnologie. Frankfurt 1995.
Thomas, Frank: Telefonieren in Deutschland. Organisatorische, technische und räumliche Entwicklung eines großtechnischen Systems [Schriften des Max-Planck-Instituts für Gesellschaftsforschung Köln, Bd. 21]. Frankfurt 1995.
Weart, Spencer R.: Nuclear Fear. A History of Images. Cambridge Mass./London 1988.

Technik und Militär

Bancom, Donald R.: The Origins of SDI, 1944–1983. Lawrence 1992.
Foerster, Roland G./Walle, Heinrich: Militär und Technik. Wechselbeziehungen zu Staat, Gesellschaft und Industrie im 19. und 20. Jahrhundert [Vorträge zur Militärgeschichte Bd. 14]. Herford 1992.
MacKenzie, Donald: Inventing Accuracy. A Historical Sociology of Nuclear Missile Guidance. Cambridge, Mass./London 1990.
McNeill, William H.: The Pursuit of Power. Technology, Armed Force, and Society since A. D. 1000. Chigaco 1982.
Neufeld, Michael J.: The Rocket and the Reich. Peenemünde and the Coming of the Ballistic Missile Era. New York et al. 1995.
Parker, Geoffrey: The Military Revolution. Military Innovation and the Rise of the West. Cambridge 1988.
Rhodes, Richard: Dark Sun. The Making of the Hydrogen Bomb. New York et al. 1996.
Rhodes, Richard: The Making of the Atomic Bomb. London et al. 1988.

Technik und Umwelt

Bayerl, Günther (Hg.): Wind- und Wasserkraft. Die Nutzung regenerierbarer Energiequellen in der Geschichte [Technikgeschichte in Einzeldarstellungen]. Düsseldorf 1989.
Bayerl, Günther/Fuchsloch, Norman/Meyer, Thorsten (Hg.): Umweltgeschichte. Methoden, Themen, Potentiale [Cottbuser Studien zur Geschichte von Technik, Arbeit und Umwelt1] Münster 1996.

Brüggemeyer, Franz-Josef: Das unendliche Meer der Lüfte. Industrialisierung, Umweltverschmutzung und Risikobewußtsein im 19. Jahrhundert. Essen 1996.

Butti, Ken/Perlin, John: A golden thread. 2500 years of solar architecture and technology. Palo Alto 1980.

Cosgrove, Denis/Petts, Geoff (Hg.): Water Engineering and Landscape. Water Control and Landscape Transformation in the Modern Period. London/New York 1990.

Cronon, William (ed.): Uncommon Ground. Rethinking the Human Place in Nature. New York/London 1996.

Heymann, Matthias: Die Geschichte der Windenergienutzung, 1890–1990. Frankfurt/New York 1995.

Hilz, Helmut: Eisenbrückenbau und Unternehmertätigkeit in Süddeutschland. Heinrich Gerber (1832–1912) [Zeitschrift für Unternehmensgeschichte, Beiheft 80]. Stuttgart 1993.

Jackson, Donald C.: Building the Ultimate Dam. John S. Eastwood and the Control of Water in the West. Lawrence, Kan. 1995.

Merchant, Carolyn (Hg.): Major Problems in American Environmental History: Documents and Essays. Lexington, Mass. 1993.

Sieferle, Rolf Peter (Hg.): Fortschritte der Naturzerstörung. Frankfurt 1988.